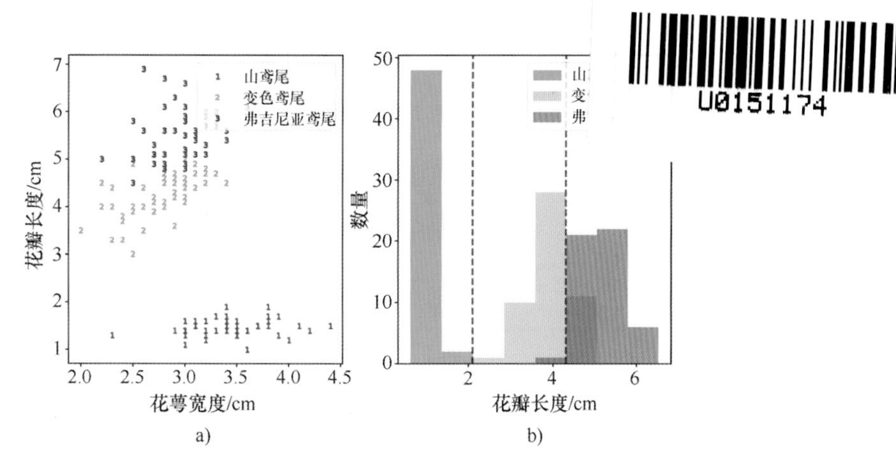

● 图 1.3　鸢尾花统计图

a）不同类别鸢尾花在二维空间位置　b）不同类别鸢尾花数据分布统计

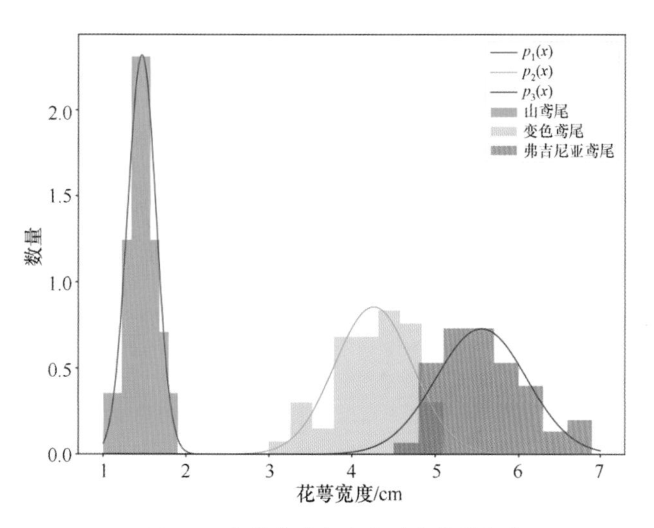

● 图 1.4　鸢尾花真实分布（柱状图）和近似正态分布（曲线图）

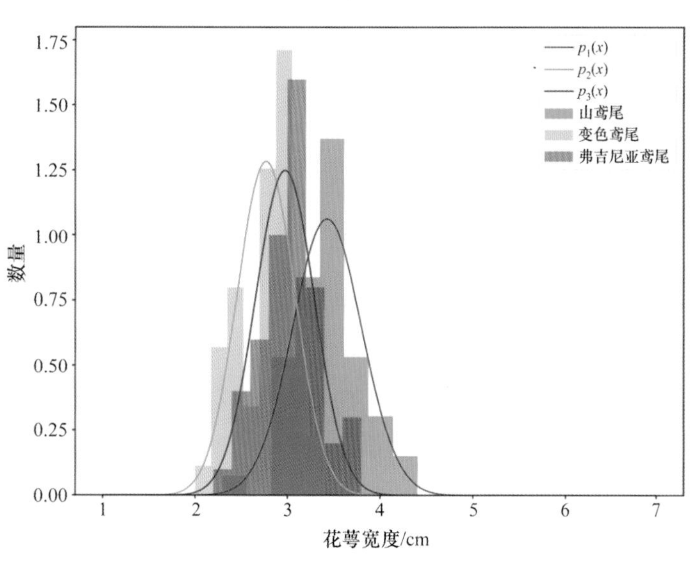

● 图 1.5　选择花萼宽度进行统计分析

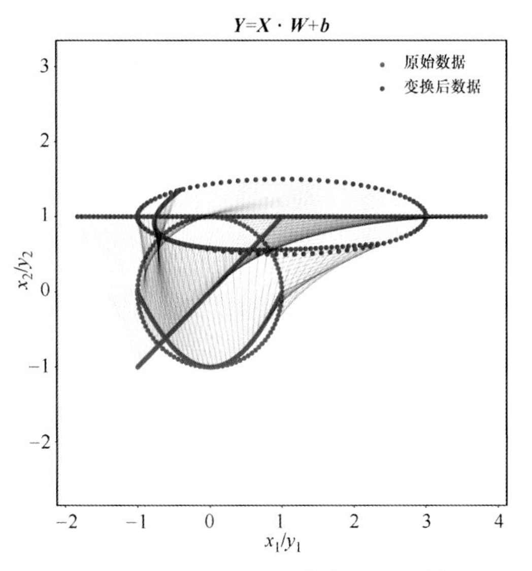

● 图 2.1　原始数据和仿射变换后的数据

● 图 2.2　彩色图像和其三个通道

a）原始彩色图像　b）红色通道　c）绿色通道　d）蓝色通道

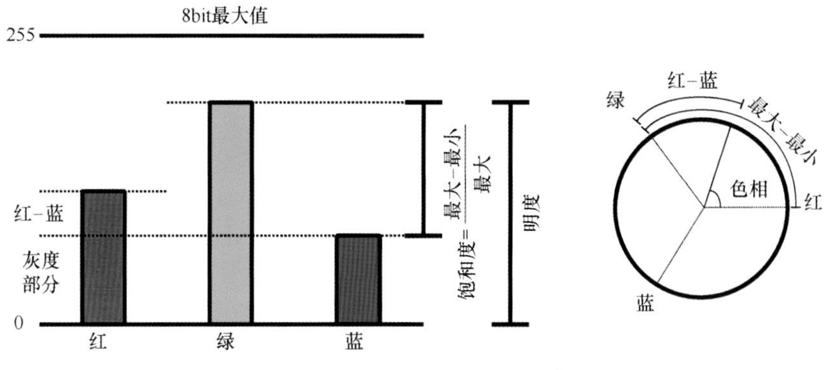

● 图 2.3　RGB 与 HSV 色彩的关系

● 图 2.4　图像的 HSV 调整

a）原始图像　b）色相偏红　c）饱和度变低　d）明度变高

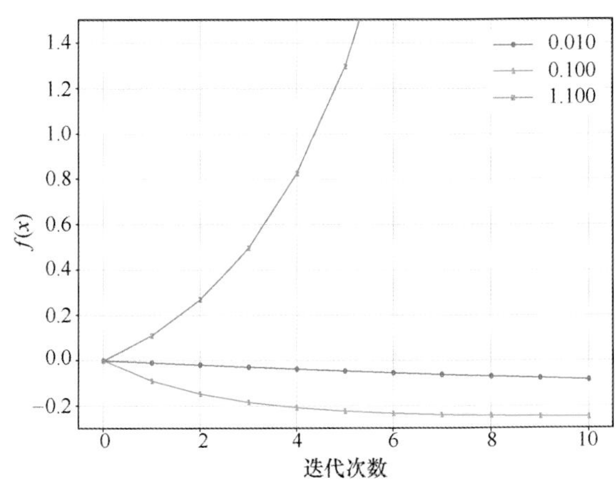

● 图 2.6　不同学习率迭代结果

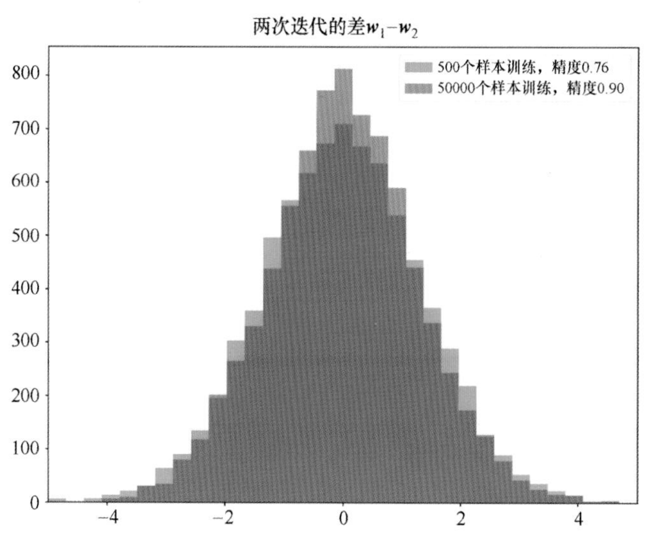

● 图 3.5　未加正则化的两次迭代取值之差的分布和精度

a)　　b)　　c)

● 图 7.8　神经网络（UNet）滤波效果

a）原始带噪声的图像　b）目标图像　c）神经网络滤波后图像

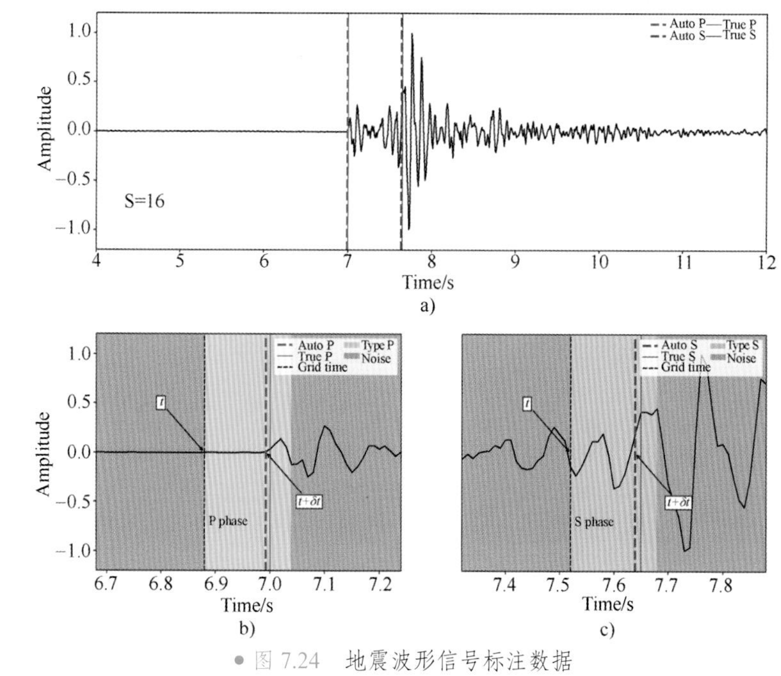

● 图 7.24　地震波形信号标注数据

a）原始波形　b）压缩波信号　c）剪切波信号

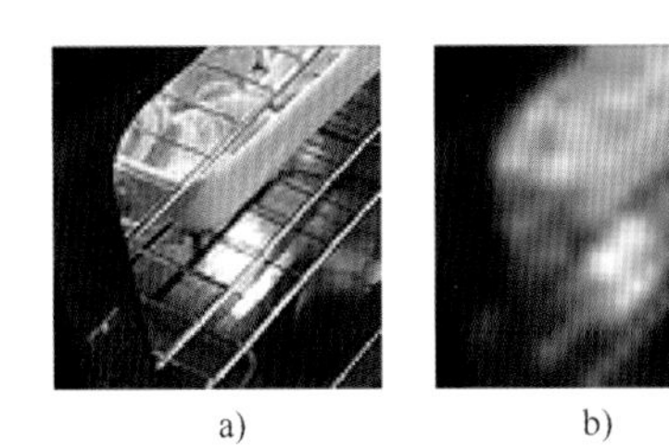

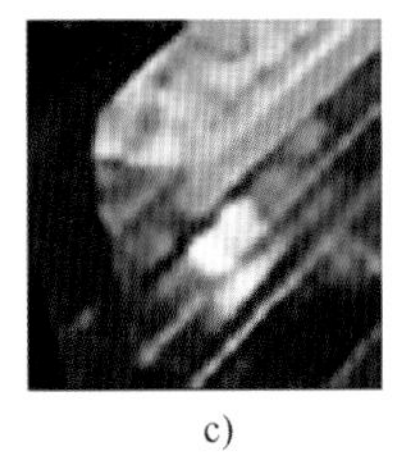

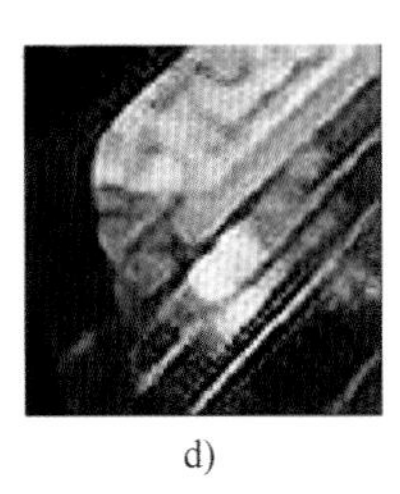

a)　　b)　　c)　　d)

● 图 7.40　图像超分辨率采样（×4）的结果

a）原始图像　b）线性插值结果　c）最小二乘约束结果　d）对抗生成网络约束

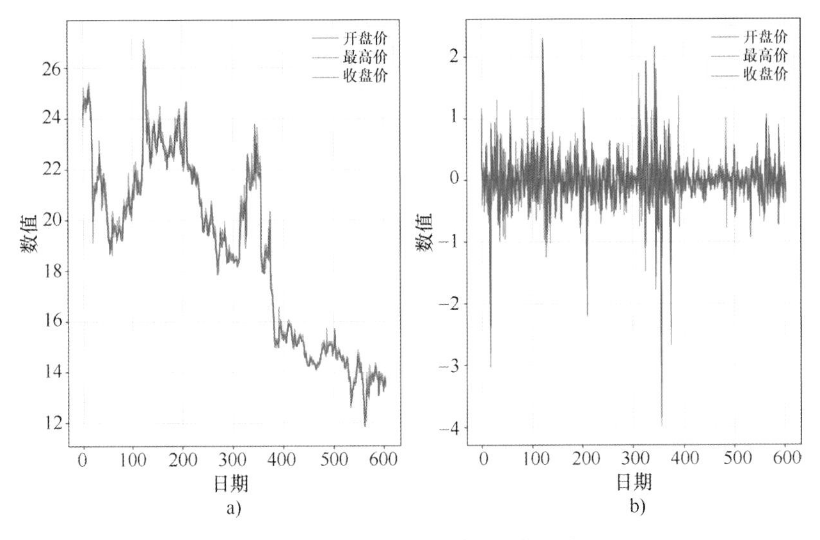

● 图 8.2　股票数据和增量数据示意

a）600848 股票数值　b）增量数据

● 图 9.14　三级网络图形生成结果

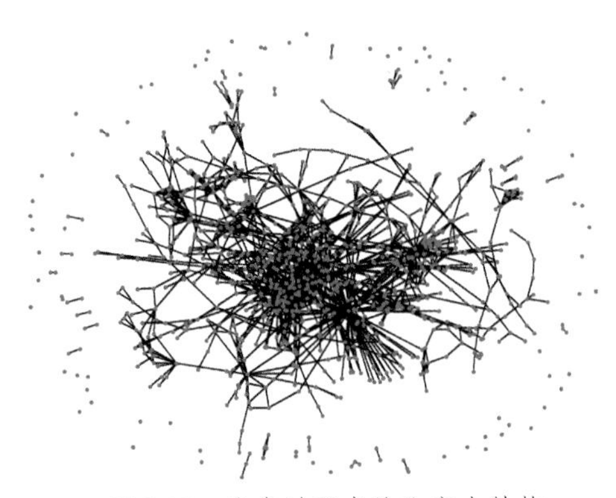

● 图 9.20　分类过程中的注意力结构

机工IT

人工智能科学与技术丛书

DEEP LEARNING
BASICS、MODEL BUILDING AND PRACTICE

深度学习

数学基础、算法模型与实战

于子叶 编著

本书以系统性地介绍深度学习理论和相关技术应用为目标，对框架实现及多种深度学习模型进行了详细讲解，并且在介绍计算机图形学（CV）和自然语言处理（NLP）任务之外，还会对科学研究、城市监测等方面的范例应用进行讲解。本书知识全面、实用，共10章，内容包括深度学习数学基础，深度学习基础模型（全连接网络、卷积神经网络、循环神经网络和Transformer等）和实现，多场景多领域最佳实践，模型优化、加速与部署等。本书配套有完整的案例源码，获取方式见封底。

本书适合有数据分析需求的技术人员、科研人员，以及互联网数据分析人员阅读，还可以作为深度学习培训班及相关专业研究生的教学参考用书。

图书在版编目（CIP）数据

深度学习：数学基础、算法模型与实战 / 于子叶编著 .—北京：机械工业出版社，2023. 2（2025.1 重印）

（人工智能科学与技术丛书）

ISBN 978-7-111-72427-8

Ⅰ. ①深… Ⅱ. ①于… Ⅲ. ①机器学习 Ⅳ. ①TP181

中国国家版本馆 CIP 数据核字（2023）第 010270 号

机械工业出版社（北京市百万庄大街 22 号 邮政编码 100037）

策划编辑：李晓波　　责任编辑：李晓波　李培培

责任校对：张爱妮　李　婷　　责任印制：常天培

北京机工印刷厂有限公司印刷

2025 年 1 月第 1 版第 4 次印刷

184mm×240mm · 17. 5 印张 · 2 插页 · 353 千字

标准书号：ISBN 978-7-111-72427-8

定价：99. 00 元

电话服务　　网络服务

客服电话：010-88361066　机　工　官　网：www. cmpbook. com

010-88379833　机　工　官　博：weibo. com/cmp1952

010-68326294　金　书　网：www. golden-book. com

封底无防伪标均为盗版　机工教育服务网：www. cmpedu. com

前　言

PREFACE

本书的目标是帮助包括数据分析师在内的多行业工作者入门深度学习算法。读者可能来自医疗、航天、金融和自然科学等领域。因此，本书在设计章节的过程中，结合实际应用对算法基础进行了详细的讲解，以帮助读者将深度学习算法应用到自身工作中。第1章深度学习方法概述，对机器学习流程进行了详细说明；第2章深度学习的数学基础，对与深度学习高度相关的数学基础进行了讲解，包括线性代数、优化算法、概率与统计等；第3~6章详细地讲述了深度学习的基础模型及实现方法，其中第3章介绍了全连接网络和多层感知器，第4章介绍了卷积神经网络和图像信号处理基础，第5章介绍了循环神经网络和Transformer，第6章介绍了深度学习建模中的优化结构；第7章系统地介绍了信号与图形学中的模型；第8章介绍了自然语言和时序数据处理模型与建模思路；第9章介绍了图像、信号、文本等多模态数据所使用的网络模型，这更加贴近实际的复杂数据情况；第10章介绍了深度学习模型部署，即在多种设备上高效地进行计算。

如今深度学习在互联网行业应用见顶，基础行业中对于人工智能的应用则方兴未艾。这种技术断层导致很多人工智能教程过多地侧重于计算机视觉和自然语言处理方向，如人脸识别、语音识别、对话机器人、入侵检测等常规应用。初学者可以从这些常规应用中学习到一些深度学习知识，但对于如何将模型应用到自身工作中则少有提及。因此，本书在讲解传统应用的同时，也结合了自然科学、金融、医疗等多个领域的行业应用。这可以帮助读者更好地扩展建模思路，达到举一反三的效果。学习的兴趣应当来自实践，即掌握知识并将其应用到学习、工作中。

书中代码可以通过两种方式获得，其中包含了本身所用代码以及部分开源数据集。

- 代码和数据地址1：gitee.com/cangyeone/deeplearning。
- 代码和数据地址2：github.com/cangyeone/deeplearning。

感谢机械工业出版社各位编辑老师所提供的帮助和修改建议。由于本人能力有限，书中错漏之处在所难免，恳请广大读者批评指正。

作　者

CONTENTS 目录

第9章 图像、信号、文本等跨模态转换 / 232

第10章 深度学习模型压缩与加速 / 257

深度学习方法概述

在上手学习之前，希望读者能够对机器学习的基本流程有一个基本的认识。例如，数据、模型、优化和部署之间的关系是什么，哪些流程是必不可少的等。在掌握流程的同时希望读者也对本书所依赖的软件环境有基本的了解。这些内容包括：

1）本书所推荐使用的库及其简介。

2）机器学习定义和基本流程。

3）深度学习建模优势。

4）学习过程中需要具备的基础知识。

希望读者在阅读完本章后能够补齐所需的编程技能和数学基础。

1.1 阅读本书前需要的准备工作

本书在行文过程中会忽略一些与深度学习无关的内容和细节，以增强可读性和流畅度。省略的部分主要指的是编程基础，本书主要使用 Python 语言进行编写，并配合 Python 一些常用的库进行讲解。这部分需要零基础的读者自行进行学习和补充。

在 Python 基础方面，期望读者了解基础的数据结构和语法。其中列表、字典、集合是在编程过程中必然会使用的基础结构。而 Python 的类（Class）是进一步编程所必需的，在编写深度神经网络模型的过程中会经常用到。对于多线程/多进程编程而言，在学习过程中可以适当忽略，虽然对于加速较为重要，但是这更多地依赖于库完成。也就是说对于计算速度需求较高的算法，一般有高性能的计算库可以进行处理，仅需了解程序逻辑即可。

作者希望读者在阅读完本书后能够学会从理论到实现的全部深度学习内容，因此会尽可能地减少库的讲解，但还是会用到一些基础库，包括 NumPy、Matplotlib、OpenCV 和 PyTorch。

其中，NumPy 是非常重要的高性能库，其封装了基础线性代数子程序库（Basic Linear Algebra Subprograms，BLAS）的大部分功能，并可以完成信号处理等更多功能。可以完成的工作包括矩阵计算、数据预处理、信号处理分析和构建深度学习模型。本书在介绍和实现深度学习基本模型的过程中便是使用 NumPy 作为基础库的。因此希望读者能够熟练地使用 NumPy 进行相关程序的编写。这并不难，任何一个面向零基础人员的教程均可在较短的时间教会读者上手使用。本书也会对一些关键操作进行说明，但是详细的用法还需要读者参考官方文档。希望读者养成随时参阅官方文档的习惯，这比从搜索引擎获取编程知识更加可靠。另外一些机器学习教程推荐使用 Pandas，但是在本书中不会出现，本书会教会读者自行实现其中的统计分析功能。

Matplotlib 是 Python 事实上的二维绘图库。其绘图速度较慢，但是如果参数调整得当，出图质量会很高。本书中大部分展示的图形均由 Matplotlib 绘制，对绘图感兴趣的读者可以阅读本书配套的代码。另外需要指出的是，虽然其可以绘制三维图形，但是其功能性无法与 PyVista 等三维绘图工具相比。

本书另一部分图形由 OpenCV 绘制，严格来说它并不是用于绘图的库，而是计算机视觉（Computer Version，CV）库，其封装了图像滤波、变换等 CV 领域算法。在本书中也会用到其中的算法，如图像边缘提取等。

PyTorch 是本书使用的主要的深度学习库。其中的基础函数都会使用 NumPy 复现一遍，以帮助读者深入理解深度学习算法。但 NumPy 的一个致命问题是运算太慢了，特别是在实现一些复杂的算子、功能并且没有 GPU 加速的情况下。另外一些读者可能会问为什么不使用 TensorFlow 或者 Keras，一个原因是它们易用性较差，很多常用的 API 层级非常深，甚至一个功能由不同的 API 来完成；另外一个原因，也是最重要的，是现在 PyTorch 使用者越来越多，面对一个新的问题时，读者会很容易找到相关代码和教程。一些人认为 TensorFlow 在部署上有优势，的确如此，但是随着 ONNX 等部署工具的发展，这个优势已经越来越小了。使用任何机器学习库都大同小异，通晓原理可以非常容易上手任何一个深度学习库。仅掌握一个深度学习库不会成为求职的优势，还需要深入了解其原理。

对于完全零基础的读者，推荐安装个人版的 Anaconda。它是 Python 及一些常用库的集合，安装最新版即可。这样 NumPy 和 Matplotlib 均已安装好。OpenCV 库没有包含其中，读者可以使用 pip install opencv-python 进行安装。PyTorch 的安装可以查阅官方网站，有非常详细的安装教程，这里推荐使用 conda 进行安装。

另外，读者需要具备数学基础。**深度学习算法是所有机器学习算法中最简单的，可以称之为平民算法**。深度学习算法简单粗暴，只要搭建模型并给定数据训练，必然会得到一个还可以接受的结果。享受这种便利的同时付出的代价是更多的计算负担。深度学习算法使用者需要具备的基础包括矩阵运算、卷积计算，以及一些耐心进行多种模型尝试。如果说掌握传统机器学习算法是人工堆出一个金字塔，那么深度学习算法就是用自动机器人未搭建金字塔。本书会全部包含深度学习数学基础部分，所以需要读者耐心地学习。

当然并不是完全不需要数学基础，本书希望读者是理工科专业方向的，其他专业方向可能需要补充更多内容。希望读者了解矩阵乘法、导数计算等基本的数学技能。如果这些都不具备，建议先学习《高等数学》和《线性代数》两本书，这是所有理工科课程的基础。如果读者具备以下两方面的基础可能会学得更加轻松一些：一是数字信号与图像处理，这是部分理工科专业的基础课程，深度神经网络中的卷积神经网络与信号处理中的卷积概念高度重合；二是概率与统计，这是任何机器学习方法课程都无法绕开的基础。当然“最优化”等内容也很重要，这是“机器学习”的基础，深度学习只需要梯度下降法就足够了，而在书中会对这部分有详细的讲解。

最后推荐一些编程开发的工具。首先是编程工具，如果不是专业的 Python 语言开发人员，那么不建议使用 PyCharm。作为 IDE 它很强大，但是它太大了，各种参数设置都会比较麻烦，初学者可能会困在各种“奇怪”的设置中无法自拔。作者推荐使用具备一些代码提示功能的编辑器，如 VSCode。另外对于快速测试一些功能可以使用 Jupyter lab。这些只是工具，最低的要求是能编写代码并运行，编程工具是最不重要的那一部分。

如果以上都已经准备好了，那么现在从机器学习的定义开始学习吧。

1.2 机器学习方法的定义

在讨论机器学习方法之前，先给机器学习方法一个明确的定义。亚瑟·塞缪尔（Arthur Samuel）在 1959 年给出的定义是：机器学习指的是计算机所具备的学习能力，这个能力不需要通过显式的编程来实现。这在计算机发展初期是相当具有前瞻性的定义。其指出了机器学习方法的两个特点，即具备学习能力且这能力不是人为定义规则实现的。现在来看，学习能力指的是从数据中学习规律的能力。本书使用更加具体的机器学习算法定义，即从数据中发现规律，并将规律用于生产的过程。

这里列举一个更加具体的例子帮助大家理解。希望读者在理解机器学习定义的基础上对算法实操流程有一个更加具体、深入的认识。将整个机器学习算法流程分为 8 个步骤。

1）问题定义。所有机器学习模型都应该是为解决某一具体问题而产生的。例如，本例子解决的问题是：预测某网站双十一销售额。

2）收集数据。机器学习的学习能力指的是从数据中学习经验。而数据需要人工进行选择，这称为数据采集和标注。数据选择应当与待解决问题相关，同时尽可能地可以代表数据的发展趋势。例如，某网站双十一销售额问题，该网站在 2009 年左右开始进行双十一促销，这导致在

2009 年之前的数据并没有代表性（之前无促销，销售额为正常交易数据），无法用于描述趋势，因此选择 2009 年以后的数据进行分析。统计结果见表 1.1（为说明问题，此处对实际数据进行了适当修改）。

表 1.1　某网站双十一销售额

年　份	销售额/亿元	年　份	销售额/亿元
2009	0.5	2016	1207
2010	9.36	2017	1682
2011	33.6	2018	2135
2012	191	2019	2684
2013	350	2020	4982
2014	571	2021	4100
2015	912	2022	?

3）数据预处理。通常情况下所收集的数据是带有噪声的。噪声指的是由于人工采集、实际条件等影响所带来的记录误差。误差是允许存在的，但是有些误差可能超过了理论的允许范围。为说明这个问题，将销售额绘制成图 1.1 所示。

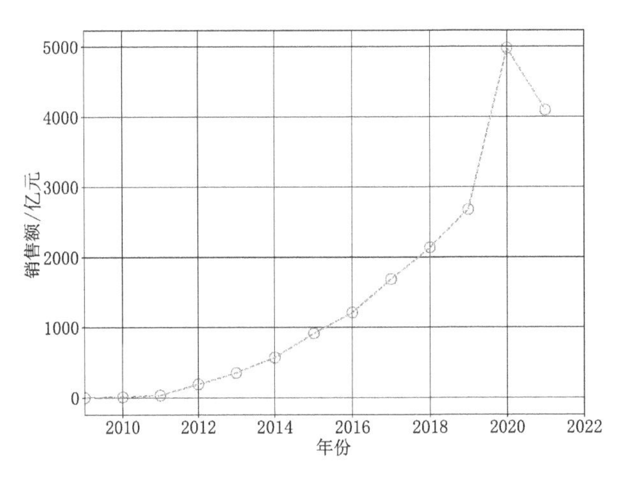

图 1.1　某网站双十一销售额

在预处理的过程中需要分析人员对数据具有一个基本的了解。以双十一数据为例，在 2020 年的销售额有明显的异常。此异常数据显然超过了正常的增长趋势，因此需要予以剔除。实际工作中，数据预处理工作最好由相关从业人员进行操作，这样才能够有效地观察和分析数据的异

常并进行处理。

4）数据标准化（Normalization）。在分析过程中，如果数据量级较大通常不利于进行分析。例如，2019 年双十一销售额 2684 亿元，处理过程中数据记录为（2019，2684），此时数据量级较大。量级较大指的是销售额在“千”量级（不考虑量纲“亿元”），并且年份数值 2019 也在千量级，因此需要将数据处理到一个合理的范围内。在双十一数据中采用比较容易理解的标准化方式，即归一化。归一化是将数据约束到 0～1 区间。归一化是对于所有数据而言的，年份坐标的原始取值范围为 2009～2022，为约束到 0～1 区间首先减去最小值 2009，再除以 13，此时便可以将数据约束到 0～1 区间了；对于销售额也是进行相似的归一化处理，此时需要除以销售额最大值 5000。注意，归一化仅仅是为了避免出现数值问题，因此约束到 0～1 区间并不一定是严格的最大值为 1、最小值为 0：如年份中可以除以 10 以方便计算，此时数据最大值为 1.3，这依然是可行的。另外还有其他的标准化方式会在后文进行介绍。

5）构建机器学习模型。这是整个机器学习流程中至关重要的部分。机器学习是一个数学问题，因此需要将模型转换为数学形式：销售额 $=f$（时间），即获得销售额与时间的一个函数关系。而假设函数关系的过程中，需要人的经验。可以看到双十一销售额大致上呈现一个双曲线形态，因此构建的模型就可以假设是一个二次函数，即销售额 $=w_1\cdot$ 时间$^2+w_2\cdot$ 时间，或者使用符号表示 $y=w_1x^2+w_2x$。其中，w_1，w_2 是在构建模型的过程中假设的系数。接下来的问题便是系数的求解了。

6）模型系数求解，即优化。这也是机器学习的核心问题之一。系数的求解需要使用第 4）步中标准化后的数据。例如，将 2009 年的归一化时间 x_1 和销售额 d_1 作为一个数据对 (x_1,d_1)，代入模型 $d_1=w_1x_1^2+w_2x_1^2$，这样便得到了一个方程，总共有 13 对数据，这意味着有 13 个方程，由此，系数求解便成了一个解方程的问题。但是此时未知数仅有两个，是一个超定问题，即未知数个数小于线性无关的方程数量。传统求解方程组的算法难以处理超定问题，这里使用另外一种求解方式：求解合适的 w_1、w_2 使得模型预测 y 与真实销售额 d 尽可能地接近即可。这里定义一个衡量这种接近程度的量 $\text{loss}=\frac{\sum_{i=1}^{13}(y_i-d_i)^2}{13}$，这在机器学习中称为损失函数。损失函数是衡量模型输出与真实数据之间接近程度的量，模型参数调整以最小化损失函数为目标。本例中损失函数的形式称为均方误差（Mean Square Error，MSE）。由于实际数据与理论模型之间可能存在偏差，使得模型预测与销售额难以完全相同，因此损失函数难以完全等于 0，但是可以使 yd 尽可能地接近，此时 loss 函数很小。而优化即是求解一个合理的 w_1、w_2，使得 loss 尽可能小。这里使用简单粗暴的网格搜索方式，如 w_1 可能的取值范围为 0～3，那么可以在此区间每隔 0.001 取一个点，再计算 loss 函数，最终使得 loss 最小的 w_1、w_2 就是所需要的。见代码清单 1.1。

代码清单 1.1　销售额预测的数据预处理、归一化和优化代码

```
# 2020 年数据异常需要剔除
data.pop(11)
#转换为 ndarray 格式
data = np.array(data)
def model(x, w1, w2):
    #定义模型
    return w1 * x ** 2 + w2 * x
def cal_loss(x, d, w1, w2):
    y = model(x, w1, w2)
    #计算损失函数
    loss = np.mean((y-d)**2)
    return loss

w1 = np.linspace(0, 3, 301) # 构建搜索网格
w2 = np.linspace(0, 3, 301) # 搜索范围
x, d = data[:, 0], data[:, 1] # x 和 d
#数据标准化
x = (x-2009) / 10
d = d / 5000

best_w1 = 0
best_w2 = 0
min_loss = cal_loss(x, d, best_w1, best_w2)
for itr_w1 in w1:# 网格搜索最佳值
    for itr_w2 in w2:
        loss = cal_loss(x, d, itr_w1, itr_w2)
        if loss < min_loss:
            min_loss = loss
            best_w1 = itr_w1
            best_w2 = itr_w2
print(f"最佳参数{best_w1:.3f},{best_w2:.3f}。\n2022 年预测
{model((2022-2009)/10, best_w1, best_w2)*5000}")
```

以上程序所构建的模型预测结果如图 1.2 所示。

可以看到带异常数据训练的模型和不带异常数据训练的模型是有所偏差的，因此实际操作中应当进行异常值处理，称为数据清洗。

7）质量控制。即预测效果优劣评价。预测过程中需要评价预测效果的好坏。例如，观察图像可以知道清洗后的数据训练的模型对于数据拟合效果较好。或者选择一些不参与模型参数调整的数据进行测试，这会在后面章节详细说明。这可以帮助读者了解模型对于数据的预测能力。

8）部署预测。在确认模型精度符合需求后，再回顾一下第 1）步的问题，机器学习模型是

为了预测双十一销售额而设计的。这里需要预测2022年的销售额。预测过程中将 $x=\frac{2022-2009}{10}$ 进行同样的预处理流程后输入到模型之中，预测输出乘以归一化系数可得2022年销售额为4588.35亿元。根据目前公开数据表明2022年双十一销售额为3434亿元，与预测结果相差1000多亿元，这是由多种原因导致的差异。可以看到机器学习进行预测仅仅是基于数据的，现实中可能受到多种其他因素的影响，在决策过程中也需要借助人工经验对结果进行修正。

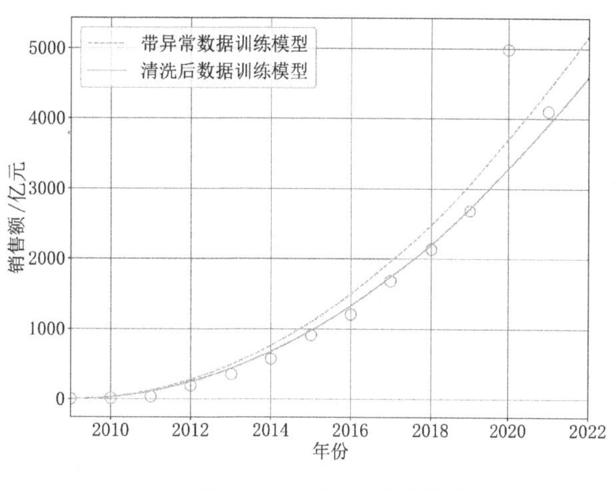

● 图1.2　双十一预测曲线

到此为止第一个机器学习项目便完成了。虽然项目任务较为简单，但是流程是相对完整的，大多数机器学习项目都是如此。生产环境中所使用的机器学习流程会经历更加严格的质量和可靠性测试。作为一个机器学习工程师，在这个过程中主要做的工作是：设计一个合理的模型，这个模型可以以较为简单的方式良好地描述数据，即模型的精度和速度是同等重要的；之后对模型进行训练和测试。如果将模型设计为 $y=w_1x+w_2x^2+w_3x^3+\cdots+w_8x^8$，这样依然可以拟合数据。但是计算代价（8次乘法7次加法）相比于之前的（2次乘法1次加法）要高很多，与此同时精度并未发生明显变化，因此并不是一个优秀的模型。优秀的机器学习工程师总是可以根据任务要求和数据分布设计一个精度和速度兼备的模型。

1.3 为什么要使用机器学习方法

很多人在初次接触机器学习方法的时候都会与传统的算法概念混淆。在当前社会环境下，所有自动化的工作都喜欢冠以“智能”或“智慧”之名，但这部分可能是传统算法的一个延伸。这里列举一个经典的非机器学习例子：“智能”寻路系统。寻找到最优路径是传统的图算法的一种，与机器学习无关。机器学习方法属于统计学方法的延伸，是需要从数据中获得规律的。如果将机器学习方法换成“数据分析方法”会更加突出机器学习问题的特点。再看寻路问题，可以发现研究过程中并没有数据累积及统计分析的过程，因此并不是机器学习问题。但是如果统计某个时段的堵车情况，则需要通过大量的数据统计分析来得到一天内任意时段的车流情况，这属于机器学习问题范畴。

相比于传统的算法，机器学习方法更加依赖于数据，数据是整个机器学习问题的核心。在1.2节已经了解了数据分析的流程了，本节将从统计角度来让大家理解机器学习方法的内涵。为使方法更加适合于统计分析，数据首先要足够多，这里使用机器学习中的经典数据集：鸢尾花数据集。

鸢尾花数据集

鸢尾花数据集由费舍尔（Fisher）于1936年在论文“The use of multiple measurements in taxonomic problems”中提出并引用。在没有计算机的当时，这是为了多变量分类问题而设计的数据集。数据总共有150条，共3类鸢尾花：山鸢尾（Iris setosa）、变色鸢尾（Iris versicolor）和弗吉尼亚鸢尾（Iris virginica），每个类别各50条数据。每条数据由花萼长度、花萼宽度、花瓣长度和花瓣宽度4条实际测量数据构成，数据保留一位小数。

本节将会从统计分析的角度，借助鸢尾花数据集对机器学习算法进行说明。依然是按照机器学习的步骤流程。

①定义问题。根据花瓣长度、花瓣宽度、花萼长度和花萼宽度4个参数/特征，确定某一鸢尾花属于三种鸢尾花的哪一种。② 数据已经由费舍尔帮采集好了，这节约了大量的时间，想象一下自己拿着尺子详细地量取每株鸢尾花的四个长度需要花费多长时间。今后在工作中也是如此，大量的数据均需要人工采集并进行标注，这是无法避免的。希望读者不要因为给定了测试数据就感觉机器学习的第②步采集数据是很简单的事情。事实上，在算法逐渐普及的今天，能够存有足够数量的独家数据才是一家数据分析企业立命的根基。③数据预处理。④数据标准化。由于数据质量较好，几乎不需要预处理和标准化，这里使用原始数据进行分析。⑤构建机器学习模型，这是本节中的重点。选择花瓣长度和花萼宽度画成两个统计图，如图 1. 3 所示。

可以看到在长度和宽度所构成的散点图上（图 1. 3a）三类鸢尾花在二维数据平面的不同位置。这样在最下面的（编号 1）便是山鸢尾，在中间的（编号 2）是变色鸢尾，在最上面的（编号 3）是弗吉尼亚鸢尾。此时三类鸢尾花从图像上大致可以进行区分。如果对三类鸢尾花花瓣长度进行统计分析可以得到图 1. 3b。可以看到，根据不同的花瓣长度可以比较容易地对三类鸢尾花进行区分。例如，花瓣长度为 1.5cm 的鸢尾花大概率属于山鸢尾，这是可以通过直接观察得到的。当然这种区分可能存在一些错误，但**机器学习问题通常是分析大部分数据的趋势**，少量数据错误在所难免。鸢尾花分类可以直接从统计图上进行观察。这个过程很接近统计机器学习了，但是还是缺少一步，对数据进行简化并构建模型。构建模型可以定量对数据进行描述，并且计算更加高效。在此观察数据大致符合正态分布，因此假设每一类鸢尾花的花瓣长度均符合正态分布。于是构建模型 $p_c(x) \sim N(\mu_c, \sigma_c)$，其中，$x$，$c$，$\mu$，$\sigma$ 分别是花瓣长度、鸢尾花类别、数据均值和数据标准差。

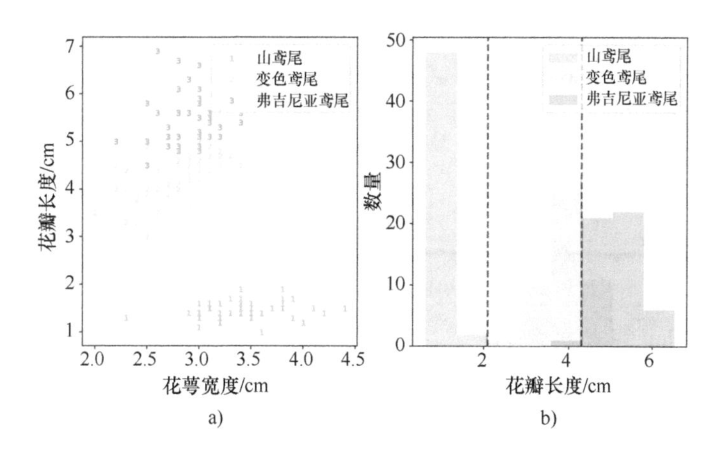

● 图 1.3　鸢尾花统计图（见彩插）

a）不同类别鸢尾花在二维空间位置　b）不同类别鸢尾花数据分布统计

⑥ 对模型中的参数进行求解。当前所构建的正态分布模型较为简单，待求解的参数为每一类鸢尾花的均值 μ 和方差 σ。这样参数求解问题便是统计问题，在预测过程中仅需根据概率来判断属于哪一类即可。见代码清单 1.2。

代码清单 1.2　统计学习方法进行鸢尾花分类

```
tnames = ["山鸢尾", "变色鸢尾", "弗吉尼亚鸢尾"]

data = iris.data #鸢尾花数据
d = iris.target  #鸢尾花标签

def normal(length, mu, std):
    #正态分布形态
    return 1/np.sqrt(2* np.pi)/std *  np.exp(-(length-mu)* * 2/std* * 2/2)
x3  = data[:, 2] #花瓣长度
mu = [np.mean(x3[d==i]) for i in range(3)] #统计每类均值
std = [np.std(x3[d==i]) for i in range(3)] #统计每类标准差

iris1 = 1.5 #假设花瓣长度为 5
probs = []
for k in range(3):
    prob = normal(iris1, mu[k], std[k])#计算概率
    probs.append(prob)
print(f"花瓣长度为{iris1:.1f}的鸢尾花属于{tnames[np.argmax(probs)]}类")
```

每一类鸢尾花的统计分布如图 1.4 所示。

图 1.4 可以看到假设模型为正态分布可以近似拟合数据的真实分布。需要注意的是所有的机器学习模型都是对于数据分布的假设和简化。这种简化与真实数据之间可能存在着偏差，如弗吉尼亚鸢尾与正态分布就有所不同。这是无法避免的，只要能够保证模型可以正确地对鸢尾花进行分类即可。如何判别结果是否正确，这便需要质量控制了。

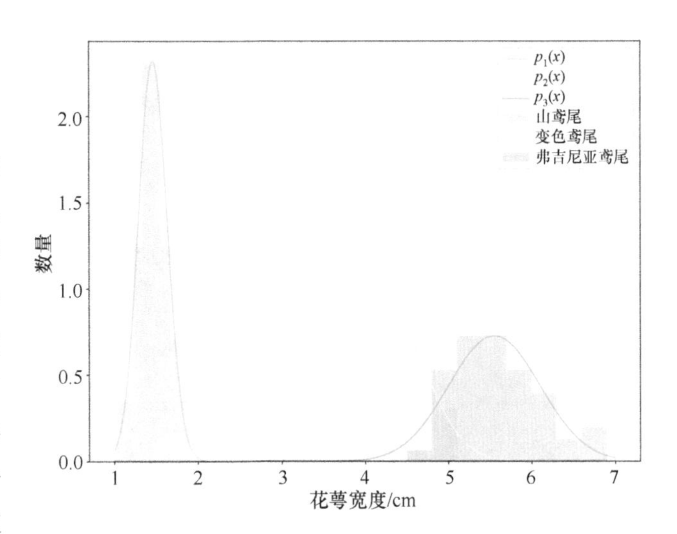

图 1.4 鸢尾花真实分布（柱状图）和近似正态分布（曲线图）（见彩插）

⑦ 质量控制，即了解假设和训练到底是否合理。使用所构建的模型对 150 种鸢尾花进行分类，可以测得准确度为 95.3%，错误分类数量 7 个。这说明模型相对来说还是可以接受的。如果选择花萼宽度作为属性，那么准确度仅有55.3%，错误数量 67，这基本无法使用，所形成的概率模型如图 1.5 所示。

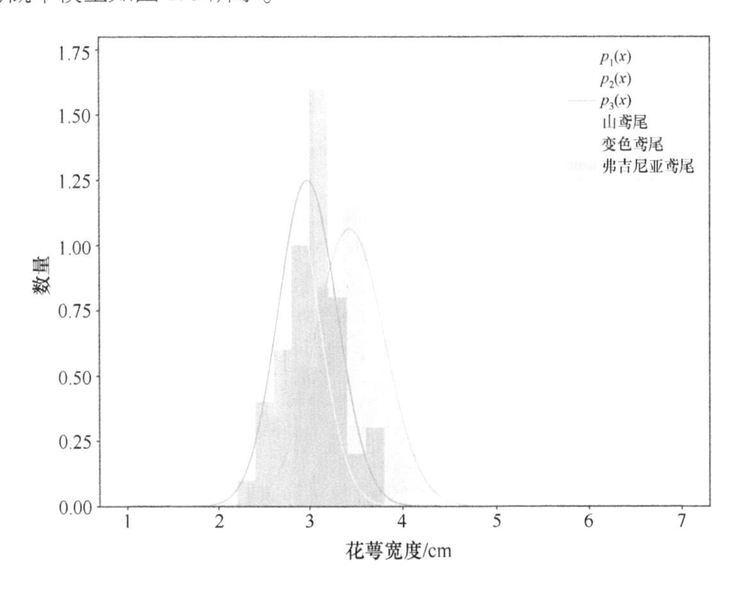

图 1.5 选择花萼宽度进行统计分析（见彩插）

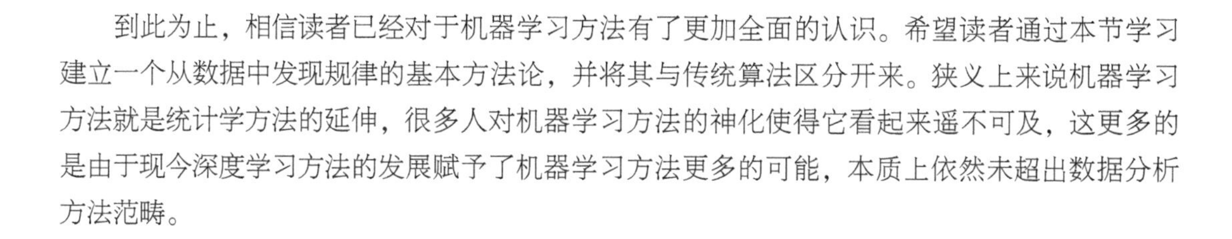

到此为止，相信读者已经对于机器学习方法有了更加全面的认识。希望读者通过本节学习建立一个从数据中发现规律的基本方法论，并将其与传统算法区分开来。狭义上来说机器学习方法就是统计学方法的延伸，很多人对机器学习方法的神化使得它看起来遥不可及，这更多的是由于现今深度学习方法的发展赋予了机器学习方法更多的可能，本质上依然未超出数据分析方法范畴。

1.4 深度学习方法的产生与发展

关于深度学习，学术界在 20 世纪八九十年代已经有了较多研究，在那个时期卷积神经网络（Convolutional Neural Network，CNN）和循环神经网络（Recurrent Neural Network，RNN）均已有萌芽和发展。在同一时期同样诞生了支持向量机、集成学习等浅层机器学习模型。深度学习在最初设计的目标是为了解决图像、文本问题。图像、文本问题也是传统机器学习方法难以得到较好结果的领域。

以图像处理为例，传统的机器学习算法需要对数据进行特征提取，如图像处理的传统流程为图像滤波、图像特征提取、图像分类。图像滤波和图形特征提取属于前面小节流程的数据预处理和建模部分。这种特征是为了提取图像某一方面信息而设计的，同时需要机器学习工作者对图像分析算法有基础的了解。如图 1.6 所示为对一张夜景图像进行特征提取。

● 图 1.6　夜景图像特征提取

a）原始图像　b）图像模糊　c）图像横向边缘　d）图像纵向边缘　e）图像所有边缘

如图 1.6 所示的特征中，提取的目的各不相同。图 1.6b 为模糊算法，是为了减少图像中噪声（也就是噪点）的干扰。图 1.6c 提取图像的横向边缘，可以突出一些不易察觉的横向线条，见道路部分。纵向特征（图 1.6d）与横向特征类似，但其目标是提取纵向线条。图 1.6e 目标是提取图像中的所有边缘。这些特征一起可以输入到传统的机器学习模型中进行建模分析。

相信读者读到此已经积累了很多困惑，如特征到底如何做？这些特征是否合理？机器学习方法应该是什么？同样，这也是非专业的计算机视觉方向的研究人员所困惑的部分。深度学习的发展降低了图像处理的门槛，这些特征构建的过程可以完全由深度学习模型本身完成（卷积本身就是特征，这在模型部分会详细进行说明）。研究人员仅需输入原始的图像，便可以得到想要的结果了。这也是为什么在前文说，深度学习降低了机器学习算法的使用门槛。二者流程对比如图 1.7 所示。

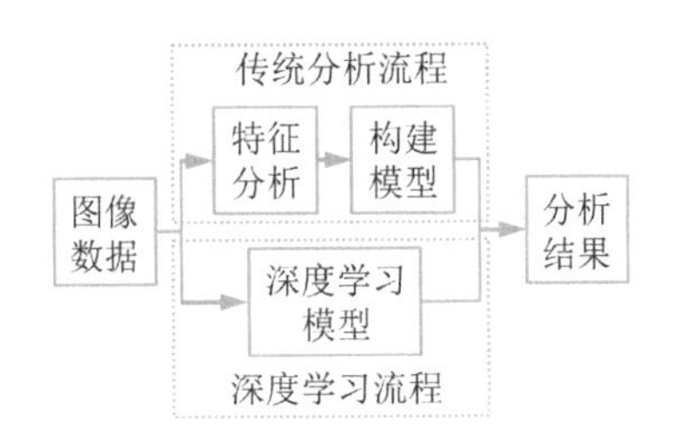

图 1.7　机器学习算法流程与深度学习算法流程对比

深度学习算法流程中将需要较多经验才可以完成的特征提取工作由深度学习模型本身完成。这种由原始输入（如图像）直接输出结果的模型称为端到端模型。由此深度学习方法在多个领域均可以方便地部署使用，广泛的领域应用也促进了深度学习算法模型的发展。

1.5 深度学习应用领域与发展前景

前面说到，简单易于使用的特性使得深度学习得到了广泛的发展与应用。特别是 2010 年前后涌现出了较多效果良好的深度学习模型。目前模型应用集中于数字图像和自然语言方向。这并不是说深度学习模型无法处理传统的数据分析领域，而是数字图像和自然语言处理任务在发展到一定程度后，人工提取特征的难度成几何级增长，此时依赖于深度神经网络显然是更加理智、便捷的选择。

计算机视觉（CV）是深度学习最先应用的领域。读者可能已经感觉到了，现在任何智能手机都可以快速地进行人脸识别。这在早期是难以实现的。受限于算法和硬件算力，早期手机仅能实现基础功能，如笑脸快门等，这些并不需要深度神经网络支持即可完成。随着深度学习算法和相关硬件的发展，现在的手机不仅可以完成人脸识别功能，还可以完成各种神奇的美颜功能。这是可以感知的应用。在其他领域（如安防、地理信息、灾害防治等）都表现出了强大的应用前景。

自然语言分析（NLP）相比于计算机视觉领域的技术成熟度稍低。随着大型预训练模型的产生，如 GPT、BERT 等的发展，深度学习在自然语言处理中同样表现出了良好的效果。目前成熟度较高的应用包括自然语言翻译、语音识别等。在另外一些领域中，如智能评论机器人等，也在尝试使用自然语言处理模型。自然语言是接近人类思维过程的，因此值得更加深入的研究。

作为学习者，入手深度学习应当结合自身优势。这里优势并不是智力上的，而是结合自身专业进行选择。例如，金融专业的读者希望能够在学习深度学习的过程中结合自身专业对量化投资模型进行建模分析；地理信息专业的读者，可以结合深度学习处理图像数据的能力，将其转换为处理地理信息系统中的大量图像数据的模型。现在深度学习技术发展相对比较完善，纯粹的对于算法的改善较为困难，但在传统行业中深度学习模型应用还并不深入，因此如果能够结合自身专业及深度学习模型应用，未来会有更大的发展；对于本身就是计算机行业的读者，可以关注模型的实用化问题，这包括高效、快速的模型部署，预训练模型和小样本学习等。

1.6 如何开始学习

对于很多学习者来说，学习深度学习常见的问题有：

1）缺少系统化的学习过程。

2）学习过程中缺少编程实践。

3）不喜欢深入学习理论。

4）对于难以理解的知识点容易陷入自我怀疑。

5）实践和理论学习顺序问题。

第一方面的问题是最难以处理的。有些人在学习的过程中喜欢求助于搜索引擎等，这使得基础理论的知识点学习相当琐碎，难以形成完善的知识体系。特别是搜索引擎上的知识点不仅琐碎，而且知识密度较低，还存在相当数量的错误认识。这会极大地降低学习者的学习兴趣。**搜索引擎仅适合编程的学习，而基础理论的学习应当完整地阅读一些书籍**。

第二方面的问题是读者应当结合自行编写代码来进行学习。恰好深度学习是可以稍加努力便可以实现的机器学习算法，希望读者能够自行编写大部分代码。这对于深入的学习是十分有必要的。同时对于一些新的模型的快速复现也是现今工作的常见需求。

第三方面的问题在深度学习方法已经普及的当下，只有深入理解理论才能构建自身的竞争优势。能够实现算法本身也是模型部署和优化的基础。

第四方面的问题是缺乏基础的读者经常遇到的情况。对于这种情况，建议读者运行所提供的实例程序，并体验修改参数的过程，在这个过程中逐步建立自信。深度学习并不难，只要多加练习基本上都可以学会。

第五是学习顺序的问题。一些读者喜欢先学习理论，再上手实践。这是大学或者研究生的学习过程，他们有大量的时间进行学习和探索。但是另一部分人，如在职人员、博士生等，面临算法的快速上手和使用问题，建议这类读者先能够将书本中的程序运行起来，并逐步调整参数，最后再详细地了解原理。这是一种快速上手的方案。

1.7 本书的章节编排

本书的章节编排可以让读者快速上手深度学习算法。因此从第 1 章开始便对机器学习流程进行了详细描述并结合编程实践。希望读者在学习过程中时刻准备好计算机，并输入代码运行。建议读者安装 Linux 系统（如 Ubuntu），Windows 系统也可以，但是 Linux 更加方便一些，深度学习较多依赖库都是以 Linux 系统为主的。

第 1 章为机器学习问题的简介。主要帮助读者了解机器学习算法流程，并了解深度学习相比于传统机器学习方法的优势。

第 2 章为深度学习的数学基础。这一章中将讲述深度学习高度相关的数学概念，如线性代数、统计分析、图像信号分析和优化算法。同时在本章中将会对深度学习中常见的图形和文本数据格式进行介绍。**如果读者数学基础较好，那么可以仅阅读图形信号分析和优化算法部分，这在之后的深度学习建模部分会用到。**

第 3 章为多层感知器模型和深度学习模型的训练。本章中将会对深度学习中最早的多层感知器模型进行详细的讲解。其面对的数据类型是结构化的数据。本章将会对模型训练过程中的相关概念进行详细的讲述。这包括矩阵求导、自动求导、随机梯度下降法、万能近似定理等。本章希望读者将精力集中于深度学习模型中的自动求导部分，这是整个深度学习库的基础。

第 4 章为卷积神经网络模型。本章将会从信号分析开始逐步对卷积神经网络模型进行讲解。其面对的数据类型是图形、信号。本章将会对卷积神经网络中的感受野、反向传播、池化等基础概念进行详细讲解。进而实现卷积神经网络正向、反向传播过程，并将具有求导功能的卷积函数整合到自动求导库中。本章希望读者将精力集中于卷积神经网络处理图像的建模思路上。优化部分可以借助 PyTorch 完成。

第 5 章为循环神经网络模型。本章将会对循环神经网络的建模进行详细讲解。其面对的数据是文本。本章将会了解长短时记忆单元、门控循环单元等基础结构件原理，并使用自动求导库完成循环神经网络的构建。希望读者将精力集中于文本处理的原理上，并能够自行构建简单的文本处理模型。

第 6 章为深度神经网络设计和优化结构。本章将会对构建深度学习模型中容易出现的问题（如梯度消失问题、过拟合问题等）进行说明。学习本章后读者应当能够构建一个更加易于训练的深度学习模型。

第 7 章为图像处理任务。本章将会对图像处理中的模型进行详细讲解，这包括图像分类

（人脸识别）、物体检测、图像超分辨率采样、图像滤波等多种任务。本章希望读者对卷积神经网络模型有更加深入的认识，并可以将其应用到实际问题之中。

第 8 章为文本处理任务。本章将会对时序数据、文本处理任务进行详细说明，包括自然语言生成、序列到序列模型等。本章学习完后希望读者对时序数据建模有更加深入的认识。

第 9 章为多模态数据处理。深度学习模型中常需要处理多种类型的数据，如图像文本混合任务。这需要使用更加复杂的深度神经网络结构。本章还会对强化学习、图神经网络等能够处理不同类型数据的网络进行说明。

第 10 章为深度学习模型的压缩和加速。深度神经网络设计要综合考虑部署成本及计算效果。这需要设计的模型能够在多种计算平台上快速完成推断工作。本章会涉及模型量化及模型压缩等技术。

1.8 总结

本章对机器学习的基本流程进行了讲解，其目标在于帮助初学者了解机器学习项目的基本流程。宏观流程的学习是有必要的，这是构建完整知识体系的第一步。然后以销售额预测和鸢尾花分类为目标介绍了“数据驱动”的建模方式，即数据分析应当以数据而非主观方式进行。数据和模型贯穿本书。希望读者在阅读本章的过程中能够自行实现相关代码。并使用其他数据进行测试，如股票数据等。

深度学习的数学基础

本章希望为读者构建一个足够后续课程学习的知识体系，但不会涉及过于复杂的数学知识。深度学习对于数学基础的要求并不高，因此读者可以较为轻松地掌握大部分知识点。对于不懂的部分，希望读者能够按照本书代码和参考代码进行实践，尝试着从实践中理解是非常重要的。初学者没有必要去完备地证明一些定理，如收敛性等，仅需要能编程实践即可。对于无法理解的部分可以先行略过，待到心情平复后再次阅读相关部分。当然，在学习的过程中可以参考其他书籍。再次强调一下，**非常不建议**从搜索引擎中学习碎片化的数学知识。本章中最为重要的两个部分为：

1）线性代数中的矩阵运算，这是深度学习的基础。

2）优化算法和矩阵求导部分，这是求解模型参数所必需的。

概率与统计对于机器学习建模十分重要，会在后面的章节逐步介绍。读者可根据自身情况选择性学习。

2.1 深度学习中的线性代数

深度学习中需要大量的矩阵和向量化计算，因此本节将会对线性代数相关知识进行详细介绍。希望读者在了解相关概念的同时可以学会使用 NumPy 的矩阵运算工具进行编程实践。

2.1.1 机器学习中的数据与矩阵

早期的机器学习算法中，输入的数据类型都是格式化的数据，这种格式化的数据可以表示为矩阵形式：

$$\boldsymbol{x} \in \mathbb{R}^{n \times m} \tag{2-1}$$

式中，n、m 分别代表样本数量和属性数量；$\mathbb{R}$ 代表矩阵中的数据为实数，机器学习中处理的数据大部分是实数。对于鸢尾花数据来说，数据有 150 条，每条样本有 4 个属性，那么其格式为 $\mathbb{R}^{150\times4}$。这是一种矩阵形式的表示。如果想获取某一个属性的数据，如所有样本 $\boldsymbol{x}$ 第 0 个属性（为了习惯，坐标都从 0 开始），可以记录为 $\boldsymbol{x}_{[:,0]}$，这是矩阵的分块计算，读者应当具备熟练的矩阵分块计算的能力。这里对 NumPy 常见的矩阵索引形式进行说明，NumPy 中的矩阵类型为 **ndarray**，见代码清单 2.1。

代码清单 2.1　常用矩阵分块索引形式

```
import numpy as np
from sklearn.datasets import load_iris

iris = load_iris()
data = iris.data # 鸢尾花数据,为 NumPy 的 ndarray 数据类型
d = iris.target # 鸢尾花标签,为 NumPy 的 ndarray 数据类型

# 获取前 10 个样本
data1 = data[:10]
# 获取第 10~20 个样本
data2 = data[10:20] # 10<=idx<20
# 获取第一个属性
data3 = data[:, 1]
# 获取 0~3 属性
data4 = data[:, 0:3]
# 获取 1,2,3,7,8,9 个样本
data5 = data[[1,2,3,7,8,9]]
# 获取 0,1,2,3 号样本的 1,2,3 列属性
## 方式 1:先获取样本,再获取属性
data6 = data[[0,1,2,3]][:, [1, 2, 3]]
## 方式 2:按索引查找,需要 idx1 和 idx2 索引,即样本和属性索引
## 这种方式是比较难以理解的
idx1 = np.arange(4)[:, np.newaxis] + np.zeros([1, 3])
idx2 = np.zeros([4, 1]) + np.arange(3) + 1
idx1 = idx1.astype(np.int32)# Shape:[4, 3]
idx2 = idx2.astype(np.int32)# Shape:[4, 3]
data6 = data[idx1, idx2]
# 获取标签为 0 的所有样本
data7 = data[d==0]
```

希望读者能够熟练地使用索引获取分块数据，这对于之后的学习是较为重要的。如果有些地方无法理解，读者可以将以上代码运行一下，逐行打印结果并进行观察。深度学习库是矩阵运算库的扩展，因此 PyTorch 也可以当作矩阵计算库来使用，并且 PyTorch 与 NumPy 的 API 具有很高的相似性，可以使用相似的方式来获取数据，见代码清单 2.2。

代码清单 2.2 使用 PyTorch 进行矩阵相关的索引

```
#需要将 ndarray 转换到 torch.Tensor 的类型
##数据一般为单精度浮点
data = torch.tensor(data,dtype=torch.float32)
##标签或者索引一般为长整型
d = torch.tensor(d,dtype=torch.long)
#可以在 GPU 上执行
device = torch.device("cuda")
##将数据复制到 GPU 上
data = data.to(device)
d = d.to(device)
#获取前 10 个样本
data1 = data[:10]
#获取第 10~20 个样本
data2 = data[10:20] # 10<=idx<20
#获取第一个属性
data3 = data[:, 1]
#获取 0~3 属性
data4 = data[:, 0:3]
#获取 1,2,3,7,8,9 号样本
data5 = data[[1,2,3,7,8,9]]
#获取 0,1,2,3 号样本的 1,2,3 列属性
##方式 1:先获取样本,再获取属性
data6 = data[[0,1,2,3]][:, [1, 2, 3]]
##方式 2:按索引查找,需要 idx1 和 idx2 索引,即样本和属性索引
##这种方式是比较难以理解的
idx1 = torch.arange(4)[:, None] + torch.zeros([1, 3])
idx2 = torch.zeros([4, 1]) + np.arange(3) + 1
idx1 = idx1.long().to(device)#索引为长整型,Shape:[4, 3]
idx2 = idx2.long().to(device)#索引为长整型,Shape:[4, 3]
data6 = data[idx1, idx2]
#获取标签为 0 的所有样本
data7 = data[d==0]

#可以将 Tensor 类型转换为 ndarray 类型
#在此之前需要首先将数据从 GPU 复制到 CPU 上
data7 = data7.cpu().numpy()
```

代码中使用**device = torch.device("cuda")**设置执行设备为 GPU，并通过 data = data.to(device) 将数据复制到显存中，之后的所有计算都在 GPU 中执行。在涉及大量矩阵运算时，GPU 速度一般比 CPU 速度要快。如果想处理 NumPy 中的**ndarray**数据类型，需要先从 GPU 的显存中将数据复制到 CPU 上，即**data.cpu()**。如果想使用其他的设备，如第二块 GPU，可以设置**device = torch.device("cuda:1")**，或者使用 CPU：**device = torch.device("cpu")**。注意，PyTorch

库中不同设备上的矩阵是无法直接进行运算的。

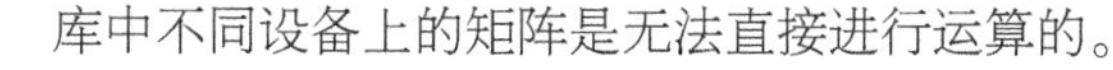

2.1.2 矩阵的运算

在线性代数中，介绍了多种矩阵的计算，如矩阵的加法、减法、乘法等。矩阵的加减法为对应位置的乘法。这里乘法有两种：第一种是元素积（Element-wise product）/阿达马积（Hadamard product），即矩阵的对应元素相乘；第二种是矩阵点乘，也是线性代数中的矩阵乘法。元素积形式为：

$$\boldsymbol{Y}=\boldsymbol{X} \circ \boldsymbol{W} \xrightarrow{\text{分量形式}} y_{i,j}=x_{i,j}w_{i,j} \tag{2-2}$$

式中，$\boldsymbol{X}$，$\boldsymbol{Y}$，$\boldsymbol{W} \in \mathbb{R}^{n \times m}$。

矩阵点乘形式为：

$$Y=\boldsymbol{X} \cdot \boldsymbol{W} \xrightarrow{\text{分量形式}} y_{i,j}=\sum_{k} x_{i,k}w_{k,j} \xrightarrow{\text{省略求和符号}} y_{i,j}=x_{i,k}w_{k,j} \tag{2-3}$$

矩阵点乘也可以省略中间的乘法符号 $\boldsymbol{Y}=\boldsymbol{XW}$，其中 $\boldsymbol{Y} \in \mathbb{R}^{n \times c_2}$，$\boldsymbol{X} \in \mathbb{R}^{n \times c_1}$，$\boldsymbol{W} \in \mathbb{R}^{c_1 \times c_2}$，$y_{i,j}$ 代表 $\boldsymbol{Y}$ 矩阵中的元素。在物理学中分量形式书写的矩阵乘法可以省略求和符号（一般指的是张量乘法，深度学习中不用特意区分张量和矩阵），此时相同的指标代表求和，如式（2-3）中的相同指标 k，在一些机器学习文献中也使用这种方式书写。

给定几种矩阵加减法运算的形式，本部分**读者一定要进行测试和实践**，见代码清单 2.3。

代码清单 2.3　矩阵加减法和元素乘除计算

```
import numpy as np

# 定义测试矩阵
X = np.random.random([100, 4]) + 1 # 测试矩阵
W = np.random.random([100, 4]) + 1 # [0,1)均匀分布随机数+1
# 加减乘除计算都是逐个元素进行的
Y = X + W # 对应元素进行相加
Y = X - W # 对应元素进行相减
Y = X *  W # 对应元素进行相乘
Y = X / W # 对应元素进行相除
# 如果 A 的维度为[N, C]
# 如果 W 的维度为[N, 1]
# 此时相加相当于在 1 的维度复制 C 份,此时与 A 维度相同
# 加减乘除运算相同
W = np.random.random([100, 1]) + 1
Y = X + W
# 如果 W 第 0 个维度为 1 那么相当于在 0 维度复制 N 份
W = np.random.random([1, 4]) + 1
Y = X *  W
```

```
#对于最后一个维度可以简化为一个向量
W = np.random.random([4]) + 1 #与上一步等价
Y = X * W

#如果 W[1, 4], X[100, 1],那么二者加减乘除后
#相当于 W 复制 100 份,X 复制 4 份
#np.newaxis 为添加一个新的维度
W = np.arange(4)[np.newaxis, …] #[1, 4]
X = np.arange(100)[…, np.newaxis]#[100, 1]
Y = X + Y # y.shape :[100, 4]
#反过来是不行的
```

矩阵的点乘实现起来较为简单，仅需使用@符号即可，其带有更多的几何学含义。例如，两个矩阵 $\boldsymbol{X}\in\mathbb{R}^{100\times2}$，$\boldsymbol{W}\in\mathbb{R}^{2\times2}$，其中 $\boldsymbol{X}$ 可以看作有 100 个样本，每个样本有两个属性；而此时矩阵的乘法 $\boldsymbol{Y}=\boldsymbol{X}\cdot\boldsymbol{W}$ 则代表了对于坐标点的旋转和拉伸变换，此时新的为 $\boldsymbol{Y}\in\mathbb{R}^{100\times2}$。而后进行如下的变换，见式（2-4）。

$$\boldsymbol{Y}=\boldsymbol{X}\cdot\boldsymbol{W}+\boldsymbol{b} \tag{2-4}$$

式中，$\boldsymbol{b}\in\mathbb{R}^2$，代表了对于每个样本均加入相同的向量 $\boldsymbol{b}$，上式称为**仿射变换**，其中加法代表了对于坐标点的平移，如图 2.1 所示。

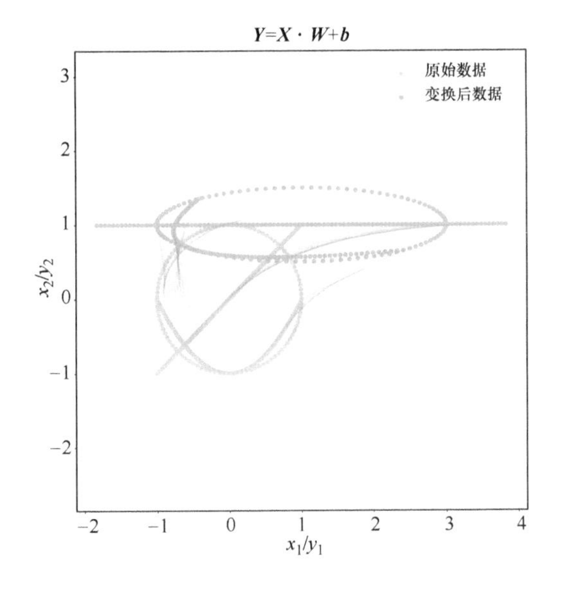

图 2.1　原始数据和仿射变换后的数据（见彩插）

在进行仿射变换后数据点的相对位置和角度均产生了变化。另外可以注意到，原始图像中的直线，在变换后依然是直线，仿射变换不改变直线的性质。因此仿射变换也称为“线性变换”。同样也可以使用 PyTorch 来实现矩阵运算的功能，见代码清单 2.4。

代码清单 2.4　NumPy 和 PyTorch 中的矩阵点乘

```
#定义矩阵
o = np.pi / 4
E = np.array([[np.cos(o), -np.sin(o)],
              [np.sin(o), np.cos(o)]])
A = np.diag([2.0, 0.5]) #对角矩阵
b = np.array([1, 1])
#使用 NumPy 矩阵点乘和加法
Y = X @ (E @ A) + b
```

```
#使用 PyTorch 运算也可以
X_torch = torch.tensor(X,dtype=torch.float32)
E_torch = torch.tensor(E,dtype=torch.float32)
A_torch = torch.tensor(A,dtype=torch.float32)
b_torch = torch.tensor(b,dtype=torch.float32)
Y_torch = X_torch @ (E_torch @ A_torch) + b_torch
Y = Y_torch.cpu().numpy()
```

可以回顾线性代数中的一些理解性的概念：在坐标变换中仅产生长度变换的向量称为“特征向量”，而特征向量伸缩的比例就是“特征值”。因为特征值在深度学习中涉及较少，感兴趣的读者可以参考线性代数内容。

2.1.3 图像的矩阵格式

图像类型的数据属于多维的矩阵，而 NumPy 中的**ndarray** 指的就是多维（Multi dimensional）向量（Array），也称数组。2.1.1 节中的内容均是对于二维矩阵而言的，属于结构化数据。深度学习算法在处理图像数据时有着较大的优势，而图像数据可以认为是三维的矩阵，见式（2-5）：

$$\boldsymbol{x} \in \mathbb{R}^{H \times W \times C} 或 \boldsymbol{x} \in \mathbb{R}^{C \times H \times W} \tag{2-5}$$

式中，H，W，C 分别是图像的高（像素数）、宽和图像的通道数。彩色图像常用的通道数为 3，分别代表红（Red）、绿（Green）、蓝（Blue）三个颜色，也称 RGB 彩色，如图 2.2 所示。

图 2.2 彩色图像和其三个通道（见彩插）
a）原始彩色图像 b）红色通道 c）绿色通道 d）蓝色通道

可以看到，RGB 三个颜色便可组成彩色的图像，这是深度学习中常用的彩色图像格式。另外在一些色彩处理软件中还会以 HSV 等方式作为色彩格式，这更加符合人类的观感。HSV 即色相（Hue）、饱和度（Saturation）和明度（Value），其与 RGB 换算方式如图 2.3 所示。

如图 2.3 所示明度指的是图像本身的最大值，也就是图像的亮度；饱和度指的是灰度部分占比，灰度占比越低饱和度越高；色相是将红、黄、蓝三个纯色的图像放在一个圆上，如图 2.3 中的颜色去除灰度部分剩下绿、蓝两种颜色，其中绿色数值最高，那么色相会从绿色（120°）偏向红色一些，这个角度就是色相。这里选择风景图像，并对其中的 HSV 进行调整，如图 2.4 所示。

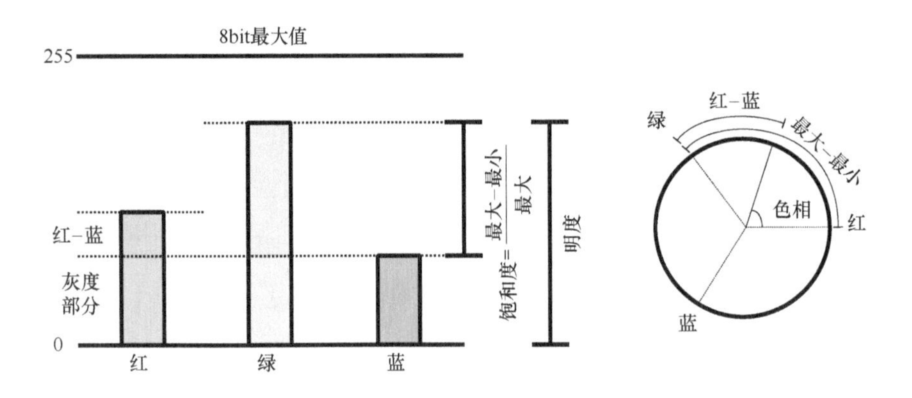

图 2.3 RGB 与 HSV 色彩的关系（见彩插）

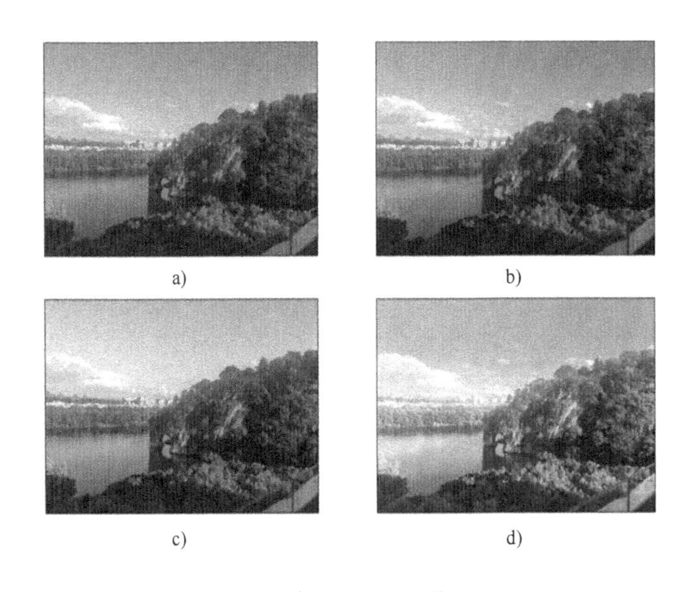

图 2.4 图像的 HSV 调整（见彩插）

a）原始图像 b）色相偏红 c）饱和度变低 d）明度变高

可以看到饱和度变低（图 2.4c）后图像显示出灰蒙蒙的感觉，明度变高（图 2.4d）后图像明显更亮，而色相调整（图 2.4b）后蓝色的天变成了接近红色。这便是 HSV 色彩空间，其常见于各种图像处理软件中，也是在之后进行图像增强所必要的。调整过程中可以使用 OpenCV 来完成，见代码清单 2.5。

代码清单2.5 OpenCV调整图像的HSV

```
import cv2
img = cv2.imread("data/img2.jpg") # 数据读取
img = cv2.cvtColor(img, cv2.COLOR_BGR2RGB) # 通道顺序调整
img_hsv = cv2.cvtColor(img, cv2.COLOR_RGB2HSV) # 变为 HSV
# 调整色相
img_hsv0 = img_hsv.copy()
# 取值范围 0~180
h = img_hsv0[:, :, 0].copy().astype(np.float32)/179
h += 120/360 #色相整体调整 120°
h = h % 1 # 取值范围调整到 0~1,numpy 中% 可以用于浮点数
h * = 180
h = h.astype(np.uint8)
img_hsv0[:, :, 0] = h # 饱和度变为原来的一半

# 调整饱和度
img_hsv1 = img_hsv.copy()
s = img_hsv1[:, :, 1].copy().astype(np.float32)/255
s * = 0.5
s = np.clip(s, 0, 1) * 255 # 防止出现数值溢出问题
s = s.astype(np.uint8)
img_hsv1[:, :, 1] = s # 饱和度变为原来的一半
# 调整明度
img_hsv2 = img_hsv.copy()
v = img_hsv2[:, :, 2].copy().astype(np.float32)/255
v * = 1.5 # 浮点数据更加容易处理
v = np.clip(v, 0, 1) * 255 # 防止出现数值溢出问题
v = v.astype(np.uint8)
img_hsv2[:, :, 2] = v # 明度变为原来的 1.5 倍

# 最后再变回 RGB 色彩进行绘图
img_rgb0 = cv2.cvtColor(img_hsv0, cv2.COLOR_HSV2RGB)
img_rgb1 = cv2.cvtColor(img_hsv1, cv2.COLOR_HSV2RGB)
img_rgb2 = cv2.cvtColor(img_hsv2, cv2.COLOR_HSV2RGB)
```

到此为止已经对图像类型的数据有了一个基础的认识，图像数据同样是支持矩阵分块计算的。数据通常使用的是无符号整型8bit，也就是uint8类型的数据，最大值为255。需要知道的是，图像数据还有10bit、12bit，本书中为了方便都默认最大值是255。图像的存储格式，如JPEG、PNG或BMP等则是另外一个宏大的问题了，这与深度学习主干内容关系较小，本书选择忽略这部分内容，读者只需要能够读取图像数据即可。

2.1.4 文本的矩阵格式

文本数据作为深度学习中常见的数据类型，其图像类型的数据是同等重要的。常见的文本数据类型包含文本向量化数据和词向量化数据。文本向量化方法最常用的便是词频统计，即统计某篇文章中词出现的次数，这也是一个二维的矩阵$\mathbb{R}^{N\times C}$。其中N为文章数量，C为语料库（即所有文章）中所有不重复的词的数量。某篇文章中不可能包含所有的词，因此词频矩阵是一个稀疏矩阵（大部分位置为0，或者没有记录值）。

词频统计是在传统机器学习算法中常用的文本向量化表示，在文本分类、文本相似度对比工作中均可以使用。这种方式在处理中文的过程中可能会出现问题，如“字”这个字难以涵盖大量信息，“好”这个字代表了一种正面的含义，但是在组成词时可能是“不好”，这在中文文本处理的过程中需要将词按照先后的顺序进行组合，以获得更多特征，这便是“词”，也是文本处理中的“特征”。机器学习在处理中文过程中，首先需要将字组成词，这便是分词，本部分算法原理将在循环神经网络章节进行讲解，本节中则直接使用现有的分词库**jieba** 。

中文分词库 jieba

jieba 是 Python 中常用的中文分词工具。其基于 MIT 证书发布，是商业友好型的分词库。使用的算法包括：

1）基于前缀词典实现高效的词图扫描，生成句子中汉字所有可能成词情况所构成的有向无环图（DAG）。

2）采用了动态规划查找最大概率路径，找出基于词频的最大切分组合。

3）对于未登录词，采用了基于汉字成词能力的 HMM 模型，使用了 Viterbi 算法。

分词完成后可以对词出现的频率进行统计，以分析文本特征。分词过程就是将字组成词的过程，这同样可以通过人工制定规则来解决，如 n-gram 建模方式。

n-gram 模型

n-gram 模型为从文本中选择连续n个词的过程，其相当于构建了文本的顺序特征。举例说明。

n=1：今 天 天 气 不 错。

n=2：今天 天天 天气 气不 不错 错。

n=3：今天天 天天气 天气不 气不错 不错。

分词完成后可以对词出现的频率进行统计，以分析文本特征。在很多分析中常见的词云图便是对词的频率进行的统计，其中频率越高的词字号越大。我们选择科技类的新闻进行统计分析，并绘制成词云图，如图 2.5 所示。

在未经处理的词频统计中（图 2.5a）常用词如的、在、和、与、是等，这是一些助词，这些词对于分析是不利的，希望获得更多与科技相关的词汇。为突出科技类词汇，需要过滤这些常

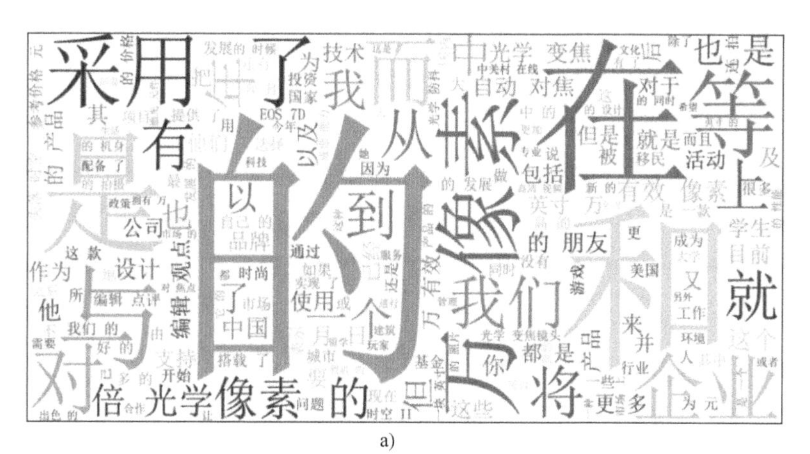

a)

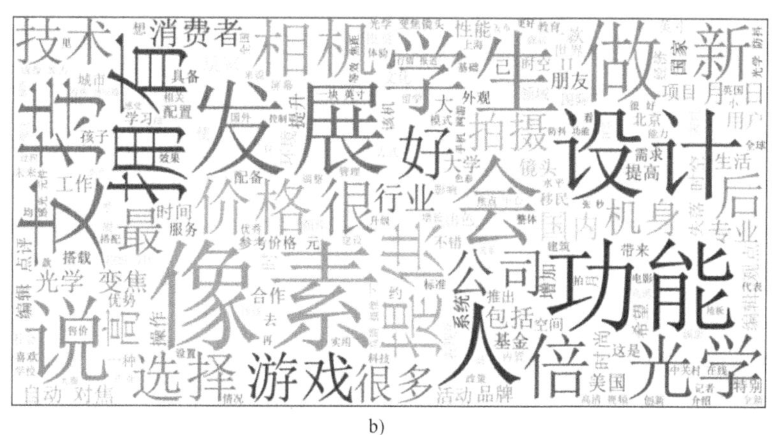

b)

● 图 2.5　对于科技类新闻的词频统计（字号越大代表出现频率越高）

a）原始词频　b）删除停用词后的词频

用词，称为**停用词**。过滤后的词频统计如图 2.5b 所示，其中包含了更多与科技相关的词汇，这可以更好地理解文章信息。这种过滤的过程也是文本特征工程的一种。停用词手段简单粗暴，但是无法根据实际数据动态进行调整。因此在一些研究中将词频统计方法进一步优化得到了 TFIDF 算法。TF（Term Frequency）为文档频率，其记录了一篇文章中某一个词出现的频率。例如，一篇文章有 1000 个词，而“相机”这个词出现了 30 次，此时相机这个词在当前文章中的 $\mathrm{TF}=\frac{30}{1000}=0.03$。到此为止与文档词频统计方法是相似的，这其中的关键是 IDF（Inverse Document Frequency），即逆文档频率，某个词的逆文档频率计算方式是 $\mathrm{IDF}=\ln\left(\frac{\text{文章数量}}{\text{出现某个词的文档数量}}\right)$。

可以看到某个词在所有文档中出现的频率越高，这个词的权重越低。例如，“的”这个词可能在100%的文章中均会出现，那么此时其 IDF=0，也就是直接不计入统计。这种方式可以有效地去除对于文章统计分析影响较大的常用词，这比使用停用词的方式更加符合当前数据的特征。TFIDF 除了可以用于文本分类以外，还可以用于计算文章的关键词。这里选择一篇科技类的新闻作为示例，并计算文档频率 TF 与逆文档频率 IDF 的乘积 TFIDF，这代表了该文章中词的重要性，具有较高取值的词可以认为是关键词。

原文

28mm 广角 4 倍光变 X 康 K620 降至 1890 元。X 康 K620 是一款拥有 1220 万有效像素的金属卡片 DC，配备了等效焦距为 28~112mm 的 4 倍光学变焦尼克尔防抖镜头……

选择 TFIDF 较高的词

K620 1890 超快 X 康 红眼 启动 新世纪 城东。

以上便是机器学习中常见的数据类型了。其中大部分均可以使用矩阵形式（也称向量化）表示，向量化表示是进行机器学习特别是深度学习处理的基础。

2.2 优化算法

最优化问题是在学习深度学习过程中的一个基础性问题。大部分模型参数的调整都依赖于优化算法的解决。如果深度学习是一本书的内容，对于大部分理工科的读者来说，最优化理论是基础课程。但好在深度学习对于优化算法要求并不高，因此可以较简单地掌握。本节将会对梯度下降法进行讲解，深度学习主要使用梯度下降法。

2.2.1 求一元函数的极小值问题

在机器学习问题中经常需要求解一个函数的极小值，见式（2-6）：

$$x=\underset{x}{\operatorname{argmin}} f(x) \tag{2-6}$$

在求解函数极小值的过程中，可以利用“迭代”的思想：在 x_t 处计算 $f(x_t)$ 的取值，接下来计算 $x_{t+1}=x_t+\delta x$，即在 x_t 基础上加入一个小的变化量 δx，使得加入小的变化量后 $f(x_{t+1})<f(x_t)$，而后继续加入小的变化量 $x_{t+2}=x_{t+1}+\delta t$ 进行迭代，如此循环往复，便可以使得 $f(x)$ 不断减小并到最小值位置停止。这种求解函数极小值的过程是求数值解，即不能够使用符号计算精确的最小值，而是使用迭代的方式求解一个数值上近似的最小值。接下来的问题便是如何计算 δt 使得函数能够减小。这里可以使用函数展开进行，见式（2-7）：

$$f(x_{t+1})-f(x_t)=f(x_t+\delta t)-f(x_t) \\ \approx f(x_t)+f'(x_t)\delta t-f(x_t)=f'(x_t)\delta t \tag{2-7}$$

如果想使得$f(x_{t+1})\leqslant f(x_t)$，那么可以使得$f'(x_t)\delta t\leqslant 0$即可，此时让$\delta t=-\eta f'(x_t)$，$\eta>0$，即可使得$f(x_{t+1})-f(x_t)\approx -\eta f'^2(x)\leqslant 0$。便可以求解函数极小值了。其中$\eta$被称为学习率，是需要人为设定的数值。

这里以求解函数$f(x)=x^2-x$为例子进行说明。首先选择一个初始值$x_0=0$，并计算函数的导数$f'(x)=2x-1$，接下来便是$x_{t+1}=x_t-\eta f'(x_t)$的迭代了。使用不同的学习率进行迭代，见代码清单 2.6。

代码清单 2.6　求解二次函数极小值

```
def f(x): #定义函数
    return x* * 2 - x
def grad(x): #定义导数/梯度
    return 2 *  x - 1
x = 0 #定义初始值
eta = 0.1 #定义学习率
for step in range(20):
    g = grad(x)
    x -= eta *  g
    print(f"{step:03}:f({x:.3f})={f(x):.3f}")
```

选择不同的学习率η进行迭代，迭代结果如图 2.6 所示。

可以看到，选择学习率为 0.1 时迭代 10 次精度便达到了理想的 0.25，此时称为迭代**收敛**。这里需要强调的是：**数值解是接近真实解，实际操作中很难完全等于真实解**。而当学习率为 0.01 时可以看到，虽然迭代过程中函数依然在减小，但是此时收敛十分缓慢。而当学习率较大时（如 1.1），可以看到迭代非但没有减小，反而呈现出指数级增长的情况，这称为**迭代发散**。在优化的过程中应当选择合理的学习率，以使得函数可以既快又好地收敛。

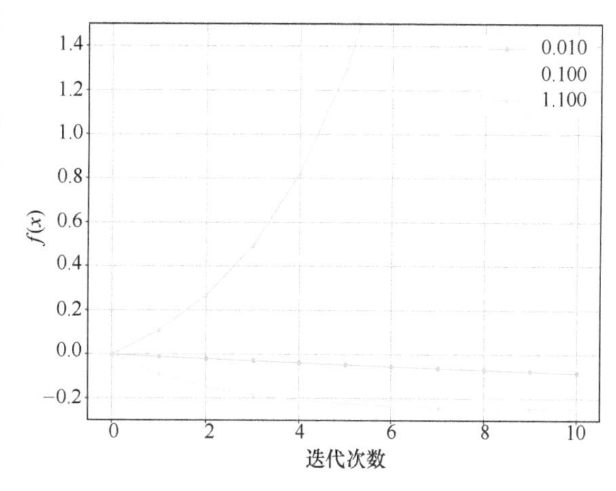

● 图 2.6　不同学习率迭代结果（见彩插）

很多实际问题需要自行转换为优化问题进行求解。这里以任意正实数x求$\sqrt{x}$作为例子进行说明。第一步便是定义需要求解的最小值问题，虽然根号比较难以求解，但是平方计算起来是较为方便的。在此定义 a 为$\sqrt{x}$的数值解，同时定义一个函数 $\text{loss}=(a^2-x)^2$，可以发现当 a 恰好等于$\sqrt{x}$时（不考虑负数），loss = 0，否则 loss 为一个大于 0 的数字。此时优化问题便呼之欲出了，即求解一个合适的 a，使得 loss 取得极小值，此时对应的 a 便是$\sqrt{x}$。其中的 loss 称为损失函数，在机器学习中其代表了模型输出与假设或者标签之间的接近程度。求解过程中使用之前描述的基于一阶导数的优化方法，见代码清单 2.7。

代码清单 2.7　开根号示例

```
def sqrt(x): #开根号
    eta = 0.1 #定义学习率
    a = 1 #定义初始值
    for step in range(20):
        g = 2 * (a* * 2-x) * 2 * a
        a -= eta * g
    return a
```

以上方式可以很简单地进行根号的求解，选择不同的初始值进行迭代，结果如图 2.7 所示。

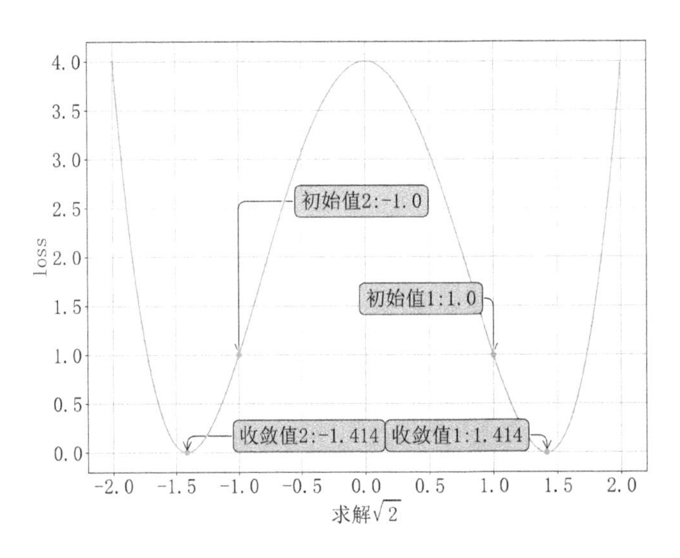

图 2.7　选择不同的初始值开根号

可以看到在求解根号值的过程中选择不同的初始值可能收敛到不同的结果，这说明求解极小值的过程中，解并非是唯一的。基于导数的迭代算法容易受到初始值的影响而收敛到某一个局部极小值，因此在计算过程中应该选择合理的初始值。在深度学习中这并不是一个严重的问题，通常迭代到某一个符合要求的局部极小值即可。

局部极小值和全局最小值

局部极小值被定义为一个点 x^*，对于所有邻域内的点 $|x-x^*|<\varepsilon$ 均满足 $f(x^*)\leqslant f(x)$，如图 2.8 所示。

全局最小值点 x^* 定义在可行域 Ω 内任意一点 x 均满足 $f(x^*)\leqslant f(x)$。

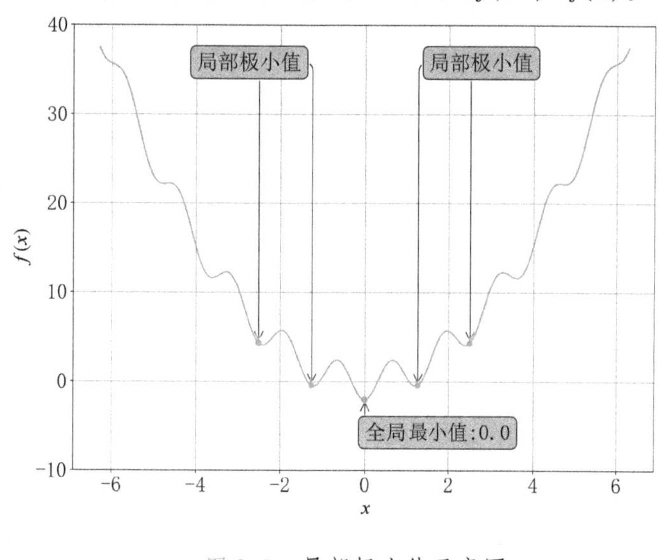

图 2.8 局部极小值示意图

2.2.2 多元函数求导与梯度下降法

多元函数的优化问题与一元函数是十分类似的，甚至于可以直接利用一元函数的思想来进行优化算法的设计，这里想求得一个小的增量使得多元函数 $f(\boldsymbol{x}_{t+1})\leqslant f(\boldsymbol{x}_t)$。这其中 $\boldsymbol{x}_t$ 为坐标向量 $\boldsymbol{x}=[x_1,x_2,\cdots,x_n]$，对于多元函数来说也可以写为 $f(x_1,x_2,\cdots,x_n)$。写成坐标向量的形式可以简化书写，在本书中会省略上方的向量标识（箭头），而写成 $f(\boldsymbol{x})$。了解书写形式后，仿照 2.2.1 节中的内容将多维函数进行展开，见式（2-8）。

$$f(\boldsymbol{x}_{t+1})-f(\boldsymbol{x}_t)\approx \nabla f(\boldsymbol{x}_t)\delta\boldsymbol{x} \tag{2-8}$$

式中，$\nabla f=\left[\frac{\partial f}{\partial x_1},\frac{\partial f}{\partial x_2},\cdots,\frac{\partial f}{\partial x_n}\right]$ 为函数的梯度；$\nabla f(\boldsymbol{x}_t)\delta\boldsymbol{x}$ 为梯度向量与增量向量的内积，最终为一个数字。按照 2.2.1 节中的内容，需要令 $\delta\boldsymbol{x}=-\eta\cdot\nabla f(\boldsymbol{x}_t)$ 即可使得 $f(\boldsymbol{x}_{t+1})-f(\boldsymbol{x}_t)\approx-\eta\sum_i\left(\frac{\partial f}{\partial x_i}\right)^2\leqslant 0$，即可使得函数值随着迭代不断减小。由此便形成了非常著名的梯度下降法，见算法清单 2.1。

算法清单 2.1　梯度下降法

随机选择初始值 $\boldsymbol{x}_0$

设定学习率 η

设定最大迭代次数 N

开始第 t 次迭代：

　　计算函数的梯度 $\boldsymbol{g}=\nabla f(\boldsymbol{x}_t)$

　　执行梯度下降法 $\boldsymbol{x}_{t+1}=\boldsymbol{x}_t-\eta\cdot\nabla f(\boldsymbol{x}_t)$

　　当达到最大迭代次数或者多次迭代的 $\boldsymbol{g}$ 值较小

　　　终止迭代

梯度下降法是深度学习优化算法的基础，本节中以一个二元函数求极小值的问题进行说明。这里定义函数形式为 $f(x_1,x_2)=x_1^2+x_2^2+2x_1+x_2$。首先需要对函数进行求导 $\nabla f=[2x_1+2,2x_2+1]$，接下来使用梯度下降法完成函数极小值的计算，见代码清单 2.8。

代码清单 2.8　求解二元函数极小值

```
def f(x1, x2): #函数
    return x1 ** 2 + x2 ** 2 + 2 * x1 + x2

def grad(x1, x2): #函数梯度
    return 2 * x1 + 2, 2 * x2 + 1

#设定初始值
x1, x2 = 0, 0
#设定学习率 0.1
eta = 0.1
#开始迭代,最多迭代 20 次
for step in range(20):
    g1, g2 = grad(x1, x2)
    x1 -= eta * g1
    x2 -= eta * g2
    print(f"f({x1:.2f},{x2:.2f})={f(x1,x2):.3f}")
```

到此为止，梯度下降算法已经讲解完毕了。这里非常建议读者更换其他函数进行最小值求解的尝试。因为深度学习中，梯度下降法是非常重要的内容，几乎所有的深度学习算法都需要使用梯度下降法或者改进的梯度下降法求解。

2.2.3　使用 PyTorch 进行的求导和优化

梯度迭代算法的思想简单，容易实现，这其中的难点在于对函数的求导（求梯度）。对于学习者来说，模型梯度的计算有两种选择。

1）自行推演求导过程。

2）求助于一些自动求导工具，如 PyTorch。

对于第一种选择，是本书的目标之一，这将在第3章进行详细的讲解，即完成深度学习所有基础模块的优化，有兴趣的读者可以提前阅读矩阵求导部分。但是对于大部分读者来说，可能门槛较高，学习过程中应当先构建一个可以运行的机器学习模型，了解建模和优化的原理，之后求导的具体细节可以由 PyTorch 等自动求导库完成。因此本节中使用第二种选择，即使用 PyTorch 进行求导，这可以方便读者进行快速上手和实践。

首先 PyTorch 中是以矩阵作为基础处理单元的，这在库实现的过程中被定义为了**Tensor** 类。Tensor 类中可以使用 NumPy 的**ndarray** 进行初始化赋值，也可以使用 Python 的列表（List）进行初始化，见代码清单 2.9。

代码清单 2.9　定义 Tensor

```
import numpy as np
import torch

# 定义一个 NumPy 中的 ndarray
x_np = np.zeros([2])
# x_np 内存复制一份转换为 Tensor
x_torch = torch.tensor(x_np)
# 对矩阵中的数据进行更改不影响原始数据
x_torch[0] = 1.0
print(x_np) # 依然是[0, 0]

# x_np 与 x_torch 共享内存
x_torch = torch.from_numpy(x_np)
# 对矩阵中的数据进行更改影响原始数据
x_torch[0] = 1.0
print(x_np) # 此时是[1, 0]

# Tensor 本身可以由 NumPy 类似的方法构建
y_torch = torch.ones([2])

# Tensor 可以通过.numpy()方法转换为 ndarray
y_np = y_torch.numpy()
print(type(y_np))#ndarray
```

NumPy 中的矩阵类**ndarray** 与 PyTorch 中的矩阵**Tensor** 是可以互相转换的。同时二者 API 名称也具有较大的相似性。不同的是**Tensor** 是可以求导的。这里举例说明：首先定义一个链式求导问题：$y_1=x^2$；$y_2=\sin(y_1)$。这里有多种导数需要求解：$\frac{\partial y_2}{\partial x}$，$\frac{\partial y_2}{\partial y_1}$，$\frac{\partial y_1}{\partial x}$。使用 PyTorch 计算数值导数（梯度），见代码清单 2.10。

代码清单 2.10　梯度值的计算

```
import torch

# 对于需要求导的量定义 requries_grad=True
x = torch.ones([1], requires_grad=True)
y1 = x * * 2
y2 = torch.sin(y1)

# dy2/dx
y2.backward() # 从 y2 开始计算,执行 backward 时只能为一个数字,不能是矩阵
# 通过链式法则计算变量 x 的导数
print(x.grad) # dy2/dx

# 由于之前已经执行过反向传播了,因此不能再次计算
try:
    y1.backward()#执行 backward 时只能为一个数字,不能是矩阵
except:
    print("程序运行错误")

# 需要重新进行计算以进行求导
y1 = x * * 2
y2 = torch.sin(y1)
# 从 y1 开始计算,则为 dy1/dx
y1.backward()#执行 backward 时只能为一个数字,不能是矩阵
# 此时梯度与理论梯度值不相等
print(x.grad)

# 多次计算的过程 grad 是累加的
# 因此在执行新的计算时梯度应当置零,若不置零,x 梯度会累加
x.grad.zero_() # 带_的函数为对原位处理,即对相应内存进行置 0
y1 = x * * 2
y2 = torch.sin(y1)
# 从 y1 开始计算,则为 dy1/dx
y1.backward() #执行 backward 时只能为一个数字,不能是矩阵
# 此时梯度便正常了
print(x.grad)
```

以上计算的过程中需要将**Tensor** 中的参数设置为**requires_grad = True**，并且通过 $x \to y_1 \to y_2$ 的顺序来计算便可以了，这在机器学习库中被称为**计算图**，其描述了不同变量之间的关系。计算图描述了计算的过程，并可以简单地进行梯度的计算。沿着计算图正向计算的过程称为**正向计算**，反向通过链式求导进行导数计算的过程称为**反向传播**。如果在$\boldsymbol{y_2}$执行**backward**，自动求导库会沿着计算图反向计算到最初的节点$\boldsymbol{x}$，此时通过运行**x. grad** 便可以计算$\dfrac{\partial y_2}{\partial x}$梯度。再次执行

y1.backward()时，自动求导库会限制梯度计算，因为本次中已经进行过一次梯度计算了，需要重新书写沿着计算图正向计算的过程才可以再次计算梯度（或者在**backward**中设置**retain_graph=True**，这在后面章节会进行详细介绍）。多次反向传播，x 的梯度是累加的，因此要想计算本次的梯度值，需要将上次的梯度置0。由此梯度已知的情况下便可以实现上一节中的二维函数求极小值问题了，见代码清单2.11。

代码清单2.11　求解函数极小值

```
def model(x):# 定义需要求极小值的函数
    y = (x * * 2).sum() + 2 * x[0] + x[1]
    return y

# 定义初始值
x = torch.zeros([2], requires_grad=True) # 向量[x1,x2]
# 定义学习率
eta = 0.1

for step in range(30):
    f = model(x)
    f.backward()# 计算导数
    # 本部分不是计算图部分,不需要计算梯度
    with torch.no_grad():
        x -= eta * x.grad # 梯度下降法
        x.grad.zero_()# 梯度不累加
# 由于 x 为计算图中的节点
# 因此需要使用 detach()将其分离出来
# detach()相当于在计算图中进行了截断
x_np = x.detach().numpy()
print(x_np)
```

在计算过程中由于 x 属于计算图中的节点，因此需要使用**detach**将其分离出来以便转换为**ndarray**。另外梯度下降法部分不属于计算图，因此需要使用**with torch.no_grad()**命令，告知机器学习库本部分不需要添加到计算图中。

2.2.4 方程求解与欠定问题和正则化

请读者回忆曾经学过的多元方程的求解问题。对于三个未知数，至少需要三个方程才能求解。在有了线性代数后，有 n 个未知数的方程可以书写为：

$$\boldsymbol{A}\cdot\boldsymbol{x}=\boldsymbol{b} \tag{2-9}$$

式中，$\boldsymbol{A}\in\mathbb{R}^{n\times n}$；$\boldsymbol{x}\in\mathbb{R}^{n\times 1}$；$\boldsymbol{b}\in\mathbb{R}^{n\times 1}$。在一些书籍中将$\mathbb{R}^{n\times 1}$称为列向量，但没有必要这样区分，因为它也可以被当作一个二维矩阵，只不过其中一个维度为1而已。需要说明的是有时会将向量

简写为 $\boldsymbol{x} \in \mathbb{R}^n$ 的形式。求解未知数 $\boldsymbol{x}$ 有多种方式，第一种方式便是求解 $\boldsymbol{A}$ 的逆，这样在公式两边同时乘以$\boldsymbol{A}^{-1}$便可以得到想要的结果了，见式（2-10）：

$$\boldsymbol{A}^{-1} \cdot \boldsymbol{A} \cdot \boldsymbol{x} = \boldsymbol{A}^{-1} \cdot \boldsymbol{b} \rightarrow \boldsymbol{x} = \boldsymbol{A}^{-1} \cdot \boldsymbol{b} \tag{2-10}$$

这属于**解析解**，由于使用符号表示可以认为精度是无限的，可以直接给出方程解的公式。但是不太符合本章的主题，本章内容是使用优化算法解决问题，即求**数值解**。因此为求解 $\boldsymbol{x}$，需要构造一个损失函数，当其取得极小值时，$\boldsymbol{x}$ 是方程的解。这可以较为容易地构造 loss = $(\boldsymbol{A} \cdot \boldsymbol{x} - \boldsymbol{b})^2$，接下来便是求解 loss 关于 $\boldsymbol{x}$ 的梯度了，并使用梯度下降法完成优化。本节使用PyTorch等具备自动求导功能的机器学习库进行梯度的计算，见代码清单 2.12。

代码清单 2.12　使用梯度下降法求解方程

```
A = torch.tensor([[1, -1.5], [2.0, 0.5]], dtype=torch.float32)
b = torch.tensor([[1.0], [-1.0]], dtype=torch.float32)
# 可导的
x = torch.randn([2, 1], requires_grad=True) # 产生一个随机数
# 设定学习率
eta = 0.3
# 开始迭代
for step in range(100): # 迭代 100 次
    pred_b = A @ x
    # 使得预测的 b 与真实的 b 尽可能地接近
    loss = torch.sum((pred_b-b)* * 2)
    loss.backward() # 计算导数
    with torch.no_grad():
        x -= eta * x.grad
        x.grad.zero_()
print(loss)
print(x)
# 使用矩阵求逆方式进行计算
x_new = torch.linalg.inv(A) @ b
print(x_new)
```

上式在求解过程中的一个假设是方阵 $\boldsymbol{A}$ 存在逆矩阵，此时未知数个数与线性无关的方程个数相同时称为**正定问题**。但是当 $\boldsymbol{A}$ 的秩小于 n 时 rank（$\boldsymbol{A}$）$<n$ 为奇异矩阵，逆矩阵不存在，此时线性无关的方程个数小于未知数个数，这称为**欠定问题**。比如方程组（2-11）：

$$\begin{aligned} 2x_1 - x_2 &= 1 \\ 4x_1 - 2x_2 &= 2 \end{aligned} \tag{2-11}$$

第一个方程可以通过第二个方程线性变换得到，此时方程存在无穷多个解。在此情况下，未知数的求解受到初始值的影响。选择不同的初始值进行迭代，结果如图 2.9 所示。

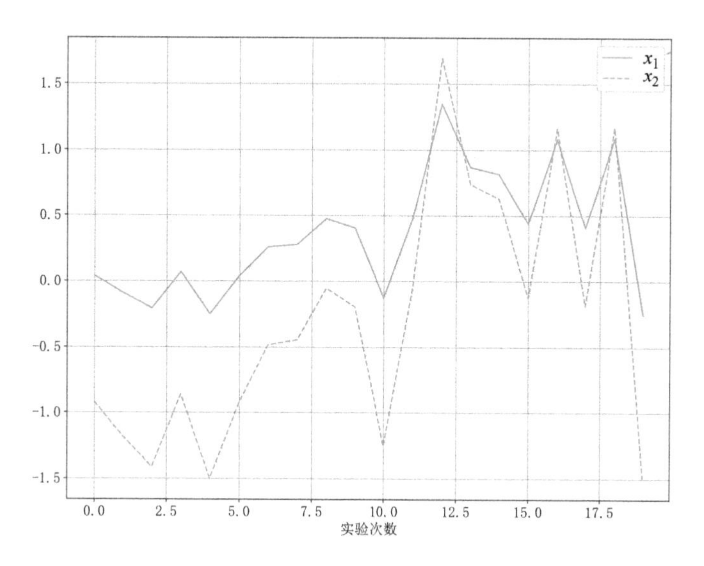

图 2.9　不同初始值迭代的结果

欠定问题求解的结果有很大的随机性，这受到初始值的影响。并且随着迭代的进行会带来更多的数值问题。因此在面对欠定问题时，解决方案就是在损失函数的基础之上加入一个“先验”，这里的先验指的就是在求解之前人为设定了数据应当符合的分布。这里设定的先验为未知数 x 应当较小，在此可以将损失函数设计为式（2-12）：

$$\text{loss}=(\boldsymbol{A}\cdot\boldsymbol{x}-\boldsymbol{b})^2+\alpha\cdot|\boldsymbol{x}|^2 \tag{2-12}$$

此时方程求解前半部分为传统的损失函数，其让 $\boldsymbol{x}$ 取得合理的值可以满足需求。而后半部分是约束 $\boldsymbol{x}$ 取值尽可能地小的，这称为正则化，由于取的是平方也被称为 L2 正则化，α 为正则化系数，其为人为设定的正整数，见代码清单 2. 13。

代码清单 2. 13　加入正则化

```
for step in range(1000): # 迭代 1000 次
    pred_b = A @ x
    # 使得预测的 b 与真实的 b 尽可能地接近
    loss = torch.mean((pred_b-b)* * 2) + alpha *  (x* * 2).mean() # 加入正则化
    loss.backward()# 计算导数
    with torch.no_grad():
        x -= eta *  x.grad
        x.grad.zero_()
```

选择不同的正则化参数进行训练和迭代，迭代结果如图 2. 10 所示。

可以看到，选择比较小的正则化参数后，选择不同的初始值进行迭代结果依然表现出了一定的随机性。而随着正则化系数不断增大，如 0.5 和 1.0，可以看到迭代结果相对稳定。此时计

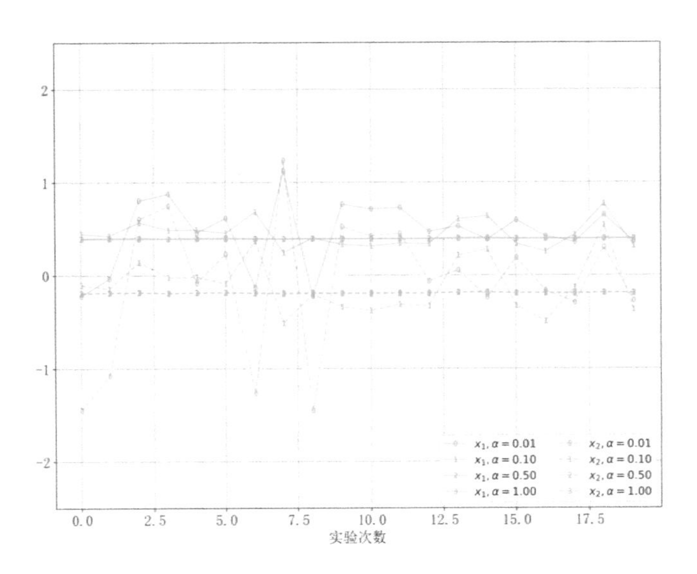

● 图 2.10　不同正则化系数迭代结果，曲线标号为不同初始值迭代结果

算的 $\boldsymbol{b}$ 从正则化 0.01 的 $\boldsymbol{b}=[0.9996,1.9992]$ 变为了 $\boldsymbol{b}=[0.9615,1.9231]$，而真实值是 $\boldsymbol{b}=[1,2]$。这说明正则化虽然会减轻多解性问题，避免出现迭代过程中的数值（如超出数值范围）问题，但是同时也会带来偏差。应当选择合适的正则化值来平衡优势和劣势，如取 0.5 时，$\boldsymbol{A}\cdot\boldsymbol{x}$ 预测的 $\boldsymbol{b}=[0.9960,1.9920]$，与真实值是较为接近的，因此正则化应当选择 0.5。

2.2.5　再论双十一预测问题与超定问题

在 1.2 节中使用网格搜索方法计算了双十一预测的问题，这并不是一种优秀的选择，网格搜索的代价太高了，特别是待求解参数较多时。本节中将使用梯度下降法来求解模型参数。在此定义一个损失函数，见式（2-13）：

$$\text{loss}=\frac{\sum_{i=1}^{N}(y_i-d_i)^2}{N} \tag{2-13}$$

以上损失函数为对所有样本误差的平方取的均值，这称为均方误差（Mean Square Error, MSE）。如果使用 $y=w_1x^2+w_2x$ 为模型，那么梯度下降法需要求解关于可训练参数 w_1, w_2 的导数，这部分求导希望读者自行完成，这里直接展示代码，见代码清单 2. 14。

代码清单 2. 14　基于梯度的求解过程

```
def model(x, w1, w2):
    # 定义模型
    return w1 * x * * 2 + w2 * x
def grad(x, d, w1, w2):# 梯度计算
```

```
    y = model(x, w1, w2)
    gy = 2 *  (y - d)#dloss/dy
    gw1 = np.mean(gy *  x * *  2) # dloss/dw1
    gw2 = np.mean(gy *  x) # dloss/dw2, 需要求平均
    # 计算损失函数
    loss = np.mean((y-d)* * 2)
    return gw1, gw2, loss
# 定义初始值
w1, w2 = 0, 0
# 学习率
eta = 0.3
for step in range(200):
    gw1, gw2, loss = grad(x, d, w1, w2)
    w1 -= eta *  gw1
    w2 -= eta *  gw2
```

基于梯度的方法由于有明确的优化方向，因此迭代收敛速度更快，而不用像网格搜索法一样对整个空间进行遍历。这种以均方误差作为损失函数的优化过程称为最小二乘法。如果将实际的数据带入模型，如（1，0.5），那么希望的是 $w_1+w_2=0.5$，这便构成了一个方程，如果想求解方程的两个未知数，需要两个线性无关的方程，但是实际上有 12 个数据，这意味着有 12 个方程（假定是线性无关的），而未知数才有两个，此时问题为一个**超定问题**。对于超定问题，仅有最小二乘意义下的解，即仅可以让 MSE 尽可能小，而无法让模型接近每一个数据点。

2.3 概率与统计

概率与统计问题是机器学习中的重要问题，在很多论文中都需要学会使用概率语言来描述机器学习模型。因此有必要对概率建模过程进行介绍。需要注意，这里的用词是“介绍”，而非“讲解”，这是因为概率论的内容博大精深，本节中仅介绍与深度学习高度相关的内容。

2.3.1 概率、条件概率与贝叶斯理论

在了解深度学习问题之前，应该了解一些概率论的基础概念和工具。其中第一个问题是联合概率分布和条件概率问题。对于多个变量分布的联合概率分布，可以写为式（2-14）：

$$p(x_1,x_2,\cdots,x_n) \tag{2-14}$$

条件概率指的是在某些条件，如 $x_i,x_{i+1},\cdots,x_n$ 已知的情况下，其他变量的分布，见式（2-15）：

$$p(x_1,x_2,\cdots,x_i|x_i,x_{i+1},\cdots,x_n) \tag{2-15}$$

这里可以仿照多元函数的书写形式写成向量的形式：$p(\boldsymbol{x}_a|\boldsymbol{x}_b),\boldsymbol{x}_a=[x_1,\cdots,x_i]$，$\boldsymbol{x}_b=[x_i,\cdots,x_n]$。

条件概率可以进行分解，见式（2-16）：

$$p(\boldsymbol{x}_a,\boldsymbol{x}_b)=p(\boldsymbol{x}_b)p(\boldsymbol{x}_a|\boldsymbol{x}_b)=p(\boldsymbol{x}_a)p(\boldsymbol{x}_b|\boldsymbol{x}_a) \tag{2-16}$$

可以将问题更具体一些，如 p(阴天,下雨)=p(阴天)p(下雨|阴天)。如果想求阴天并且下雨的联合概率 p（阴天，下雨），可以通过分别统计阴天的概率 p（阴天）和在阴天时下雨的概率 p（下雨|阴天）来获得。这种分解意味着阴天下雨是相关的，如果阴天和下雨无关或者说两个情况是**独立的**，那么条件概率可以写为 p（阴天，下雨）= p（阴天）p（下雨），可以分解为两个概率相乘。在机器学习建模中经常会假设两个概率分布是独立的。

由（2-16）式可以衍生出贝叶斯公式（2-17）：

$$p(\boldsymbol{y}|\boldsymbol{x})=\frac{p(\boldsymbol{y})p(\boldsymbol{x}|\boldsymbol{y})}{p(\boldsymbol{x})} \tag{2-17}$$

式中，$p(\boldsymbol{y})$称为先验概率；$p(\boldsymbol{x}|\boldsymbol{y})$称为似然；$p(\boldsymbol{y}|\boldsymbol{x})$为后验；$p(\boldsymbol{x})$通常为归一化常数。公式不是很直观，这里依然使用鸢尾花数据来对概率模型进行说明。将鸢尾花分类问题写为贝叶斯公式的形式：

$$p(\text{山鸢尾}|\text{四种属性})=\frac{p(\text{山鸢尾})p(\text{四种属性}|\text{山鸢尾})}{p(\text{四种属性})} \tag{2-18}$$

p（山鸢尾|四种属性）代表某一样本具有某些属性的情况下属于山鸢尾的概率，这称为后验概率，是通过先验和似然得到的。p（山鸢尾）为先验，先验指的是不经过属性分析，直接给定的概率。这可以通过样本的数量统计获得，如山鸢尾的数量为 50，样本总量为 150，这样不经过属性分析事先给定属于山鸢尾的概率为 1/3。为更好地解释先验，不妨将情况设定得更加极端一些，如山鸢尾有 90 个样本，样本总量 100 个，此时随机选择一个样本，它大概率应该就是山鸢尾，这便是先验。先验也就是在进行具体的分析之前所给定的概率。具体的分析来自 p（四种属性|山鸢尾），这称为似然。这里似然指的是在已知某个类的情况下能取得当前属性值的概率，这是对于数据分布的分析，本例中可以通过统计获得。实际操作中由于鸢尾花的四种属性属于连续型分布，因此对其进行两种假设：第一种假设是每种属性是独立分布的，即 p(四种属性|山鸢尾)=p(属性 1|山鸢尾)p(属性 2|山鸢尾)p(属性 3|山鸢尾)p(属性 4|山鸢尾)，这种独立的假设在机器学习中被认为是“简单朴素”的，因此基于此假设的贝叶斯模型被称为“朴素贝叶斯”；第二种假设是每种属性均符合正态分布，这与真实分布可能出现部分差距，但是机器学习是简化的艺术，只要最终具有较高的分类精度即可。最后 p（四种属性）是归一化常数，其计算方式可以利用边缘概率的方法，见式（2-19）：

$$p(x)=\sum_i p(x,y_i)=\sum_i p(y_i)p(x|y_i) \tag{2-19}$$

在鸢尾花分类中，其为其他鸢尾花所计算的概率之和。在此实现一个正态分布假设下的朴素贝叶斯算法用于鸢尾花分类，见代码清单 2. 15。

代码清单 2.15　朴素贝叶斯算法用于鸢尾花分类

```
data = iris.data
d = iris.target

# 正态分布
def norm(x, mu, std):
    # 正态分布形式
    # x 矩阵格式[样本数量,属性数量]
    # mu,std 均值标准差,格式[属性数量]
    # 可以回忆之前矩阵运算部分
    return 1/np.sqrt(2* np.pi)/std *  \
        np.exp(-(x-mu)* * 2/std* * 2/2)
# 将三类鸢尾花数据分开统计
mu = []
std = []
num = []
for i in range(3):
    x = data[d==i]# 获取相应类别数据
    # 统计 i 类鸢尾花均值和标准差
    mu.append(np.mean(x, axis=0))
    std.append(np.std(x, axis=0))
    num.append(len(x))

# 计算三类鸢尾花类别概率
x_test = data # 用于测试的数据
prob = []
for i in range(3):
    patt = norm(x_test, mu[i], std[i])# 概率
    logp = np.log(patt) # 防止出现数值问题
    #每个属性乘法变为 log 后加法
    p = np.sum(logp, axis=1)
    p += np.log(num[i]/np.sum(num))# 加入先验
    prob.append(np.exp(p))
prob = np.stack(prob).T # [样本数量,每类归一化前概率]
prob /= np.sum(prob, axis=1, keepdims=True) # 归一化
pred_class = np.argmax(prob, axis=1)
print(pred_class)
print("准确率", np.mean(pred_class==d))
```

贝叶斯算法可以输出属于每一类的概率，而算法实现过程中虽然进行了两个假设，但是分类精度依然可以达到96%，因此从结果来看模型假设：即独立分布假设和正态分布假设是合理的。在此补充一些 NumPy、PyTorch 函数的用法，请读者结合前面的矩阵运算部分进行算法实践，见代码清单 2.16。

NumPy 统计函数的使用

NumPy 中包含 mean、std 等统计性函数。在此，在计算中如果设置 axis，则相当于对某一个维度进行的统计，如 np.mean（x，axis=1）计算的是 $\boldsymbol{x}\in\mathbb{R}^{N\times M\times K}$ 第 1 个维度的均值，计算方式为 $\mu_i=\frac{\sum_{j=0}^{M}x_{ijk}}{M}$。计算后矩阵维度为 $\boldsymbol{\mu}\in\mathbb{R}^{N\times K}$，如果设置为 keepdims=True，那么统计后对应维度会保留相应维度并且长度为 1：$\boldsymbol{\mu}\in\mathbb{R}^{N\times 1\times K}$。

PyTorch 统计函数

PyTorch 与 NumPy 统计函数是类似的，但是有细微的区别，如 axis 在 PyTorch 是 dim，keepdims 在 PyTorch 中是 keepdim 等，更多区别希望读者阅读官方文档。

代码清单 2.16　NumPy 和 PyTorch 中的统计函数

```
x_np = np.random.normal(0, 1, [10, 10, 3])
x_torch = torch.randn([10, 10, 3])

# 计算某一个维度均值有多种方式
mu_np = x_np.mean(axis=1)
mu_np = np.mean(x_np, axis=1)
print(mu_np.shape)#(10, 3)
mu_np = x_np.mean(axis=1, keepdims=True)
mu_np = np.mean(x_np, axis=1, keepdims=True)
print(mu_np.shape)#(10, 1, 3)

# PyTorch 与 NumPy 函数类似,但是有细微区别
mu_torch = x_torch.mean(dim=1)
mu_torch = torch.mean(x_torch, dim=1)
print(mu_torch.shape)#torch.Size([10, 3])
std_torch = x_torch.std(dim=1, keepdim=True)
std_torch = torch.std(x_torch, dim=1, keepdim=True)
print(std_torch.shape)#torch.Size([10, 1, 3])
```

2.3.2　极大似然估计与最大后验估计

在贝叶斯公式中出现的似然是对于数据分布的估计。本节中为了更加清晰地阐述问题，使用模拟数据来进行说明。本例中的数据如图 2.11 所示。

可以看到当前数据点大致符合直线分布，因此可以假设模型为一条直线 $y=x\cdot w+b$。之前使用的损失函数是均方误差，用于直接计算梯度来进行训练，在本节中将从概率的角度来考虑问题，赋予均方误差更多概率含义。首先可以看到的是数据并非是一个非常完美的直线，而是存在

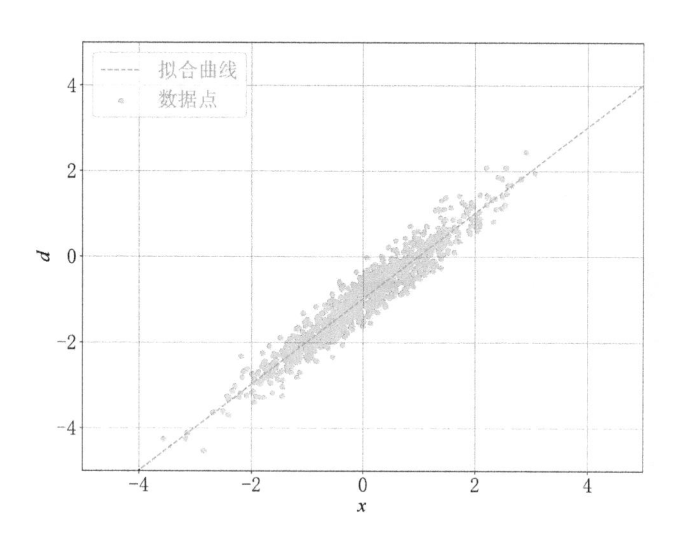

图 2.11　根据当前数据点估计曲线的方程

着一定的误差，即 $y-d=\varepsilon$，其中，y，d，ε 分别为模型预测输出、标签和误差。为进行概率建模，假设数据的误差 ε 符合均值为 0 的正态分布，其中标准差为 σ。由此 $p(y-d)=\frac{1}{\sqrt{2\pi}\sigma}\exp\left(-\frac{(y-d)^2}{2\sigma^2}\right)$，或者记录为$(y-d)\sim N(0,\sigma)$，$N(\mu,\sigma)$代表正态分布。似然指的是对于数据分布的估计，而每个样本的分布为正态分布，并且是独立同分布的，因此整个数据集的分布形式为式（2-20）：

$$P=\prod_{i=1}^{N}\frac{1}{\sqrt{2\pi}\sigma}\exp\left(-\frac{(y_i-d_i)^2}{2\sigma^2}\right) \tag{2-20}$$

一个合理的模型应当使得 P 取得极大值，即调整 y 中的参数 w 和 b 使得以上概率取得极大值。以上概率取得极大值意味着参数值是较为合理的，可以拟合大部分数据。当前乘法难以计算，因此对两边同时取 ln，可得式（2-21）：

$$\ln P=\sum_{i=1}^{N}\ln\left(\frac{1}{\sqrt{2\pi}\sigma}\exp\left(-\frac{(y_i-d_i)^2}{2\sigma^2}\right)\right) \tag{2-21}$$

要想 P 取得极大值，使 $\ln P$ 取得极大值即可，这称为极大似然估计。记录 $L_i=\ln\left(\frac{1}{\sqrt{2\pi}\sigma}\exp\left(-\frac{(y_i-d_i)^2}{2\sigma^2}\right)\right)$，可以通过简单地处理得到式（2-22）：

$$L_i=-\ln\sqrt{2\pi}\sigma-\frac{(y_i-d_i)^2}{2\sigma^2}=A-s(y_i-d_i)^2 \tag{2-22}$$

式中，A 为常数；$s=\frac{1}{2\sigma^2}$。整理后可得：$\ln P=NA-s\sum_{i=1}^{N}(y_i-d_i)^2$，如果使得 $\ln P$ 取得极大值，

那么意味着对于$(y_i-d_i)^2$取得极小值，相信读者已经发现了这是均方误差损失函数。绕了一圈又回到了起点，这时可以发现从概率角度来看待机器学习问题实际上与之前的内容是相似的。这个过程反过来可以得到的结论是**使用均方误差作为损失函数意味着拟合的误差符合均值为0的正态分布**，这是从概率角度建模学到的。

从概率角度建模还可以观察到更多的信息。这里在概率建模的过程中引入贝叶斯理论，同时为说明问题将模型构建得更加复杂一些$y=x\cdot w_2+x^2\cdot w_2+b$，此时贝叶斯模型为式（2-23）：

$$p(w_1,w_2,b|x,d)=\frac{p(w_1,w_2,b)p(x,d|w_1,w_2,b)}{p(x,d)} \tag{2-23}$$

式中，$p(x,d)$为归一化常数，其对于计算没有影响；$p(x,d|w_1,w_2,b)$代表了w_1,w_2,b已知的情况下x,d的分布，将参数带入可以发现这是前面的$p(y-d)$，即似然。最后是$p(w_1,w_2,b)$，即先验概率，目标是曲线的形态尽可能简单，因此w_1,w_2应当尽可能小，b仅影响曲线的位置不影响曲线形态，因此不需加入先验，在此假设w_1,w_2符合均值为0的正态分布。取得以上最大化的过程称为最大后验估计。如果想使得函数取得极大值，那么需要使得：

$$L=\ln P=\ln p(w_1)+\ln p(w_2)+\sum_{i=1}^{N}\ln p(x_i,d_i|w_1,w_2,b) \tag{2-24}$$

整理可得式（2-25）：

$$L=\ln\frac{1}{\sqrt{2\pi}\sigma}\exp\left(-\frac{w_1^2}{2\sigma_1^2}\right)+\ln\frac{1}{\sqrt{2\pi}\sigma}\exp\left(-\frac{w_2^2}{2\sigma_1^2}\right)+A-s(y_i-d_i)^2 \tag{2-25}$$

如果想使得L取得极大值，仅需使得$L=B-m(w_1^2+w_2^2)+A-s(y_i-d_i)^2$取得极大值，即使得$\text{loss}=(y_i-d_i)^2+\alpha(w_1^2+w_2^2)$取得极小值，这是在传统的均方误差基础上加入了L2正则化。因此可以看到，**L2正则化给出的先验是可训练参数符合均值为0的正态分布**。

2.4 总结

至此，深度学习数学基础已经讲解完毕了。大部分读者可能已经学习过线性代数及相关概念，阅读起来会比较轻松。对于优化算法部分，可以配合相关实例进行理解。从实践中学习是快速上手的有效方式。后面部分是概率与统计，这部分内容较难理解，即使对于一些专业人员也是如此。如果读者感觉此部分内容较难，可以适当忽略，只需要了解条件概率及极大似然估计即可。

后面内容中，希望读者在数学基础之上关注几个方面：第一，模型如何构建，特别是如何使用向量化形式表示深度学习模型；第二，各个基础结构如何计算梯度，这是深度学习优化的基础；第三，如何定义损失函数，这是模型能够收敛的保障。

深度学习基础模型和实现：全连接网络

深度神经网络的发展中，全连接网络是最早出现的模型。其产生之初与支持向量机类似，均是为了处理传统的结构化数据而设计的。但得益于神经网络结构的灵活性，使得其具有比支持向量机等算法更加灵活的配置和应用范围。在本章中学习的重点内容为：

1）单层全连接网络所构建的逻辑回归算法。

2）分类和回归算法的定义与评价指标。

3）多层全连接网络所构建的多层感知器模型。

4）掌握矩阵求导并学会自动求导功能的原理。

其他需要补充学习的内容为：

1）PyTorch 的进一步使用。

2）机器学习中的特征问题。

3.1 逻辑回归算法

作为机器学习中的一个经典模型，逻辑回归算法因为其简单、易于实现的特点，在很多的数据分析领域得到了大量应用。同时逻辑回归算法也是入手学习深度神经网络的第一步。

3.1.1 数据和模型

在本节中使用机器学习领域中非常著名的数据集 MNIST。

MNIST 数据集

MNIST（Modified National Institute of Standards and Technology）数据集由 Yann LeCun 等人

对美国国家标准与技术研究院所发布的手写数字数据集进行收集和修改。这是一个被广泛地用于测试多种机器学习模型的标准数据集。数据集中包含0~9共10种类别的阿拉伯数字，手写数字图像大小为28×28大小的灰度图，手写文字经过处理处于图像的中心位置。数据集中包含6万个训练数据和1万个测试数据。部分训练集中的数据如图3.1所示。

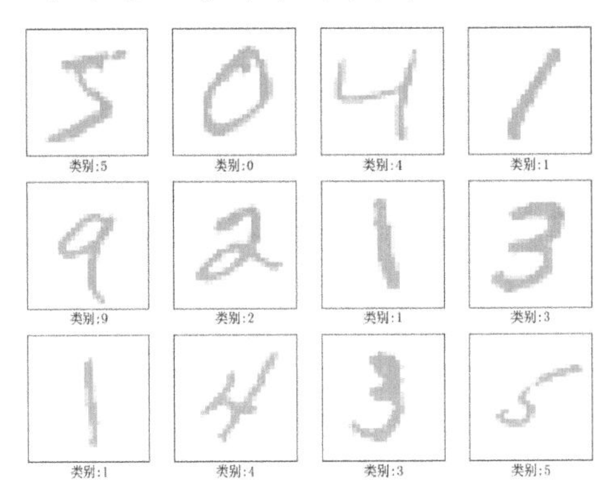

● 图3.1 手写数字示意图

依然按照大致的数据分析流程来处理逻辑回归和手写数字识别问题。由于数据集已经存在，因此读者难以感受机器学习数据获取的艰难，在此非常建议读者自己制作一些数据进行测试，本节中自行书写一些字符并进行标注。本节跳过数据集制作这一步，直接进行数据的预处理。

首先是对图像数据的预处理。对于初学者来说虽然已经见识过鸢尾花数据集，但对于图像类的数据接触较少。处理过程中需要将其处理成更加适合逻辑回归算法的格式 $\boldsymbol{x}\in\mathbb{R}^{N\times784}$，在此 N 为样本数量，$28\times28=784$ 也就是将一个图像转换成了一个长度为784的向量，这意味着每个像素都被当成了一个“特征”。在学习深度学习过程中更希望读者将数据分析的单位从“特征”变为“向量”，即一个“向量”包含了用于数据分析的所有信息。在将图像转换为向量后，对数据进行归一化，归一化是对于向量而言的，这里将数据除以最大值使得最终数据范围在[0,1]区间。到此，输入的图像数据处理完毕。

预处理的第二个重要的内容为对于标签数据的处理。采集数据使用0，1，…，9整型数据进行标注，但是机器学习算法应当使用浮点型向量的格式。在此使用独热编码（Onehot Encoding）将整型数字转换为一个长度为10的向量，对于第 i 个类来说，向量的 i 个位置为1，其他位置为0。

独热编码（Onehot Encoding）

独热编码是一种将整型数字、类别转换为向量的编码方式。在处理过程中，假设数据有 C 个类，那么转换而成的向量长度为 C。对于有 N 个样本 C 个类别的标签而言，转换成的浮点矩

阵为 $\boldsymbol{d}\in\mathbb{R}^{N\times C}$。这里还包含的一步就是将 C 个类别转换为整型数字，使用的方式是对类别从 0~(C−1)进行编码，赋予每个类别一个整型数字进行连续标注。对于第 i 个类别来说，转换成的向量在 i 个位置为 1.0，其他位置为 0.0。举例说明，将三种鸢尾花数据首先转换为整型数字 0、1、2，第 0 个类转换成的向量为[1.0,0.0,0.0]，同样地，第 2 个类转换成的向量为[0.0,0.0,1.0]。

独热编码有两种理解方式：第一种是空间投影；第二种是不同类别概率。空间投影是指将一个整型数据投影到一个 C 维的空间中，对于神经网络而言，高维向量数据比整型数字更容易处理。不同类别概率是指人工标注的不同类别的置信度，如鸢尾花中，[0.0,1.0,0.0] 代表了属于第 1 类（如无特别说明，数字都是从 0 开始）的概率是 100%，属于其他类别的概率为 0%。这两种理解方式均可，这里更推荐不同类别概率。在实际计算过程中，softmax 通常需要一个无穷大值以得到 1.0 或 0.0，为避免数值过大和过拟合问题，可以进行标签平滑正则化（Label Smoothing Regularization，LSR），即人工标注类别取值比 100%少一些，相应其他类别概率提升一些。举例来说，当标注为 1 时，鸢尾花第 1 类的概率可取值 94%（此数值可人工指定），其余 6%的概率由 3 个类别平分，此时第 1 类概率为 94%+6%/3=96%，第 0 类和第 2 类概率为 6%/3=2%。

数据处理完毕之后接下来便是构建机器学习模型了。由于输入向量长度为 784，标签向量长度为 10，两个向量之间的转换可以由矩阵乘法运算进行，这种变换便是构建的机器学习模型，见式（3-1）：

$$\boldsymbol{y}=\boldsymbol{x}\cdot\boldsymbol{w}+\boldsymbol{b} \tag{3-1}$$

式中，$\boldsymbol{x}\in\mathbb{R}^{N\times 784}$；$\boldsymbol{w}\in\mathbb{R}^{784\times 10}$；$\boldsymbol{b}\in\mathbb{R}^{10}$；$\boldsymbol{y}\in\mathbb{R}^{N\times 10}$。$\boldsymbol{x}$ 为图像数据，$\boldsymbol{y}$ 为模型的输出。在数学章节可以看到，本模型与仿射变换类似，虽然输入维度达到了 784，但是依然属于线性变换。在此的含义为将一个 784 维的向量 $\boldsymbol{v}$ 投影到 10 维的空间 $\boldsymbol{y}$ 中，此空间可以表示类别。从向量的角度来理解相当于将一个图像向量 $\boldsymbol{x}$ 通过矩阵乘法的方式转换为向量 $\boldsymbol{y}$，矩阵乘法可以保留原始向量的信息。从更细节的层面来理解，可以看图 3.2。

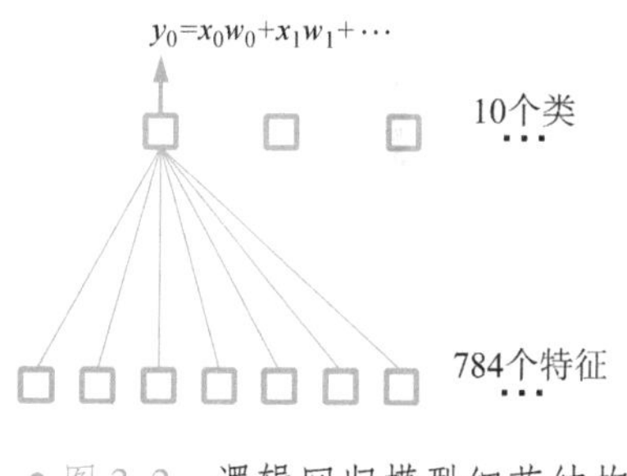

图 3.2　逻辑回归模型细节结构

如图 3.2 所示，对于某一个输出向量元素 y_j 代表的是第 j 个类，其在预测过程中构建的模型为 $y_j=\sum_{i=1}^{784}x_iw_{i,j}+b_j$，从子结构来看也是一个**线性模型**，代表了某个类别输出 y_j 综合考虑了所有的 784 个特征。

接下来便是使得输出 $\boldsymbol{y}$ 和标签 $\boldsymbol{d}$（独热编码）尽可能地接近了。到目前为止使用的是均方误差作为损失函数，但是均方误差对于分类的问题收敛较为缓慢，因此应当选择更加有效的损失函数，这便是交叉熵。

3.1.2 交叉熵损失函数

损失函数的构建是几乎所有机器学习问题的核心之一。在前面的章节中已经对均方误差损失函数有了一定的了解。这里依然可以使用均方误差，但是收敛速度和最终精度较低。因此需要更加有效的损失函数。为解释这个问题，首先要从信息熵谈起。

信息熵是信息论的重要内容之一。其是衡量系统混乱程度的量，并且与数据的具体取值无关而仅与数据的分布有关。假设某一事件概率为 $p(x_i)$，自信息为 $I(x_i)=\log\frac{1}{p(x_i)}$，这代表了事件 x_i 的发生带来的信息量的多少。在 2.1.4 节中曾介绍文本向量化方法，$\mathrm{IDF}_{w_i}=\log\frac{1}{\frac{\text{含有 } w_i \text{ 词的文章数量}}{\text{文章总数}}}$，其中的 $p(w_i)=\frac{\text{含有 } w_i \text{ 词的文章数量}}{\text{文章总数}}$代表了词 w_i 在文章中出现的概率，而 IDF 便可以看作是自信息的一种。一个概率较小的事件发生了，可以带来更多的信息，因此自信息是较高的。**信息熵**是自信息的平均：$H(p)=\mathbb{E}(I(x_i))=\sum_{i=1}^{K}p(x_i)\log\frac{1}{p(x_i)}$，其中，$K$ 是类别的数量，或者 x 所有可能数值的数量。这里使用的 $\log(\cdot)$函数可以以 2 为底也可以以 e 为底。在以 2 为底的情况下熵的单位为比特（bit），例如，抛硬币仅有两种状态，即正反，用 0，1 来表示。假设每种状态的概率均为 0.5，那么计算的信息熵为 $H=0.5\log\frac{1}{0.5}+0.5\log\frac{1}{0.5}=1(\mathrm{bit})$。这意味着即使在最混乱的情况下仅用 1 个比特也可以来表示当前所有状态。当抛硬币的结果永远为正面时，此时会定义 $0\log\frac{1}{0}\mathrm{def}0$，由此可以计算 $H=0\mathrm{bit}$，此时系统是一个确定性系统，不存在混乱性。其他情况下信息熵在（0,1）区间（实际上是没有半个比特的，但是数学计算过程中可以存在 0.1 等小数情况）。

对于两个分布 $p(x),q(x)$，如果想计算两个分布的相似程度可以使用**相对熵（KL 散度）**，见式（3-2）：

$$D_{KL}(p\,||\,q)=\sum_{i=1}^{K}p(x_i)\log\frac{p(x_i)}{q(x_i)} \tag{3-2}$$

p、q 分布越相近，D_{KL}越小，当分布完全相同时，$D_{KL}=0$。在此希望读者仅从公式的形式角度去进行记忆，而具体的所谓“物理含义”或“实际意义”是针对公式使用场景而言的，错误的举例会让基础概念的理解出现偏差。假设 p 是人工指定的标签，那么它在训练的过程中是一个常数。那么 $D_{KL}(p\,||\,q)=-H(p)+\sum_{i=1}^{K}p(x_i)\log\frac{1}{q(x_i)}=H(p,q)-H(p)$，其中 $H(p,q)=\sum_{i=1}^{K}p(x_i)\log\frac{1}{q(x_i)}$ 为**交叉熵**。因为在给定标签后，$H(p)$为常数，如果 p 是独热编码，那么$H(p)=0$，因此求解极值意味着求解 $H(p,q)$的极值。

由此机器学习问题便有了明确的损失函数，即交叉熵。其中标签为独热编码后的向量 $\boldsymbol{d}$，其代表了每个类别的真实概率 p。如果想使得模型的输出转换为概率 q，需要使得其符合概率的两个条件：每个类别概率应当大于等于0；对于所有类别求和为 1。为解决概率大于 0 的问题，将所有的输出 y 计算 e 指数$[e^{y_1},e^{y_2},\cdots,e^{y_K}]$，这可以使得每个类别的概率大于 0；接下来是使得概率之和为 1，需要对结果进行归一化，处理过程为 $q_i=\frac{e^{y_i}}{\sum_{j=1}^{K}e^{y_j}}$， 由此便将模型的输出 y_i 转换成了概率q_i，这种处理称为 Softmax。那么最终的损失函数为式（3-3）：

$$\text{loss}=\frac{1}{N}\sum_{j}^{N}\sum_{i}^{K}p_{j,i}\log\frac{1}{q_{j,i}} \tag{3-3}$$

式中，N 为样本数量。到此为止便可以进行模型的训练了。

3.1.3 小批量梯度下降法

在完成模型和损失函数的构建后便是编程对模型进行优化和训练。本节中依然使用 PyTorch 来进行，见代码清单 3.1。

代码清单 3.1　逻辑回归算法做手写数字识别

```
import torch
import torch.nn.functional as F
# 将数据转换为 Tensor
x1 = torch.tensor(x_train, dtype=torch.float32)
d1 = torch.tensor(d_train, dtype=torch.long) # 整型数据

x1 = x1.reshape([-1, 784])
d1 = d1.reshape([-1])
# 数据预处理
x1 /= 255 # 8bit 数据最大值为 255
d1 = F.one_hot(d1, 10).float() # Onehot 编码

def model(x, w, b):
    # 定义模型
    y = x @ w + b
    return y
def compute_loss(y, d):
    # 定义损失函数
    e = torch.exp(y) # 计算 e 指数
    q = e / e.sum(dim=1, keepdim=True) # 归一化
    # 计算损失函数
    loss = -(d* torch.log(q)).sum(dim=1).mean()
    return loss

# 定义可训练参数
w = torch.randn([784, 10], requires_grad=True) # 权值
```

```
b = torch.zeros([10], requires_grad=True) # 偏置,仅影响位置
# 定义学习率
eta = 0.3
batch_size = 1
n_epoch = 10
for e in range(n_epoch):
    for step in range(len(x_train)//batch_size):
        x = x1[step* batch_size:(step+1)* batch_size]
        d = d1[step* batch_size:(step+1)* batch_size]
        y = model(x, w, b) # 构建模型
        loss = compute_loss(y, d)
        # 梯度下降法
        loss.backward()
        with torch.no_grad():#不需要梯度
            w -= eta *  w.grad
            b -= eta *  b.grad
            w.grad.zero_()
            b.grad.zero_()
print(loss)
x2 = torch.tensor(x_test, dtype=torch.float32)
x2 = x2.reshape([-1, 784])
x2 /= 255 # 8bit 数据最大值为 255
with torch.no_grad():# 推断过程不需要梯度
    y2 = model(x2, w, b)
    p2 = y2.argmax(dim=1) # 输出类别
    p2 = p2.numpy() # no_grad 修饰后不需要 detach
print(f"预测准确度{np.mean(p2==d_test)}")
```

最终预测准确度为 91.0%，对部分结果进行展示，如图 3.3 所示。

图 3.3 模型预测结果

可以看到大部分数字均被正确归类，但是存在少部分错误。本例中使用的是梯度下降法，按照以前的思路，应当使用完整的数据集来进行全量梯度下降法。但现在的问题是数据量较大（5万条），那么使用所有数据进行训练会带来计算代价较高的问题，因此需要从大量数据中选择一部分进行训练，这称为**小批量（Mini Batch）梯度下降法**，每次选择的样本数量被称为批尺寸（Batch Size）。更极端一些每次仅选择一个样本进行训练时，称为随机梯度下降法。当所有样本训练完一遍后称为一个回合（Epoch）。对于数据较为简单的情况可以完全随机进行选择。选择不同的批尺寸训练相同的次数来进行测试，观察损失函数的变化，如图3.4所示。

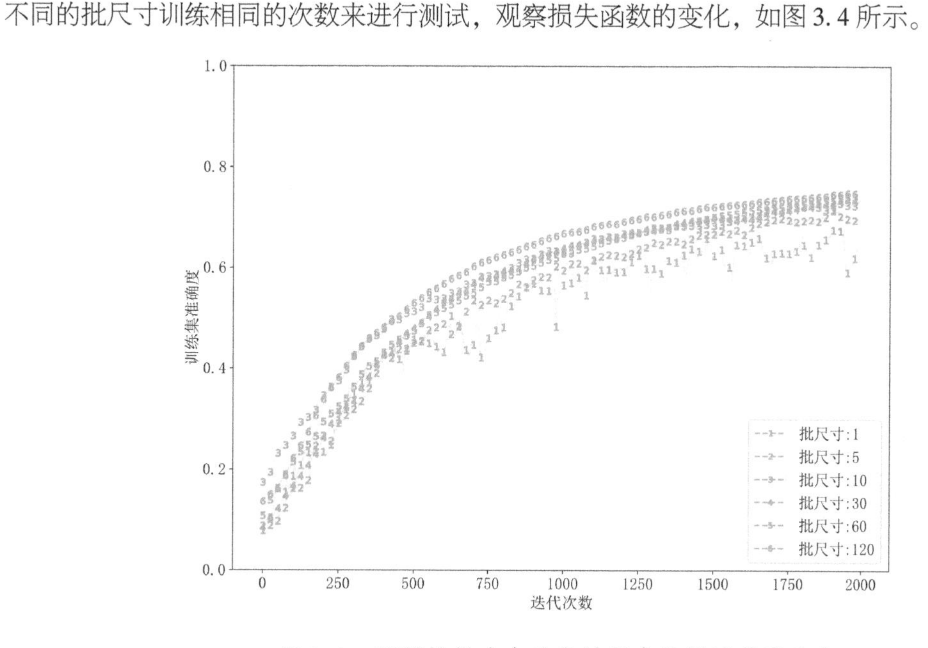

● 图3.4　不同批尺寸在迭代过程中的测试精度变化

可以看到大的批尺寸可以带来更快的收敛速度（速度指的是相同迭代次数精度变化快慢），而小的批尺寸除了精度稍低外，在批尺寸只有1时迭代过程中出现了收敛不稳定的情况。因此选择合理的批尺寸可以既快又好地收敛。

3.1.4　正则化影响

正则化是在数据量不足的情况下赋予可训练参数先验，使得收敛过程更加稳定且解唯一。如果不加入正则化，使用500个样本和50000个样本来进行训练，并同样迭代5000次观察不同初始值迭代下可训练参数的分布，如图3.5所示。

可以看到样本数量越多收敛精度越高，达到了90%，而在50000个样本训练后的可训练参数值差异依然比较大，这说明解并不唯一。这是因为数据中存在大量的0值，因而相应可训练参数

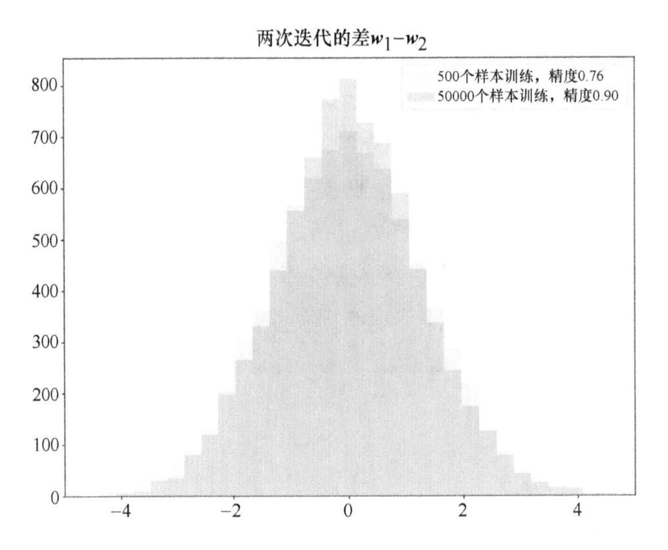

图 3.5 未加正则化的两次迭代取值之差的分布和精度（见彩插）

的求解依然是病态问题，因此需要加入正则化来进行处理，见代码清单 3.2。

代码清单 3.2 模型加入正则化

```
loss = compute_loss(y, d) + 0.01 *  w.square().sum()
```

加入正则化后迭代的结果如图 3.6 所示。

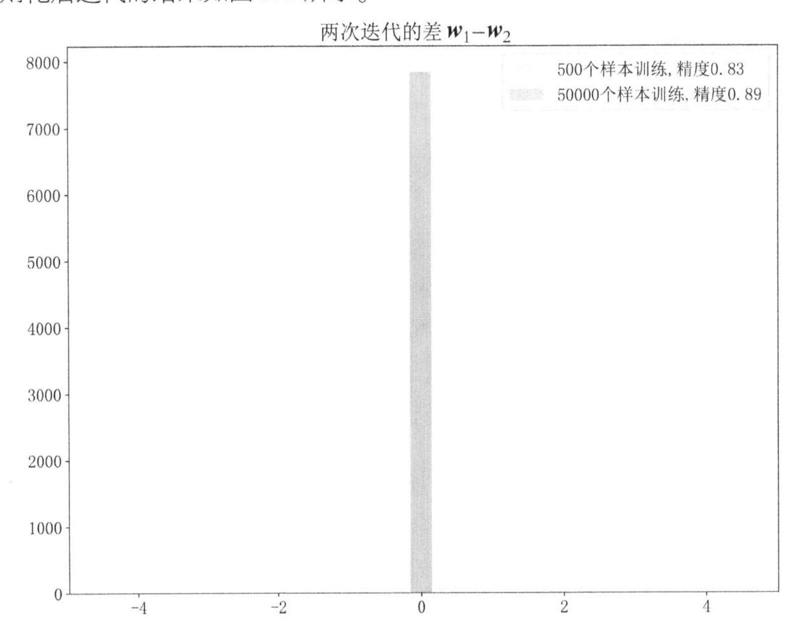

图 3.6 加入正则化后的可训练参数

可以看到加入正则化后第一个问题是样本数量较少的情况下精度有所提升，而样本数量较多的情况精度并未受到影响甚至于有些下降。因此一些书籍中，正则化可以避免过拟合问题（下一节中详述）。这里希望读者同样认识到正则化作为一种先验大概率会带来一定的偏差，这在样本数量较多的情况下甚至于会降低精度。在训练过程中应加入适当的正则化使得迭代收敛过程更加稳定。

3.2 训练集、验证集、测试集及精度评价标准

本节将会对数据集及精度评价方式进行详细地说明。为了训练和测试模型，会将采集的数据划分为：训练集、验证集和测试集。其中训练集的作用为训练模型中的可训练参数，逻辑回归中就是 w，b；验证集的作用为调整模型中的超参数，即模型在训练之前所调整的参数，如正则化系数，可以是训练集的一部分；测试集中的数据不参与训练与超参数调整，模型通过验证集选择最优超参数，并使用训练集训练后需要使用测试集测试最终精度，可以认为测试集精度接近实际数据分析时的精度。模型的精度有多种评价标准。

3.2.1 分类问题精度评价标准

对于分类问题可以使用最简单的评价标准，这便是准确度（Accuracy），其代表了模型的预测类别和真实类别之间的正确比例，见式（3-4）：

$$\text{Accuracy}=\frac{\text{预测正确样本数量}}{\text{样本总量}} \tag{3-4}$$

这种评估是较为粗糙的，如果想更细致的分析哪两个类别之间更容易分类错误，可以使用混淆矩阵。混淆矩阵（Confusion Matrix）统计了实际类别中被预测为其他类别样本的数量，其是一个矩阵，对于手写数字而言绘制混淆矩阵，见代码清单 3.3。

代码清单 3.3　混淆矩阵统计

```
x2 = torch.tensor(x_test, dtype=torch.float32)
x2 = x2.reshape([-1, 784])
x2 /= 255 # 8bit 数据最大值为 255
with torch.no_grad():# 推断过程不需要梯度
    y2 = model(x2, w, b)
    p2 = y2.argmax(dim=1) # 输出类别
    p2 = p2.numpy() # no_grad 修饰后不需要 detach
d2 = d_test
matrix = []
for i in range(10):# 真实类别
    pred = p2[d2==i]
```

```
    num = np.bincount(pred, minlength=10) # 统计类别数量
    print(num.shape)
    matrix.append(num)
matrix = np.stack(matrix, axis=0)
```

将手写数字识别的结果绘制成图 3.7。

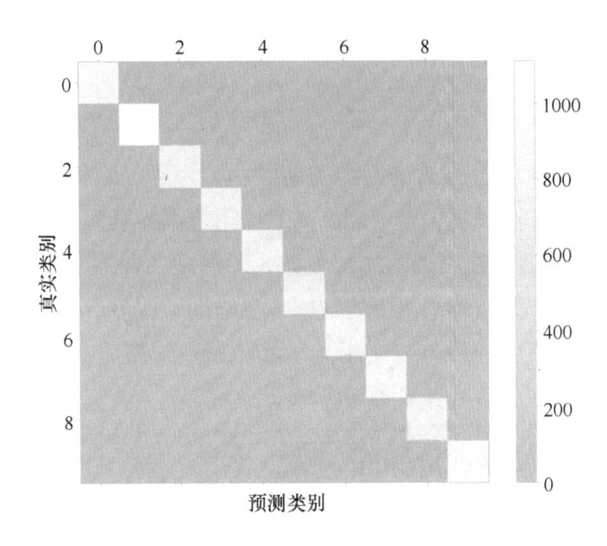

图 3.7 手写数字识别的混淆矩阵

通过观察混淆矩阵可以发现，在对角线上取值最高，这代表了预测大部分是准确的。同时发现真实类别为 5 的情况下预测为 3 出现了一个较高的数值，这代表 5 容易被预测为 3，人工观察也会发现 3、5 两种数字相似度较高。同时可以看到模型对于 1 的预测精度是最高的，因为数字 1 与其他数字相似度较低。

在样本数量仅有两个类的情况下可以进行更多的统计分析。例如，手写数字将类别 1 作为一类，称正样本，其他类别作为一类，称负样本。那么对于正负样本的预测存在四种情况。

1）正样本被预测为正样本，此样本为预测正确，被称为真阳性样本（True Positive，TP）。

2）正样本被预测为负样本，此时样本预测错误，被称为假阴性样本（False Negative，FN）。

3）负样本被预测为正样本，此样本预测错误，被称为假阳性样本（False Positive，FP）。

4）负样本被预测为负样本，此样本预测正确，被称为真阴性样本（True Negative，TN）。

其中，True 和 False 代表了对于样本本身预测正误，而 Positive 和 Negative 代表了预测的类别。了解这些样本后，便有了更多对于模型预测结果的评价标准。

1）精确度（Precision）也称查准率，代表了预测为正的样本中预测正确的比例，$P=\frac{\mathrm{TP}}{\mathrm{TP}+\mathrm{FP}}$。

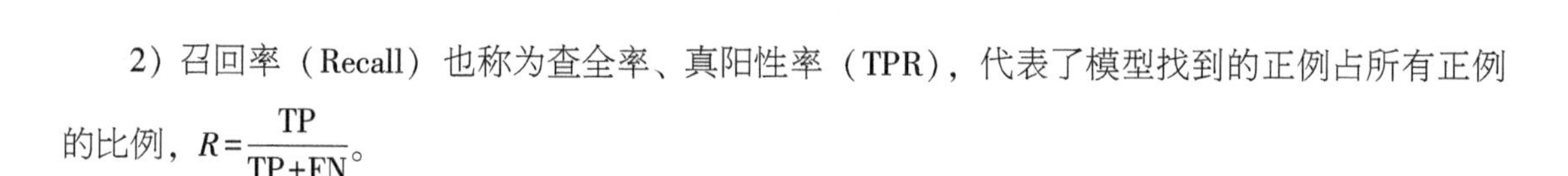

2）召回率（Recall）也称为查全率、真阳性率（TPR），代表了模型找到的正例占所有正例的比例，$R=\frac{\text{TP}}{\text{TP+FN}}$。

3）准确度（Accuracy），代表了预测正确的比例，$\text{Acc}=\frac{\text{TP+TN}}{\text{TP+FP+TN+FN}}$。

4）假阳性率（FPR），代表了阴性样本中被判断为阳性的比例，$\text{FPR}=\frac{\text{FP}}{\text{FP+TN}}$。

在模型判断类别的过程中以上统计参数与阈值的选择有关，如手写数字 1 的判断，以预测概率 0.5 为阈值或以 0.6 为阈值结果可能存在不同。那么为了统计不同阈值的影响，可以将 TPR、FPR 绘制成曲线，即 ROC 图形，如图 3. 8 所示。

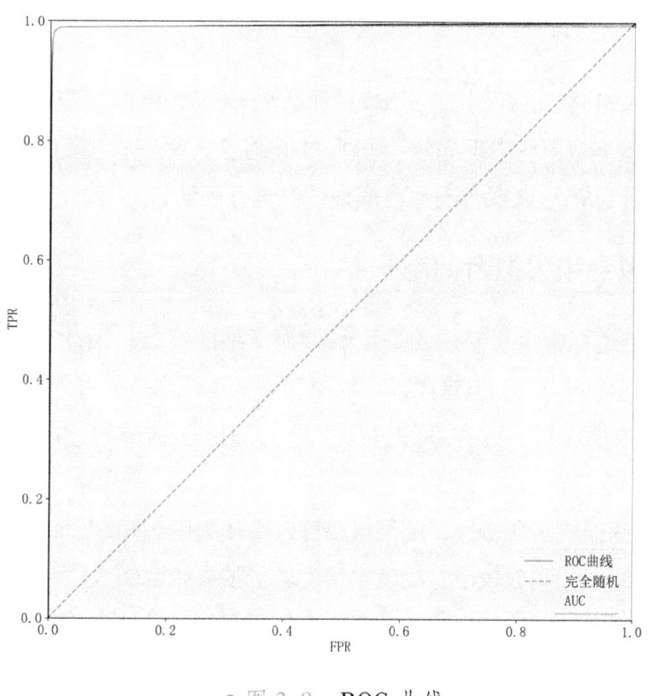

图 3. 8　ROC 曲线

对于模型预测来说，ROC 曲线越接近左上角精度越高，曲线与坐标轴 x 的面积称为 AUC（Area Under Curve），其可以用于评估模型的精度，这个精度综合了不同阈值的影响。

3.2.2　回归问题精度评价标准

回归问题的评价标准相比于分类问题要简单一些，其中均方误差（MSE）一般用于构建损

失函数，其同样也可以评估回归结果的精度。但输出的数值量纲与数据量纲不一致，因此在评估过程中可以对均方误差开根号，称为均方根误差（Root Mean Square Error，RMSE）。其计算方式为 $\text{RMSE}=\sqrt{\frac{1}{N}\sum_{i=1}^{N}(y_i-d_i)^2}$，其中 y 为模型输出，d 为标签。解决量纲不一致的问题同样也可以使用平均绝对误差（Mean Absolute Error，MAE）：$\text{MAE}=\frac{1}{N}\sum_{i=1}^{N}|y_i-d_i|$。RMSE 对于离群点（即误差较大的点）相比 MAE 较为敏感。

使用 RMSE、MAE 是没有进行归一化的，即其取值范围是（$-\infty,+\infty$），如果希望在不同数据间进行对比，可以使用有取值区间的决定系数（Coefficient of determination，记录为R^2）$R^2=1-\frac{\sum_{i}^{N}(y_i-d_i)^2}{\sum_{i}^{N}(d_i-\mu(d))^2}$，其中$\mu(d)$为标签均值，$R^2$ 取值范围为$(-\infty,1]$。假设模型仅能预测数据的均值，即无法预测曲线的形状，此时 $y_i=\mu(d)$，那么$R^2=0$，如果模型连均值都无法预测，那么此时$R^2<0$，此时意味着模型可能出现问题；当$R^2=1$ 可以认为是所有预测值均等于真实值，这是最理想的情况。可以看到R^2 可以很容易地对模型效果进行评估。

3.2.3 过拟合和欠拟合问题

在机器学习的训练过程中由于使用的是训练数据调整的参数，因此一般情况下训练集精度会高一些，而测试数据会低一些。但是如果训练集和测试集精度差异过大，即仅能就当前数据进行预测而在实际应用中精度低，这在训练过程中应当是尽量避免的。在实际中精度存在几种情况。

1）训练集精度较高损失函数较小，测试集精度较高损失函数较小，称为模型收敛。

2）训练集精度较高损失函数较小，测试集精度较低损失函数较大，称为过拟合。

3）训练集精度较低损失函数较大，测试集精度较低损失函数较大，称为欠拟合。

4）训练集精度较低损失函数较大，测试集精度较高损失函数较小，极少发生，一般由于数据泄露所致（数据泄露指的是测试集中包含了训练数据，或者在制作标签时将标签信息编入属性中）。

这里的精度高低是对于实际需求而言的。例如，手写数字识别，如果项目中仅需要 85% 的准确度，那么 90% 便是较高精度了，而如果实际工作需要 95% 的准确度，那么 90% 显然又无法满足需要。使用 500 个数据和 50000 个数据分别训练模型，分别对训练集和测试集精度进行测试，见表 3.1。

表 3.1　不同数量训练数据精度

训 练 数 量	训练集精度	测试集精度	精 度 评 价
500	1.0	0.758	过拟合
50000	0.901	0.899	收敛
500（加入正则）	0.982	0.825	过拟合问题减轻
50000（加入正则）	0.881	0.888	收敛精度降低
像素特征+类别编码	1.0	0.997	数据泄露

在500个样本训练时，由于训练数据较少，训练集精度极高（达100%），但是测试数据上精度较低，而加入正则化后可以减轻过拟合问题。当训练数据较多时（50000个）精度有所提升，但是加入正则化后训练集和测试集精度均变低。这里需要说明的是此时测试集精度偏高可能是数据采样问题，二者十分接近，可以认为是在合理范围内，不是出现了数据泄露问题。数据泄露问题一般是由于测试集中出现了训练集中的数据；或者某一个属性和标签之间包含因果关系，这里人为制作的数据泄露是将类别独热编码与784个像素进行了连接，此时输入向量长度为794。这种情况下显然是错误的，因为属性中便包含了标签，模型无法学习到图像的特征。在处理格式化数据时要特别注意，如在处理鸢尾花的过程中将类别作为了第5个特征，在经验不足或者对数据缺乏了解的情况下是难以发现的。

同时也可以看到使用逻辑回归模型精度并不太高，这可以认为模型是欠拟合的。为了进一步提升精度需要更加复杂的模型。

3.3 多层神经网络模型

为了对更加复杂的数据进行分类，通常有多种选择。

1）对数据构建特征，并使用简单的逻辑回归算法。

2）使用原始数据，并使用复杂的分类模型，本节中便是多层神经网络。

多层神经网络相当于使用机器学习模型本身完成特征工程的构建。

3.3.1 线性可分与线性不可分

线性可分问题和线性不可分问题是一个比较容易理解的概念。使用“逻辑回归算法”能够解决（或者获得较高的精度）的问题被称为线性可分问题，否则被称为线性不可分问题。在二维的情况下较为简单，可以将线性可分问题理解为使用一条直线（平面）解决的问题，如图3.9所示。

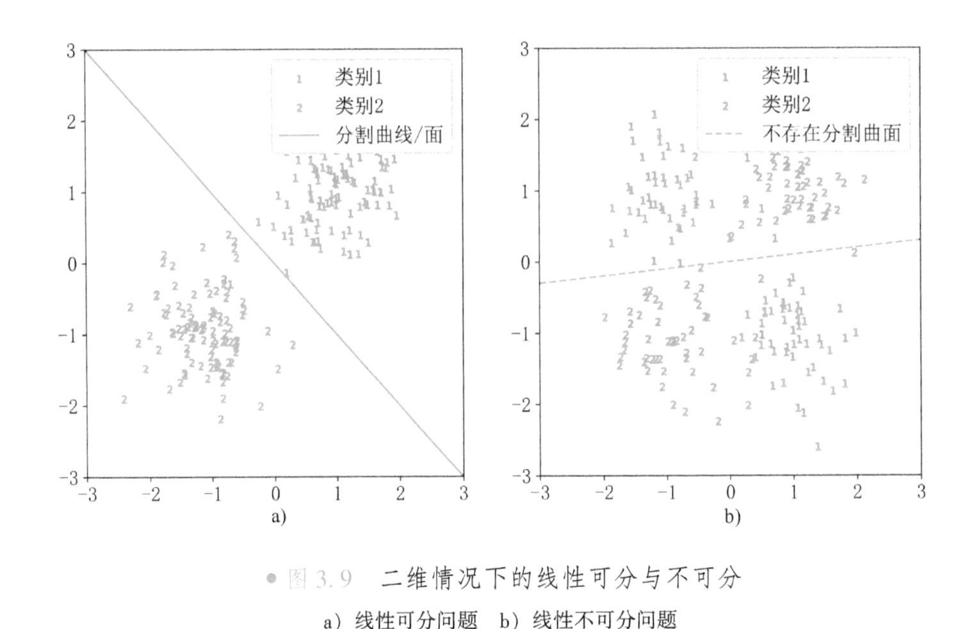

图 3.9　二维情况下的线性可分与不可分

a）线性可分问题　b）线性不可分问题

这里有更多的概念需要进一步解释。首先是线性模型，在线性代数部分已经进行了讲解，形见式（3-5）：

$$\boldsymbol{y}=\boldsymbol{x}\cdot\boldsymbol{w}+\boldsymbol{b} \tag{3-5}$$

称为线性模型，显然逻辑回归属于线性模型。使用逻辑回归解决问题的过程中会设置一个阈值，用于判定类别，如 $p_i \geqslant 0.5$；$p_i<0.5$，划分属于或者不属于 i 类。此时 $y_i=(x\cdot w)_i=c$ 是分类的边界，而$(x\cdot w)_i=c$ 在二维空间中代表了一个直线。因此逻辑回归被称为线性分类算法。在多维情况下形式为 $f(x_1,x_2,\cdots,x_n)=c$，可以代表 n 维空间中的一个曲面。因此在本文中也将“线”统称为“面”，这个面是多维空间中的曲面。这些如果难以理解，可以记住图 3.9 的形式，逻辑回归无法解决非线性的分类问题。

为解决非线性分类问题，可以先使用第一种解决方案，即做数据的特征+逻辑回归模型。数据的特征一般指的是足够用于分类的特征，其通常是非线性的。对于二维的非线性可分问题（图 3.10b），通过观察可选择的特征为 $x_3=x_1x_2$，即将第一个和第二个特征进行相乘。相乘后可以发现特征 x_3 以 0 为阈值便可以对两类数据进行分类。但是人工构建的特征是与数据高度相关的，列举两种线性不可分问题，如图 3.10 所示。

对于以上两种线性不可分问题可能需要不同的特征，如对于图 3.10b 使用的特征是 x_1x_2，对于图 3.10a 使用特征是 x_1^2，x_2^2。在人工构建特征解决问题的过程中需要对数据有足够充分的认识。如果不知道选择哪些特征好，可以将以上特征全部加入模型中进行处理，逻辑回归本身可以对特征进行加权。最终结果不是看图解决，而是以最终的测试精度为准，见代码清单 3.4。

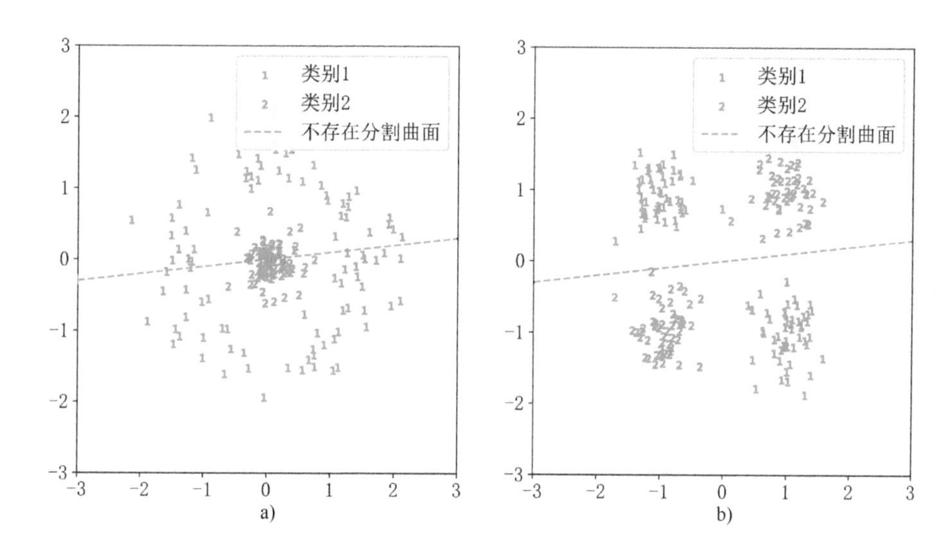

● 图 3.10 两种不同的线性不可分问题举例

a）数据分布近似圆形 b）相同类别数据在对角线上

代码清单 3.4 构建特征完成分类

```
import torch
import torch.nn.functional as F

def model(x, w, b):
    # 定义模型
    y = x @  w + b
    return y
def compute_loss(y, d):
    # 定义损失函数
    e = torch.exp(y) # 计算 e 指数
    q = e / e.sum(dim=1, keepdim=True) # 归一化
    # 计算损失函数
    loss = -(d* torch.log(q)).sum(dim=1).mean()
    return loss

x1 = torch.tensor(x1, dtype=torch.float32)
d1 = torch.tensor(d1, dtype=torch.long)
d1 = F.one_hot(d1, 2).float() # Onehot 标签
# 构建特征
x1_feature = torch.cat(
```

```
    [x1, x1* * 2, x1[:, 0:1]* x1[:, 1:2]]
    , dim=1) # 矩阵连接,[N, 2+2+1]
# 定义可训练参数
w = torch.randn([5, 2], requires_grad=True) # 权值
b = torch.zeros([2], requires_grad=True) # 偏置,仅影响均值
# 定义学习率
eta = 0.3
batch_size = 1
n_epoch = 10
for e in range(n_epoch):
    for step in range(len(x1_feature)//batch_size):
        x = x1_feature[step* batch_size:(step+1)* batch_size]
        d = d1[step* batch_size:(step+1)* batch_size]
        y = model(x, w, b) # 构建模型
        loss = compute_loss(y, d)
        # 梯度下降法
        loss.backward()
        with torch.no_grad():#不需要梯度
            w -= eta *  w.grad
            b -= eta *  b.grad
            w.grad.zero_()
            b.grad.zero_()
```

经过测试，在不做特征的情况下精度为0.50，而做特征后的精度为0.995。可以看到由于做特征，即使逻辑回归也可以获得较高的精度。同时可以发现以上代码依然是普通的逻辑回归，仅修改了数据部分。如果想使用模型本身构建特征，可以使用多层神经网络解决。

3.3.2 多层神经网络自动构建特征解决分类问题

在前面的描述中，一个关键问题是如何制作特征。这需要数据分析者对于数据有相当的了解，即使如此构建特征也是非常复杂的工作。另外的一个解决方式是让机器学习模型自身完成特征的构建。这可以使用多层神经网络来进行。在讲解多层神经网络的过程中希望读者将一个样本看作一个“向量”，即用向量来“表示”样本。例如，数据有两个属性的情况下，每个样本是一个长度为2的向量。如果想进行特征的构建可以使用线性变换的形式，见式（3-6）：

$$\begin{aligned}\boldsymbol{h}&=\boldsymbol{x}\cdot\boldsymbol{w}^1+\boldsymbol{b}^1\\ \boldsymbol{h}_a&=f(\boldsymbol{h})\\ y&=\boldsymbol{h}_a\cdot\boldsymbol{w}^2+\boldsymbol{b}^2\end{aligned}\tag{3-6}$$

式中，$\boldsymbol{w}^1$，$\boldsymbol{w}^2$，$\boldsymbol{b}^1$，$\boldsymbol{b}^2$ 为可训练参数。$\boldsymbol{h}$ 向量的长度是人工设定的，其长度越长，模型能够拟合的函数越复杂。$\boldsymbol{h}$ 由数据向量 $\boldsymbol{x}$ 通过线性变换（矩阵乘法和加法）得到，其包含了数据的信息，可以用来表征数据。$\boldsymbol{w}^1$ 维度由输入数据长度和指定的 $\boldsymbol{h}$ 长度决定。但是线性变换后的特征依然是“线性特征”，此时模型复杂度没有增加，为了构建非线性的特征，将线性特征 $\boldsymbol{h}$ 输入到非线

性的函数$f(\boldsymbol{h})$中，以得到非线性的特征 $\boldsymbol{h}_a$。在非线性特征的基础上再构建逻辑回归分类即可。这里对以上模型中的细节进行详细解释。

其中整个模型称为：**多层神经网络**，使用矩阵相乘的方式来构建的模型也被称为**多层感知器（Multi-Layer Perceptron，MLP）**。其中 $\boldsymbol{h}_a$ 称为隐藏层（Hidden Layer）特征或向量。$\boldsymbol{h}_a$ 向量中的元素称为“神经元”。隐藏层向量的长度或者隐藏层神经元数量称为神经网络的宽度，这个应当由人工进行设置，数据分布越复杂需要的特征数量越多，并没有一个统一的标准。$f(\cdot)$被称为**激活函数（Activation function）**，一般情况下只要是非线性的函数均可，但是为了尽可能避免引入更多的局部极小值，一般使用单调函数，其形式如下。

1）S 函数（Sigmoid function）：$\mathrm{sigmoid}(x)=\dfrac{1}{1+\mathrm{e}^{-x}}$。

2）双曲正切函数（Tanh）：$\tanh(x)=\dfrac{\mathrm{e}^{x}-\mathrm{e}^{-x}}{\mathrm{e}^{x}+\mathrm{e}^{-x}}$。

3）修正线性函数（ReLU）：$\mathrm{relu}(x)=\max(0,x)$。

最初设计的神经网络使用 S 函数作为激活函数，但是在数据较大的情况下梯度接近 0，因此，为了加快计算，可以使用 ReLU 函数。ReLU 函数在大于 0 时梯度为 1，小于 0 时梯度为 0。由于有截断，因此得到的特征是稀疏的（即部分数据取值为 0，称为 l_0 稀疏），这也可以减轻过拟合问题。

“神经”这种仿生学的说法并不太合理，因为当前的模型与动物的“神经”几乎毫无关系，对于初学者从特征的角度来理解可能会更加简单一些。神经网络的隐藏层通过激活函数所得的特征可以解决所有的分类问题，这是由万能近似定理证明，即含有一个隐藏层的神经网络可以以任意精度拟合任何曲面，只需要保证有足够数量的隐藏层特征即可。可以将以上计算过程进行绘图，见图 3.11。

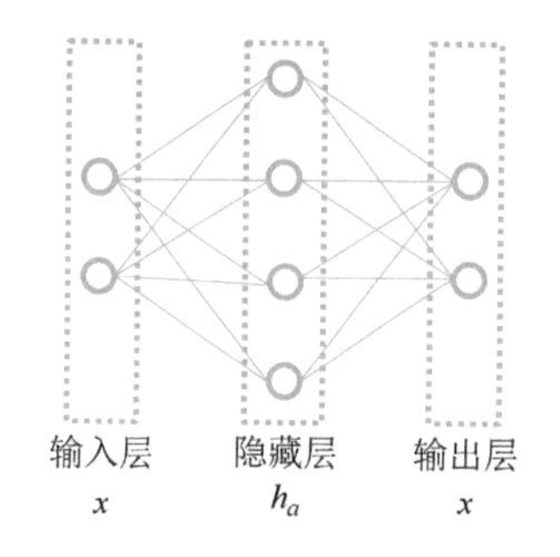

图 3.11　神经网络示意图

由图 3.11 可以看到，神经网络在构建的过程中，隐藏层中的每个神经元与输入层的每个神经元均有关系，因此称为“全连接”网络。全连接意味着每个输出的特征点均考虑了所有的输入特征。图 3.11 中的神经网络有两个全连接层。将以上图像编写成程序，见代码清单 3.5。

代码清单 3.5　有一个隐藏层的多层感知器

```
def model(x, w1, b1, w2, b2):
    # 定义模型
    h = x @  w1 + b1
    ha = torch.tanh(h)
    y = ha @  w2 + b2
```

```
    return y
def compute_loss(y, d):
# 与之前相同
...
x1 = torch.tensor(x1, dtype=torch.float32)
d1 = torch.tensor(d1, dtype=torch.long)
d1 = F.one_hot(d1, 2).float() # Onehot 标签
# 定义可训练参数
w1 = torch.randn([2, 4], requires_grad=True) # 权值
b1 = torch.zeros([4], requires_grad=True)    # 偏置,仅影响位置
w2 = torch.randn([4, 2], requires_grad=True) # 权值
b2 = torch.zeros([2], requires_grad=True)    # 偏置,仅影响位置
# 定义学习率
eta = 0.3
batch_size = 10
n_epoch = 1000
for e in range(n_epoch):
    for step in range(len(x1)//batch_size):
        # 不需要构建特征
        x = x1[step* batch_size:(step+1)* batch_size]
        d = d1[step* batch_size:(step+1)* batch_size]
        y = model(x, w1, b1, w2, b2) # 构建模型
        loss = compute_loss(y, d)
        # 梯度下降法
        loss.backward()
        with torch.no_grad():#不需要梯度
            for w in [w1, b1, w2, b2]:
                w -= eta *  w.grad
                w.grad.zero_()

with torch.no_grad():# 推断过程不需要梯度
    y2 = model(x1, w1, b1, w2, b2)
    p2 = y2.argmax(dim=1) # 输出类别
    d2 = d1.argmax(dim=1)
    # 输出准确度
    print((p2==d2).float().mean())
```

迭代完成后对图 3.10 的两类线性不可分问题进行测试，测试表明分类精度可以达到 1.0，这说明神经网络自动完成特征构建可以解决非线性分类问题。这减少了人工构建特征的负担，降低了对于数据预处理的需求。

3.3.3 神经网络的深度、广度及高层 API 使用

神经网络是可以包含多个层的，即可以在非线性特征的基础上再进一步提取高层特征。而

使用当前的书写方式过于复杂，因此需要使用高层 API 来解决问题。本节中使用之前的 MNIST 数据集来进行说明。

可以发现一个全连接层有可训练参数 $\boldsymbol{w}$，$\boldsymbol{b}$，以及正向计算 $\boldsymbol{h}_{l+1}=\boldsymbol{h}_l \cdot \boldsymbol{w}+\boldsymbol{b}$ 组成，其中 $\boldsymbol{h}_l$ 代表第 l 层的隐藏向量。PyTorch 中提供了一个容器 nn.Module 可以封装以上功能，见代码清单 3.6。

代码清单 3.6　全连接模型

```
import torch.nn as nn
class Linear(nn.Module):
    def __init__(self, nin, nout):
        super().__init__() # 初始化
        # 注册可训练参数
        self.register_parameter("weight",
            nn.parameter.Parameter(torch.randn([nin, nout])))
        self.bias = \
            nn.parameter.Parameter(torch.randn([nout]))
    def forward(self, x):# 定义正向计算过程
        y = x @ self.weight + self.bias
        return y
model = Linear(784, 10)
model.train()# 模型需要调整为训练模式
```

全连接层即线性层继承**nn.Module** 后需要进行初始化。初始化在__init__函数中定义所需要的子层和可训练参数。可训练参数可以通过**self.register_parameter** 函数进行注册（见代码中 self.weight 定义），或者直接定义为类的变量（见代码中 self.bias 定义）。定义完可训练参数后需要定义模型计算的过程，全连接层（也称为线性层 Linear）的计算方式为矩阵相乘。矩阵乘法称为正向计算过程，需要在**forward** 函数中进行定义，本函数中不能定义可训练参数（Parameter）。

接下来便可以定义模型了**model = Linear（784，10）**，这意味着本层输入向量长度为 784，输出向量长度为 10。**Module** 继承了其他方法，如获取模型中的所有可训练参数，以及可训练参数的名，见代码清单 3.7。

代码清单 3.7　获取所有可训练参数

```
for var in model.parameters():#在初始化函数中定义的所有可训练参数
    print(f"Shape:{var.shape}")
#Shape:torch.Size([784, 10])
#Shape:torch.Size([10])

#在初始化函数中定义的所有可训练参数字典
#注意本部分参数是可训练参数的一个备份
for key in model.state_dict():
    var = model.state_dict()[key]
    print(f"名称:{key},Shape:{var.shape}")
```

```
#名称:weight,Shape:torch.Size([784, 10])
#名称:bias,Shape:torch.Size([10])
```

可以看到变量的名称就是类变量的名称。获取模型中的所有可训练参数后可以调用优化的API来完成梯度下降法，见代码清单3.8。

代码清单3.8　梯度下降法API

```
#定义优化器,传入所有可训练参数、学习率和正则化(weight_decay)
optim = torch.optim.SGD(model.parameters(), lr=eta, weight_decay=alpha)
```

交叉熵同样可以由API完成，见代码清单3.9。

代码清单3.9　交叉熵函数

```
lossfn = nn.CrossEntropyLoss()
```

接下来便可以开始迭代了，迭代过程中定义过**forward**函数即是正向计算的过程。其被封装到了类的_call_方法中，因此可以像函数一样使用模型，见代码清单3.10。

代码清单3.10　训练迭代过程

```
for e in range(n_epoch):
    for step in range(len(x_train)//batch_size):
        #获取数据
        x = x1[step* batch_size:(step+1)* batch_size]
        d = d1[step* batch_size:(step+1)* batch_size]
        #处理数据
        x = x.reshape([-1, 784])
        #标签应当是长整型
        d = d.long()
        #可以像函数一样调用,需要事先写好forward函数
        y = model(x) #可以直接构建模型
        #计算损失函数
        loss = lossfn(y, d)
        #计算梯度
        loss.backward()
        #执行w-=eta *  dw
        optim.step()
        #将所有的可训练参数置零
        optim.zero_grad()
```

可以看到使用了API后整个建模过程变得较为方便。训练完成后可以将模型中的所有可训练参数取值进行保存，保存的是变量的字典，见代码清单3.11。

代码清单3.11　模型保存与加载

```
#加载模型
var_dict = torch.load("ckpt/mnist.single.pt")
```

```
model.load_state_dict(var_dict)

# 保存模型
var_dict = model.state_dict()
torch.save(var_dict, "ckpt/mnist.single.pt")
```

模型保存完成后可以用于推断或者随时中断继续训练。如果想构建更加复杂的模型，如为识别手写数字，可以构建一个具有两个隐藏层的神经网络来完成训练并进行精度测试，见代码清单3.12。

代码清单3.12　多层神经网络

```
class Model(nn.Module):
    def __init__(self):
        super().__init__()
        self.layer1 = Linear(784, 32)
        self.layer2 = Linear(32, 32)
        self.layer3 = Linear(32, 10)
        self.activ1 = nn.ReLU()
        self.activ2 = nn.ReLU()
    def forward(self, x):
        h1 = self.layer1(x)
        h1 = self.activ1(h1)
        h2 = self.layer2(h1)
        h2 = self.activ2(h2)
        y = self.layer3(h2)
        return y
```

模型是可以嵌套的，嵌套后变量的名称使用“.”来进行级别的区分。因此上式中的变量名称为：

```
名称:layer1.weight,Shape:torch.Size([784, 32])
名称:layer1.bias,Shape:torch.Size([32])
名称:layer2.weight,Shape:torch.Size([32, 32])
名称:layer2.bias,Shape:torch.Size([32])
名称:layer3.weight,Shape:torch.Size([32, 10])
名称:layer3.bias,Shape:torch.Size([10])
```

使用**nn.Sequential**可以进一步简化多层神经网络的构建，这里数据依次通过Sequential所输入的模块，见代码清单3.13。

代码清单3.13　使用Sequential构建多层神经网络模型

```
model = nn.Sequential(
    nn.Linear(784, 32),
    nn.ReLU(),
```

```
        nn.Linear(32, 32),
        nn.ReLU(),
        nn.Linear(32, 10)
    )
```

PyTorch 已经包含了一个写好的线性层**nn.Linear**，可以直接调用。以上模型迭代训练后精度为 0.9638，可以看到由于多层神经网络的引入，模型的精度变得更高。一般情况下如果模型层数变得更多，称为“深度”神经网络；如果模型隐藏层向量长度变大，称模型“宽度”变宽，此称为广度神经网络。增加深度和宽度都可以使得模型拟合更加复杂的数据，如增加模型的“宽度”，见代码清单 3. 14。

代码清单 3. 14　增加模型宽度

```
model = nn.Sequential(
    nn.Linear(784, 128),
    nn.ReLU(),
    nn.Linear(128, 10)
)
```

本模型使用相同参数可以达到精度 0.9698，这与“深度”模型的精度是近似的。

3. 4　使用 NumPy 构建神经网络库（复现 PyTorch）

实现一个机器学习库的重要内容便是构建自动求导（Auto Difference，AD），或称自动差分功能。在机器学习中将从输入到输出计算的过程称为**正向计算**，而求导的过程称为**反向传播**，反向传播就是链式求导的程序实现，见图 3. 12。

图 3. 12 中的正向计算的过程可以描述为式（3-7）：

$$
\begin{aligned}
\boldsymbol{h}_1 &= f(\boldsymbol{x} \cdot \boldsymbol{w}_1) \\
\boldsymbol{h}_2 &= f(\boldsymbol{h}_1 \cdot \boldsymbol{w}_2) \\
\boldsymbol{y} &= \boldsymbol{h}_2 \cdot \boldsymbol{w}_3 \\
L &= \text{loss}(\boldsymbol{y}, \boldsymbol{d})
\end{aligned} \tag{3-7}
$$

式中，$f(\cdot)$ 为激活函数，反向传播过程中需要计算每个节点的导数，因此需要对正向计算过程中每个输出和输入的关系进行记录，这称为“计算图”。计算图产生的目的之一是为了方便链式求导的计算。例如，计算图中$\frac{\partial L}{\partial \boldsymbol{w}_1}$，那么根据链式求导法则，需要沿着正向计算的路径“反向”计算回去：$\frac{\partial L}{\partial \boldsymbol{w}_i}=\frac{\partial L}{\partial \boldsymbol{y}} \cdot \frac{\partial \boldsymbol{y}}{\partial \boldsymbol{h}_2} \cdot \frac{\partial \boldsymbol{h}_2}{\partial \boldsymbol{h}_1} \cdot \frac{\partial \boldsymbol{h}_1}{\partial \boldsymbol{w}_1}$。因此在本节中实现一个自动求导库需要实现以下两个主要

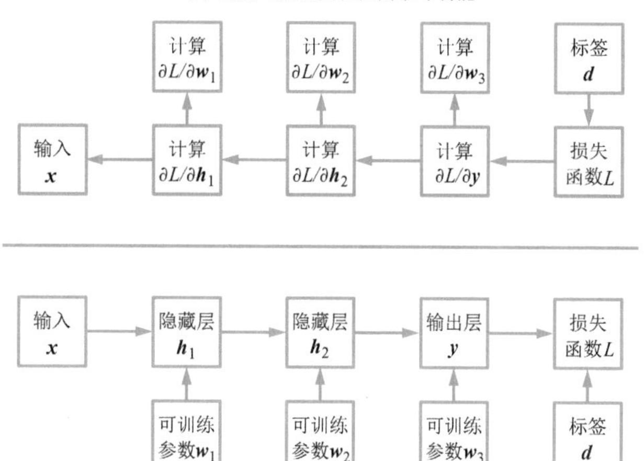

图 3.12 正向计算和反向传播示意

功能。

1）能够计算$\frac{\partial \boldsymbol{h}_2}{\partial \boldsymbol{h}_1}$的函数，这在全连接网络中是矩阵求导运算。

2）能够计算$\frac{\partial L}{\partial \boldsymbol{w}_i}$的反向求导功能，这称为计算图。

这两个功能将在本节进行实现。

3.4.1 阵求导

这里使用多元线性回归问题进行说明，首先是数据和标签：$\boldsymbol{x} \in \mathbb{R}^{N\times C_1}$，$\boldsymbol{d} \in \mathbb{R}^{N\times C_2}$，构建的模型为$\boldsymbol{y}=\boldsymbol{x}\cdot\boldsymbol{w}+\boldsymbol{b}$，其中$\boldsymbol{w}\in\mathbb{R}^{C_1\times C_2}$，$\boldsymbol{b}\in\mathbb{R}^{C_2}$。损失函数使用$L=\sum_{i=1}^{N}\sum_{j=1}^{C_2}(y_{i,j}-d_{i,j})^2$。计算过程中首先需要计算损失函数关于$\boldsymbol{y}$的导数，见式（3-8）：

$$\frac{\partial L}{\partial y_{i,j}}=2(y_{i,j}-d_{i,j}) \tag{3-8}$$

这是使用分量来进行表示的，在程序中使用矩阵形式表达更加容易编程实现$\frac{\partial L}{\partial \boldsymbol{y}}=2$（$\boldsymbol{y}-\boldsymbol{d}$）。

分量形式在公式推演过程中是一种非常方便的表示，如 $\boldsymbol{x}\cdot\boldsymbol{w}$ 可以用分量表示为式（3-9）：

$$h_{i,j}=\sum_{i=1}^{C_1}x_{i,k}w_{k,j}\rightarrow x_{i,k}w_{k,j} \tag{3-9}$$

矩阵乘法的表示中使用求和形式，但是省略求和依然可以表示这种乘法，此时定义：具有相同指标时代表求和，这称为约定求和。这种表达方式在张量分析中是十分方便的。此时进行求导，见式（3-10）：

$$\begin{gathered}\frac{\partial h_{i,j}}{\partial w_{k,j}}=x_{i,k}\\ \frac{\partial h_{i,j}}{\partial x_{i,k}}=w_{k,j}\end{gathered} \tag{3-10}$$

如果计算导数，见式（3-11）：

$$\frac{\partial L}{\partial \boldsymbol{h}}\cdot\frac{\partial \boldsymbol{h}}{\partial \boldsymbol{w}}=e_{i,j}x_{i,k} \tag{3-11}$$

式中，$\frac{\partial L}{\partial \boldsymbol{h}}$称为反向传播误差，在本例中为$\frac{\partial L}{\partial \boldsymbol{h}}=2(\boldsymbol{y}-\boldsymbol{d})$，接下来可以写成分量的形式$\frac{\partial L}{\partial \boldsymbol{w}_{k,j}}=e_{i,j}x_{i,k}$。可以发现相同的指标是 i 代表了对其进行求和，而 $\boldsymbol{w}$ 指标为 k，j，因此可以得到矩阵形式的运算过程，见式（3-12）：

$$\frac{\partial L}{\partial \boldsymbol{w}}=\boldsymbol{x}^{\mathrm{T}}\cdot\boldsymbol{e} \tag{3-12}$$

同理可得对于 $\boldsymbol{x}$ 的导数，见式（3-13）：

$$\frac{\partial L}{\partial \boldsymbol{h}}\cdot\frac{\partial \boldsymbol{h}}{\partial \boldsymbol{x}}=e_{i,j}w_{k,j}=\boldsymbol{e}\cdot\boldsymbol{w}^{\mathrm{T}} \tag{3-13}$$

由此矩阵的求导便完成了。因为标签为独热编码，取值为 0 和 1，因此如果想使得 $\boldsymbol{y}$ 能够取得 0，1 区间的话，可以加入 S 函数，加入 S 函数后，反向传播过程需要计算激活函数的导数，见式（3-14）：

$$\begin{gathered}\boldsymbol{h}=f(\boldsymbol{x})\\ \frac{\partial L}{\partial \boldsymbol{x}}=\frac{\partial L}{\partial \boldsymbol{h}}\cdot\frac{\partial \boldsymbol{h}}{\partial \boldsymbol{x}}=\boldsymbol{e}\cdot f'(\boldsymbol{x})\end{gathered} \tag{3-14}$$

S 函数的导数为 $S'(\boldsymbol{x})=\frac{e^{-x}}{(1+e^{-x})^2}$。需要注意的是，机器学习中的分类问题也可以使用均方误差作为损失函数，不一定必须使用交叉熵。

因为偏置 $\boldsymbol{b}$ 为向量，其相比原始数据缺少了一个维度，在实际计算中可以当作乘了一个全为 1 的向量，在此将模型写为分量的方式，见式（3-15）：

$$\boldsymbol{h}+\boldsymbol{b}=h_{i,j}+\boldsymbol{1}_i b_j \tag{3-15}$$

此时导数见式（3-16）：

$$\frac{\partial L}{\partial \boldsymbol{b}}=e_{i,j}\mathbf{1}_i=\sum_i e_{i,j} \tag{3-16}$$

如果模型中加入了正则化，那么损失函数变为了 $L=\text{MSE}(\boldsymbol{y},\boldsymbol{d})+\alpha|\boldsymbol{w}|^2$，此时对 $\boldsymbol{w}$ 求导为式（3-17）：

$$\frac{\partial L}{\partial \boldsymbol{w}}=\boldsymbol{x}^{\mathrm{T}}\cdot \boldsymbol{e}+2\alpha\boldsymbol{w} \tag{3-17}$$

如前文所言，决定曲线/面形态的是 $\boldsymbol{w}$，称为权值（weight），而 $\boldsymbol{b}$ 决定曲面的偏移量，称为偏置（bias）。一般情况下正则化使得曲面形态更加简单，因此主要是对权值进行的正则化。

到此为止，用于求导的所有公式已经推演完毕，将以上过程编程实现，见代码清单3.15。

代码清单3.15　手写数字识别

```
def model(x, w, b):
    # 定义模型
    y = x @ w + b
    return y

def sigmoid(x):# S 函数
    return 1/(1+np.exp(-x))
def dsigmoid(x):# S 函数导数
    return np.exp(-x)/(1+np.exp(-x))**2

def grad(x, d, w, b):
    y = model(x, w, b)
    # 加入 S 函数约束取值范围
    p = sigmoid(y)
    L = np.sum((p-d)**2, axis=1).mean()
    dLdp = 2 * (p-d) / len(x)
    dLdy = dLdp * dsigmoid(y)# 参见书中公式
    dLdw = x.T @ dLdy
    dLdb = np.sum(dLdy, axis=0)
    return L, dLdw, dLdb


x1 = x_train.reshape([-1, 784])
# 独热编码
d1 = np.zeros([len(x1), 10])
d1[np.arange(len(x1)), d_train] = 1

# 定义可训练参数
w = np.random.normal(0, 1, [784, 10])
b = np.zeros([10])
```

```
# 超参数定义
eta = 0.1 # 学习率
alpha = 0.01 # 正则化系数
batch_size = 100
n_epoch = 50
for e in range(n_epoch):
    for step in range(len(x_train)//batch_size):
        x = x1[step* batch_size:(step+1)* batch_size]
        d = d1[step* batch_size:(step+1)* batch_size]
        loss, gw, gb = grad(x, d, w, b) # 构建模型
        w -= eta *  gw + alpha *  w
        b -= eta *  gb

y2 = model(x_test.reshape([-1, 784]), w, b)
p2 = y2.argmax(axis=1) # 输出类别
print(f"预测准确度{np.mean(p2==d_test)}")
```

MNIST 数据集经过 50 个回合迭代后精度仅有 0.81，如果再进行迭代，精度还会提升。可以看到使用 MSE 作为损失函数，相比于交叉熵速度要慢很多。

3.4.2 交叉熵损失函数的导数

人工标注数据通常都是独热编码，此时仅在类别索引位置为 1，其他位置为 0，因此损失函数可以写为式（3-18）：

$$L = -\frac{1}{N}\sum_{i=1}^{N}\log\frac{y_{i,c}}{\sum_{j}^{C} e^{y_{i,j}}} \tag{3-18}$$

式中，c 为类别的索引；y 为模型不加激活函数的输出。对其进行求导可得式（3-19）：

$$\frac{\partial L}{\partial y_{i,j}} = \begin{cases} \dfrac{e^{y_{i,j}}}{\sum_{j}^{C} e^{y_{i,j}}}, i \neq c \\ \dfrac{e^{y_{i,j}}}{\sum_{j}^{C} e^{y_{i,j}}} - 1, i = c \end{cases} \tag{3-19}$$

由此交叉熵可以写为代码清单 3.16。

代码清单 3.16　交叉熵损失函数和导数

```
def cross_entropy(y, d):#交叉熵
    N = len(d)
    d = np.argmax(d, axis=1)# 标签索引
    e = np.exp(y)
    e = e/np.sum(e, axis=1, keepdims=True)
    loss = np.sum(-np.log(e[np.arange(N), d]))/N
    grad = e.copy()
```

```
    grad[np.arange(N), d] -= 1
    return loss, grad / N

def grad(x, d, w, b):

    y = model(x, w, b)
    L, dLdy = cross_entropy(y, d)
    dLdw = x.T @ dLdy
    dLdb = np.sum(dLdy, axis=0)
    return L, dLdw, dLdb
```

在不加入正则化迭代相同次数后精度为 0.912，因此交叉熵相比于 MSE 收敛速度更快，更加适合作为分类问题损失函数。

3.4.3 自动微分（求导）库的构建

自动求导功能是深度学习库构建的核心问题之一，其是链式求导法则的体现。在本节中，将充分利用前面章节中所讲的矩阵求导和“计算图”，对自动微分功能的实现进行详细说明。在此看来，一个具备自动求导功能的库应当可以对计算变量之间的依赖关系进行构建，并实现以下功能：

1）矩阵求导。

2）激活函数求导。

3）损失函数求导。

4）矩阵相关计算。

实现以上功能便完成自动求导库的构建了。

首先，对于一个多层神经网络，为了使得编写的机器学习库具备更好的灵活性，需要将激活函数、矩阵求导等一系列功能都作为计算图的节点，这需要将代码进行拆分。以具有一个隐藏层的神经网络为例，见式（3-20）：

$$
\begin{aligned}
\boldsymbol{h}_1 &= \boldsymbol{x} \cdot \boldsymbol{w}^1 \\
\boldsymbol{h}_2 &= \boldsymbol{h}_1 + \boldsymbol{b} \\
\boldsymbol{h}_3 &= f(\boldsymbol{h}_2) \\
\boldsymbol{h}_4 &= \boldsymbol{h}_3 \cdot \boldsymbol{w}^2 \\
\boldsymbol{y} &= \boldsymbol{h}_4 + \boldsymbol{b}
\end{aligned}
\tag{3-20}
$$

这里的计算流程为：

$$\boldsymbol{x} \rightarrow \boldsymbol{h}_1 \rightarrow \boldsymbol{h}_2 \rightarrow \boldsymbol{h}_3 \rightarrow \boldsymbol{h}_4 \rightarrow \boldsymbol{y} \leftarrow \boldsymbol{d}$$

前文中已经对这些算子：加法、矩阵乘法、激活函数、交叉熵等导数进行了计算。将每个计算节点进行封装，形成类似于 PyTorch 中的 Tensor 和辅助 API。为计算每个节点的导数，Tensor 中需要记录每个节点的依赖关系，见代码清单 3.17。

代码清单 3.17　自定义 Tensor 类

```
import numpy as np

class Tensor():
    def __init__(self, data, training=False, depends_on=[], name="input"):
        self._data = data_trans(data)# 转换数据为 ndarray
        self.training = training# 定义是否可训练
        self.shape = self._data.shape# 模型的 shape
        self.grad = None # 梯度
        self.depends_on = depends_on # 数据依赖的变量
        self.step = -1
        self.name = name            # 当前节点的名称
        if self.training:
            self.zero_grad()         # 如果可训练,则计算梯度
    def zero_grad(self):
        self.grad = Tensor(np.zeros_like(self.data, dtype=np.float64))
```

以计算过程 $\boldsymbol{h}_1=\boldsymbol{x}\cdot\boldsymbol{w}^1$ 为例，$\boldsymbol{x}$，$\boldsymbol{w}^1$ 均为 Tensor，$\boldsymbol{x}$ 为数据不可训练，因此其 training 参数为 False，$\boldsymbol{w}$ 的 traning 为 True。而二者进行的计算为矩阵乘法，因此在 Tensor 中应当包含矩阵乘法函数__matmul__，计算完成后生成新的变量 $\boldsymbol{h}_1$ 也是一个 Tensor。因此这个计算过程见代码清单 3.18。

代码清单 3.18　Tensor 的矩阵乘法运算符

```
    def __matmul__(self, other):
        """矩阵点乘,运算符号@ """
        return _matmul(self, tensor_trans(other))
    def __rmatmul__(self, other):
        """矩阵点乘,运算符号@ """
        return _matmul(tensor_trans(other), self)
def _matmul(t1: Tensor, t2: Tensor) -> Tensor:
    """
    矩阵点乘,此部分内容可以参阅矩阵求导部分
    计算为 y = t1 @  t2
    """
    data = t1.data @  t2.data
    training = t1.training or t2.training #新节点是否需要计算梯度
    depends_on = [] #新节点的依赖变量
    if t1.training:#如果可训练才进行求导
        def grad_fn1(grad: np.ndarray):
            """
            grad 为上一步反向传播的梯度 grad=∂L/∂y
```

```
            梯度计算,求 ∂L/∂t1=grad · (∂y/∂t1) =grad · t2.T
            参考矩阵求导部分
            """
            return grad @  t2.data.T
        depends_on.append((t1, grad_fn1))

    if t2.training:#如果可训练才进行求导
        def grad_fn2(grad: np.ndarray):
            """
            grad 为上一步反向传播的梯度 grad=∂L/∂y
            梯度计算,求 ∂L/∂t2=grad · (∂y/∂t2) =t1.T · grad
            参考矩阵求导部分
            """
            return t1.data.T @  grad
        depends_on.append((t2, grad_fn2))
    return Tensor(data,# 数据
                  training,#是否可训练
                  depends_on,#依赖(变量和导数)
                  "matmul")
```

反向传播过程中需要知道依赖的变量，以及梯度函数 grad_fn，也就是本步向前传播的梯度。计算过程中通过递归的方式即可进行反向传播，这需要定义 backward 函数，见代码清单 3.19。

代码清单 3.19　反向计算梯度（backward）函数

```
class Tensor()
    …
    def backward(self, grad=None):
        if grad is None:
            if self.shape == ():
                grad = Tensor(1.0)
            else:
                grad = Tensor(np.ones(self.shape))
        self.grad.data = self.grad.data + grad.data
        for temp in self.depends_on:# 递归地获取上一步变量和梯度进行反向传播
            #print(self.name, np.mean(self.grad.data))
            tensor, grad_fn = temp
            backward_grad = grad_fn(grad.data)
            tensor.backward(Tensor(backward_grad))
```

这个计算过程如图 3.13 所示。

如图 3.13 所示反向传播过程需要定义每种算子的反向计算过程，并进行递归调用。当然为了使得模型支持加、减、乘、除等操作，还需要加入更多的算子，见代码清单 3.20。

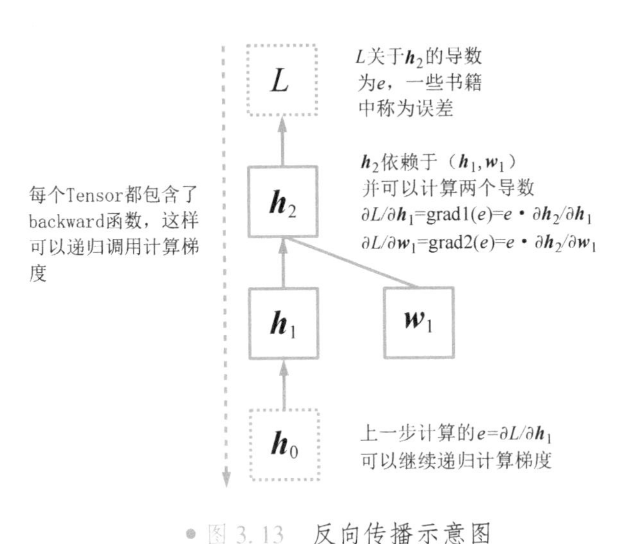

图 3.13 反向传播示意图

代码清单 3.20 其他算子示例

```
def __add__(self, other):
    """加法"""
    return _add(self, tensor_trans(other))
def __radd__(self, other):
    """右加"""
    return _add(tensor_trans(other), self)
def __mul__(self, other):
    """乘法"""
    return _mul(self, tensor_trans(other))
def __rmul__(self, other):
    """右乘"""
    return _mul(tensor_trans(other), self)
def __sub__(self, other):
    """减法"""
    return _sub(self, tensor_trans(other))
def __rsub__(self, other):
    """右减"""
    return _sub(tensor_trans(other), self)
def __neg__(self):
    """取反"""
    return _neg(self)
def __getitem__(self, idxs):
    """矩阵分片"""
    return _slice(self, idxs)
```

具体代码请参考本书附带的程序实例。完成自动求导功能的构建后，接下来便是构建机器

学习模型了，见代码清单3.21。

代码清单3.21 自编深度学习库构建机器学习模型解决手写数字问题

```
import mynn
import mynn.nn.functional as F
x1 = x_train.reshape([-1, 784])
x1 = mynn.Tensor(x1) # 转换为 Tensor 类型
d1 = d_train.reshape([-1])
d1 = mynn.Tensor(d1) # 转换为 Tensor 类型

# 定义可训练参数
w1 = np.random.normal(0, 1, [784, 32])
b1 = np.zeros([32])
w1 = mynn.Tensor(w1, training=True)
b1 = mynn.Tensor(b1, training=True)

w2 = np.random.normal(0, 1, [32, 10])
b2 = np.zeros([10])
w2 = mynn.Tensor(w2, training=True)
b2 = mynn.Tensor(b2, training=True)

# 超参数定义
eta = 0.3 # 学习率
alpha = 0.00 # 正则化系数
batch_size = 100
n_epoch = 10
for e in range(n_epoch):
    for step in range(len(x_train)//batch_size):
        x = x1[step* batch_size:(step+1)* batch_size]
        d = d1[step* batch_size:(step+1)* batch_size]
        h = F.relu(x @  w1 + b1)
        y = h @  w2 + b2
        loss = F.cross_entropy(y, d)
        loss.backward() # 这里会递归计算梯度
        w1.data -= eta *  w1.grad.data
        b1.data -= eta *  b1.grad.data
        w2.data -= eta *  w2.grad.data
        b2.data -= eta *  b2.grad.data

        w1.zero_grad()
        b1.zero_grad()
        w2.zero_grad()
        b2.zero_grad()
```

本个库刻意模仿了PyTorch的API，此时的程序底层API与其相似度是十分高的。当然最终精度也是相近的。在计算的过程中计算图可能会有多个分支，比如式（3-21）：

$$\begin{aligned} \boldsymbol{h}_1 &= f(\boldsymbol{h}_0) \\ \boldsymbol{h}_2 &= f(\boldsymbol{h}_0) \\ \boldsymbol{h}_3 &= g(\boldsymbol{h}_1, \boldsymbol{h}_2) \end{aligned} \tag{3-21}$$

此时计算关于 $\boldsymbol{h}_0$ 的导数需要计算两个分支各自导数之和 $\frac{\partial L}{\partial \boldsymbol{h}_0} = \frac{\partial L}{\partial \boldsymbol{h}_1}\frac{\partial \boldsymbol{h}_1}{\partial \boldsymbol{h}_0} + \frac{\partial L}{\partial \boldsymbol{h}_2}\frac{\partial \boldsymbol{h}_2}{\partial \boldsymbol{h}_0}$ 即可，如图 3.14 所示。

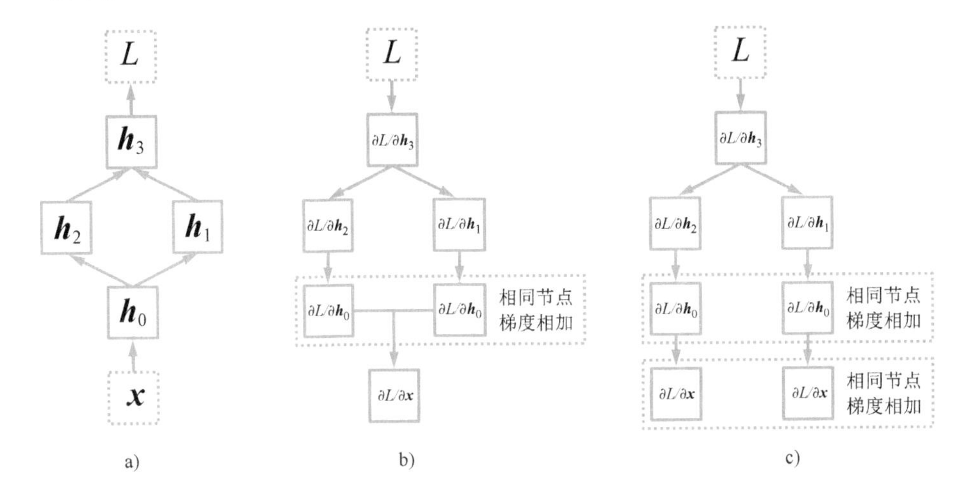

图 3.14　含有支路的反向传播

a）正向计算　b）反向计算（方式 1）　c）反向计算（方式 2）

含有支路的反向传播有两种方式：第一种是使用图优化算法找到计算图中相同节点在梯度反向传播到相同节点后继续进行计算（图 3.14b），这种方式计算代价较小；第二种是沿着各自支路反向传播，最终将相同节点梯度进行相加（图 3.14c），这种方式计算重复代价大，但是实现起来更加容易，本节中使用第二种方式。

3.4.4　完善深度学习库的高层 API

深度学习 API 中为了方便会将可训练的参数定义为 Parameter，其应当继承自 Tensor 并包含了其中的方法，见代码清单 3.22。

代码清单 3.22　定义模型中的 Parameter 类

```
class Parameter(Tensor):
    def __init__(self, data, training=True, depends_on=[], name="input"):
        if type(data) == np.ndarray:
```

```
            super().__init__(data, training, depends_on, name)
        elif type(data) == Tensor:
            super().__init__(data.data, training, depends_on, name)
```

接下来，仿照 PyTorch 中的 Module 类，同样构建一个类似的容器，见代码清单 3.23。

代码清单 3.23　定义 Module 容器

```
class Module():
    def __call__(self, * args, * * kwds):
        # 正向计算
        return self.forward(* args, * * kwds)
    def parameter(self):
        attr_dict = self.__dict__
        pars = []
        for key in attr_dict:
            att = attr_dict[key]
            if type(att) == Parameter:
                # 获取模块内可训练参数
                pars.append(att)
            if hasattr(att, "parameter"):
                # 如果是 Module,需要递归获取可训练参数
                pars.extend(att.parameter())
        return pars
    def state_dict(self):
        # 获取变量字典
        attr_dict = self.__dict__
        pars = {}
        for key in attr_dict:
            att = attr_dict[key]
            if type(att) == Parameter:
                # 获取模块内可训练参数
                pars[key] = att
            if hasattr(att, "state_dict"):
                # 如果是 Module,需要递归获取可训练参数
                prepar = att.state_dict()
                for pkey in prepar:
                    pars[f"{key}.{pkey}"] = prepar[pkey]
        return pars
    def load_state_dict(self, vdict):
        # 获取变量字典
        pdict = self.state_dict()
        for key in pdict:
            pdict[key].data = vdict[key].data
```

Module 应当包含以下方法：**parameter( )** 可以获取所有的可训练参数；**state_dict( )** 可以获取

变量名和变量；**load_state_dict()**可以加载模型可训练参数。这样 Module 便可以用于模型的训练和保存了。通过本方法获取的所有可训练参数，可以使用高层的优化 API 进行优化。以随机梯度下降法为例，见代码清单 3.24。

代码清单 3.24　随机梯度下降法封装

```
class Optim():
    def zero_grad(self):
        for par in self.parameters:
            par.grad.zero_grad() # 梯度置零
class SGD(Optim):
    def __init__(self, parameters, lr=0.1, weight_decay=0.0) -> None:
        super().__init__()
        self.lr = lr
        self.weight_decay = weight_decay
        self.parameters = parameters
    def step(self):
        # 梯度下降法
        for par in self.parameters:
            grad = par.grad.data + self.weight_decay *  par.data
            par.data -= self.lr *  grad
```

可以仿照 PyTorch 进行模型的构建，见代码清单 3.25。

代码清单 3.25　使用自编库完成手写数字识别

```
import mynn.nn as nn
import mynn
x1 = x_train.reshape([-1, 784])
x1 = mynn.Tensor(x1) # 转换为 Tensor 类型
d1 = d_train.reshape([-1])
d1 = mynn.Tensor(d1) # 转换为 Tensor 类型

class Model(nn.Module):
    def __init__(self) -> None:
        super().__init__()
        self.layer1 = nn.Linear(784, 32)
        self.relu = nn.ReLU()
        self.layer2 = nn.Linear(32, 10)

    def forward(self, x):
        x = self.layer1(x)
        h = self.relu(x)
        y = self.layer2(h)
        return y
```

```
model = Model()
pars = model.parameter()
pdict = mynn.load("mnist.mynn")
model.load_state_dict(pdict)
optim = mynn.optim.SGD(pars, eta, alpha)
```

可以看到，机器学习库与 PyTorch 有着极高的相似度，但是其是完全基于 NumPy 的。迭代 50 回合后精度为 0.967，也就是说模型可以完成与 PyTorch 相同的任务。另外更多的 API（如 **mynn.nn.Linear** 和**mynn.nn.ReLU**）请读者自行参阅本书代码。

3.5 回归、分类等监督学习模型

到目前为止都没有对分类和回归问题的定义进行详细的说明。分类和回归问题均属于有监督的机器学习模型，在给定数据时也需要给定标签来“监督”模型优化，这个标签通常是人工进行标注的。例如，看到手写数字之后人工识别并将结果进行记录，这便是人工标注的过程。一些人将“人工智能”定义为机器模仿学习人认知的过程，这个模仿的学习材料便是人工标注的数据。这里有两种类型的人工标注数据。

1）离散类型的数据：如手写数字、鸢尾花、性别等。

2）连续类型的数据：如股票市值、人在图像中的相对位置等。

其中预测离散类型数据的模型便是分类模型，预测连续类型数据的模型便是回归模型。分类模型可以使用交叉熵作为损失函数；回归模型可以使用均方误差作为损失函数。分类问题可以使用 3.2.1 节的方法对结果进行测试，回归问题可以参考 3.2.2 节中的评价标准。另外需要注意的是同一个问题可能同时存在分类和回归需求。举例来说，如图 3.15 所示。

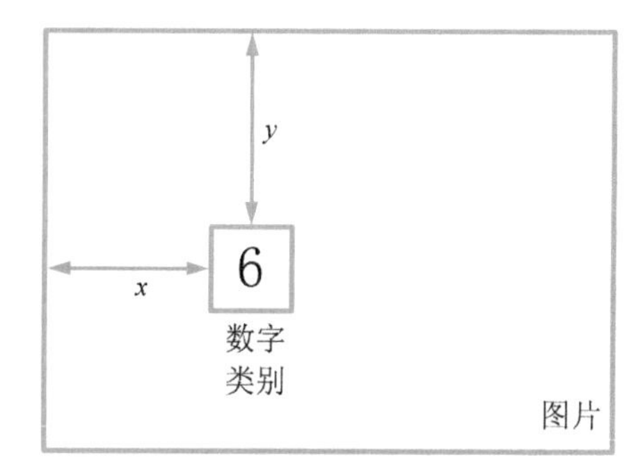

● 图 3.15 分类和回归问题示意

一个手写数字可能在图像的某一个局部。此时机器学习模型有两个问题需要解决：数字的具体位置在哪，位置是连续的，这需要使用回归问题进行预测；数字的类别是什么，类别是离散的，这需要使用分类问题进行预测。同一个深度学习模型既可以有分类输出也可以有回归输出。详细内容请参考第 7.2 节。

3.6 深度学习中的优化算法

在之前的内容中，一直在使用传统的随机梯度下降法作为优化算法，这里“随机”一词是因为每次计算过程中会对数据进行随机采样，这样使得梯度计算并非使用全量的数据集，因此会出现一定的“随机性”。由此，如何使梯度估计得更加准确并且迭代过程更加稳定是深度学习优化算法应当考虑的问题。

3.6.1 带动量的梯度下降法

当前梯度迭代算法包含了多个参数，其算法流程见算法清单 3.1。

算法清单 3.1　随机梯度下降法

设定学习率 η，正则化系数 α，动量系数β_1，阻尼系数 τ

L 为损失函数，$\boldsymbol{w}$ 为可训练参数

默认值 $\eta=0.1$，$\alpha=0$，$\beta_1=0$，$\tau=0$

迭代第 t 步

　　计算梯度 $\boldsymbol{g}_t=\nabla_w L$

　　如果正则化系数不为 0：$\boldsymbol{g}_t=\nabla_w L+\alpha\cdot\boldsymbol{w}_t$

　　如果 $\tau=1$：$\boldsymbol{v}_t=\boldsymbol{g}_t$；否则$v_t=\beta_1\boldsymbol{v}_{t-1}+(1-\tau)\boldsymbol{g}_t$

　　$\boldsymbol{w}_{t+1}=\boldsymbol{w}_t-\eta\boldsymbol{v}_t$

以上算法中学习率和正则化系数在前面的章节已经进行了说明。本次算法多出来了β_1 和 τ，其中β_1 为动量系数，用于在线计算梯度的平均值，值越大意味着迭代收敛会更加平稳。而 τ 为阻尼系数，其越大迭代收敛过程中当前步计算的梯度权值越低，这与动量系数作用类似，可以配合使用，当$\beta_1=\tau$ 时梯度的计算是标准的指数平均。

在线计算均值

在计算平均值的过程中通常使用的是直接平均公式 $\bar{x}=\dfrac{x_1+\cdots+x_N}{N}$。但是在时间序列数据计算平均值时，通常不需要计算全部数值的平均值：如分析 100 天的温度值，如果直接计算平均值那么无法反映出温度的变化，如果对数据进行加权，即距离当前时刻越远给予的权值越低则可以更好地反映温度变化情况，这可以用指数加权的方式：

$$v_t = \beta v_{t-1} + (1-\beta) x_t$$

v_t 可以认为是第 t 时刻的均值，这种方式对于之前的数值进行了加权，距离当前时刻越远权值越低。这可以对比参考梯度下降法中的动量和阻尼系数。

3.6.2 均方误差传递迭代算法

均方误差传递（RMSProp）迭代算法中有些梯度值较大，有些梯度值较小，为了更快地收敛，可以给予梯度较小的部分较大的权值。这种加权便是使用的梯度平方根的平均值进行的，见算法清单 3.2。

算法清单 3.2 均方误差传递算法

设定学习率 η，正则化系数 α，均方根系数 β_2

ε 为一个小的正实数，防止出现除 0 的问题

L 为损失函数，w 为可训练参数

默认值 $\eta=0.01$，$\alpha=0$，$\beta_2=0.99$，$\varepsilon=10^{-8}$

初始值 $s_0=0$

迭代第 t 步

　　计算梯度 $g_t = \nabla_w L$

　　如果正则化系数不为 0：$g_t = \nabla_w L + \alpha \cdot w_t$

　　$s_t = \beta_2 s_{t-1} + (1-\beta_2) g_t^2$

　　$w_{t+1} = w_t - \eta \dfrac{g_t}{\sqrt{s_t} + \varepsilon}$

通过对梯度的加权可以使得迭代平缓的部分权值较大，这会使得收敛更加有效。

3.6.3 自适应矩估计迭代算法

RMSProb 已经解决了梯度加权的问题，如果配合动量的使用，会同时使得迭代收敛平缓，在此形成了自适应矩估计（Adam）迭代算法，见算法清单 3.3。

算法清单 3.3 Adam 算法

设定学习率 η，正则化系数 α，动量系数 β_1，均方根系数 β_2

ε 为一个小的正实数，防止出现除 0 的问题

L 为损失函数，$\boldsymbol{w}$ 为可训练参数

默认值 $\eta=0.001$，$\alpha=0$，$\beta_1=0.9$，$\beta_2=0.999$，$\varepsilon=10^{-8}$

初始值 $\boldsymbol{s}_0=0$；$\boldsymbol{v}_0=0$

迭代第 t 步

计算梯度 $\boldsymbol{g}_t=\nabla_w L$

如果正则化系数不为 0：$\boldsymbol{g}_t=\nabla_w L+\alpha\cdot\boldsymbol{w}_t$

$\boldsymbol{v}_t=\beta_1\boldsymbol{v}_{t-1}+(1-\beta_1)\boldsymbol{g}_t$，本步中为梯度的指数平均

$\boldsymbol{s}_t=\beta_2\boldsymbol{s}_{t-1}+(1-\beta_2)\boldsymbol{g}_t^2$，本步中为梯度平方的加权平均

由于初始值 0 影响，初始计算的 $\boldsymbol{v}_t$，$\boldsymbol{s}_t$ 数值较小，因此需要修正：

$$\hat{\boldsymbol{v}}_t=\frac{v_t}{1-\beta_1^t};\quad \hat{\boldsymbol{s}}_t=\frac{s_t}{1-\beta_2^t}$$

$$\boldsymbol{w}_{t+1}=\boldsymbol{w}_t-\eta\frac{v_t}{\sqrt{\hat{\boldsymbol{s}}_t}+\varepsilon}$$

Adam 算法在深度学习模型中应用较多，其收敛通常更加稳定高效。将算法加入深度学习库中，见代码清单 3.26。

代码清单 3.26 Adam 优化算法

```
class Adam(Optim):
    def __init__(self, parameters,
                lr=0.001, beta1=0.9, beta2=0.999,
                weight_decay=0.0, epsilon=1e-8):
        super().__init__()
        self.lr = lr
        self.beta1 = beta1
        self.beta2 = beta2
        self.weight_decay = weight_decay
        self.epsilon = epsilon
        self.parameters = parameters
        self.v = [] # 动量
        self.s = [] # 梯度平方
        for par in self.parameters:
            self.v.append(np.zeros_like(par.data))
            self.s.append(np.zeros_like(par.data))
        self.num_iter = 1
    def step(self):
        # 执行梯度下降法
```

```
        self.num_iter += 1
        for idx, par in enumerate(self.parameters):
            # 加入正则化
            grad = par.grad.data + self.weight_decay * par.data
            # 其他累积参数
            self.v[idx] = \
                self.beta1 * self.v[idx] + (1-self.beta1) * grad
            self.s[idx] = \
                self.beta2 * self.s[idx] + (1-self.beta2) * grad * * 2
            vhat = self.v[idx] / (1-self.beta1 * * (self.num_iter)) # 修正系数
            shat = self.s[idx] / (1-self.beta2 * * (self.num_iter)) # 修正系数
            par.data -= self.lr * vhat / (np.sqrt(shat)+self.epsilon)
```

到此为止，深度学习中常用的优化算法便说明完毕了。可以看到，这些优化算法均是基于梯度下降法进行的改进。深度学习计算中常常会在模型中设计大量的可训练参数，如果使用牛顿法等二阶优化算法会极大地增加计算代价，因此深度学习算法以一阶优化算法为主。

3.7 总结

本章对基于全连接网络构建的逻辑回归模型、多层神经网络（或称多层感知器，MLP）模型进行了讲解，多层神经网络由模型本身去完成特征的构建从而获得更高精度。这种可以直接由输入数据到目标的模型称为“端到端”的模型，为此通常需要付出更高的计算代价。如何设计一个精度和速度兼备的深度学习模型是每一个数据分析人员所必须考虑的重要内容。

在本章中，为了使得读者快速入手，首先使用 PyTorch 的 API 来构建深度学习模型。PyTorch 是完善的深度学习库，有了它的帮助可以像搭建积木一样去构建深度学习模型。其余未涉及的 API 参数，读者可以自行参考官方网站。

作为深度解析的一部分，本文仿照 PyTorch 的 API 自行构建了一个深度学习库。这其中包括：矩阵求导、自动求导计算图、优化算法、激活函数等。之后章节中会添加卷积、循环等结构。能够自行构建一个完整的深度学习工具是深入理解整个深度学习算法的基础。如果感觉这些内容比较难，读者可以先阅读 PyTorch 实践的部分，并能够完成本章的程序实践即可。

深度学习基础模型和实现：卷积神经网络

深度学习的基础模型包括：全连接网络、卷积神经网络和循环神经网络/Transformer。三个基础模型中卷积神经网络（Convolutional Neural Network，CNN）设计的最初目标是处理图像、波形数据。卷积神经网络概念的产生离不开“卷积”，其是数字信号处理的重要内容。因此本节中对信号处理和卷积等相关概念进行了讲述，但这种讲述是较为粗略的，希望感兴趣的读者参考任意一本图像、信号分析书籍。然后对卷积神经网络的搭建并完成识别的过程进行了详细说明。当然本书自行实现了卷积神经网络的正向和反向传播过程，并将其整合到自行编写的深度学习库中。

本章中的重点为：

1）信号处理中的卷积与卷积神经网络的关系与区别。

2）卷积神经网络结构设计。

3）卷积神经网络的正向和反向传播算法。

如果读者对于信号分析部分学习起来有困难，可以直接阅读神经网络章节。

4.1 信号、图像分析基础

在做信号、图像分析过程中首先要了解信号、频率、频谱这些概念及相关算法。本节以使用一维的信号为例对相关概念进行说明，一维信号的矩阵格式为：$\boldsymbol{x} \in \mathbb{R}^{N \times C \times T}$，其中 N 为样本数量，C 为通道数，就立体声来说 $C=2$，T 为采样点数量。

数字信号参数说明

声音本质是波形，但是计算机在记录的过程中并不是连续波形，而是每隔一段时间采集一个数据点并记录取值而成的离散数据，这种离散化数据称为数字信号。波形离散化需要设计几个参数：每秒钟采集的数据点数量称为采样率（Sampling rate）单位是Hz，CD音质的采样率为44.1kHz；每个采样点的通道数量，如立体声有左右两个通道；每个通道数据点在记录过程中使用的是整型数字，这相比于浮点数字的有效数字更多，整型数字的比特数称为采样宽度，CD音质最初设计有16bit。

在记录过程中可以认为信号是时间的函数$x(t)$，在研究性质时可以认为信号是连续的，而实际记录的信号是离散的，第t时刻的采样点可记录为x_t。连续的信号可以使用傅里叶变换将“时间域”变为“频率域”，时间域指的是信号是时间的函数，频率域指的是信号是频率的函数，见（4-1）：

$$X(\omega)=F(x(t))=\int_{-\infty}^{+\infty}x(t)\ e^{-i\omega t}dt \tag{4-1}$$

$X(\omega)$是信号所对应的频率域函数，ω称为频率。时间域和频率域是可以互相变换的，见式（4-2）：

$$x(t)=F^{-1}(X(\omega))=\frac{1}{2\pi}\int_{-\infty}^{+\infty}X(\omega)\ e^{i\omega t}d\omega \tag{4-2}$$

以上公式便是傅里叶变换和其逆变换。这里$e^{i\omega t}=\cos(i\omega t)+i\sin(i\omega t)$展开实际上就是将信号变为多个三角函数组合的形式，频率的高低代表了三角函数的周期变化。以上是连续数据的情形，如果数据和频谱均是周期性的，那么所对应的傅里叶变换便是处理离散数据的离散傅里叶变换（Discrete Fourier Transform，DFT），其变换方式为（4-3）：

$$\begin{aligned}&\text{正变换}X_k=\sum_{n=0}^{N-1}x_n\ e^{-i\frac{2\pi nk}{N}}\\&\text{逆变换}\ x_n=\frac{1}{N}\sum_{k=0}^{N-1}X_k\ e^{i\frac{2\pi nk}{N}}\end{aligned} \tag{4-3}$$

离散傅里叶变换的信号和频谱均是周期性的，因此仅需要对一个周期内的数据进行处理即可。

离散和连续傅里叶变换

1）连续傅里叶变换的信号和频谱都是非周期性的。

2）连续信号的频谱是离散的。

3）离散信号的频谱是周期性的。

4）离散傅里叶变换的信号和频谱都是周期性的。

傅里叶展开可以认为是第二种情况，工程中大部分使用的均是离散傅里叶变换，这是因为DFT有快速计算的形式，即快速傅里叶变换（FFT），其要求数据长度为2^n，此时计算代价变为$O(n^2)\to O(n\log n)$。

为解释傅里叶变换，这里人为制作一个信号波形，波形为两个不同周期的三角函数叠加，如图 4.1 所示。

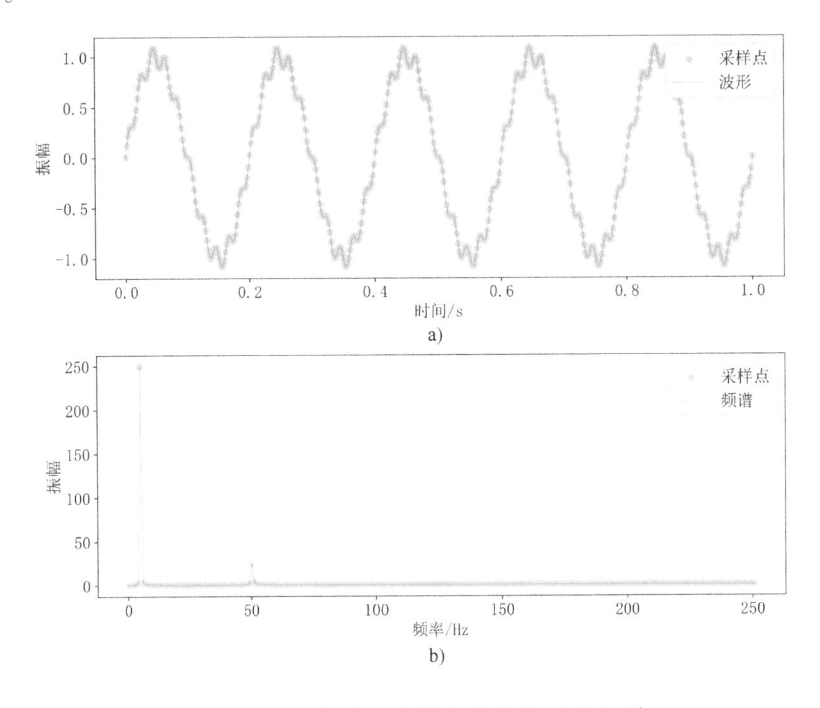

图 4.1 波形、采样点和变换后的频谱

a）原始波形信号（黑线）和采样点（圆点） b）波形频谱和频谱采样点（圆点）

可以看到波形数据（图 4.1a）有两种不同周期的三角函数叠加而成，而傅里叶变换后可以将时间域信号变为频率域（图 4.1b）的两个峰值。从这个角度来看，数据是稀疏的。因为仅需要少量频率域数据即可描述波形。这里将信号制作及傅里叶变换部分的程序展示如下，见代码清单 4.1。

代码清单 4.1 波形和傅里叶变换

```
import numpy as np
N = 500 # 采样点数量
S = 1 # 数据秒数
t = np.linspace(0, np.pi * 2 * 5, N)
y1 = np.sin(t)     # 震动较慢,为低频,每秒 5 个周期,为 5Hz
y2 = np.sin(t* 10) # 震动较快,为高频,每秒 50 个周期,为 50Hz
# 制作数据,包含 50Hz 和 5Hz 波形,振幅不同
y = y1 * 1 + y2 * 0.1
# 频谱分析可以分析出频率特征
```

```
f = np.fft.fft(y) # 制作频谱
f_amp = np.abs(f) # 频谱为复数,画图为振幅值

# 数据坐标制作
time_ = np.linspace(0, S, N) # 1 秒数据
freq_ = np.linspace(0, N/S, N) # 最低纪录 1Hz,最高 N/2Hz

gs = grid.GridSpec(2, 1)
fig = plt.figure(1, figsize=(12, 9), dpi=100)
ax = fig.add_subplot(gs[0])
ax.scatter(time_, y, c="r", label="采样点")
ax.plot(time_, y, c="k", alpha=0.5, label="波形")
ax.legend(loc="upper right")
ax.set_xlabel("时间/s")
ax.set_ylabel("振幅")

ax = fig.add_subplot(gs[1])
ax.scatter(freq_[:N//2+1], f_amp[:N//2+1],
        c="r", label="采样点")
ax.plot(freq_[:N//2+1], f_amp[:N//2+1],
        c="k", alpha=0.5, label="频谱")
ax.legend(loc="upper right")
ax.set_xlabel("频率/Hz")
ax.set_ylabel("振幅")
```

由代码清单可以看到在进行波形和傅里叶变换的过程中仅需要采样点数量即可。如果将其映射到实际的“秒”为标度的时间中，那么数据便有了明确的物理含义：其中波形每秒震动的次数称为频率，单位为 Hz；波形最大频率为$\frac{\text{采样点数量}}{\text{波形秒数}}$；并且由于是实数信号，频谱是对称的，因此仅对其中的一半进行了展示。计算过程中的算法为快速傅里叶变换（Fast Fourier Transform，FFT），算法计算过程中自动对数据进行了补 0，以使得其满足 2^n 的要求。

快速傅里叶变换

快速傅里叶变换是离散傅里叶变换的快速形式。对于长度为 n 的信号，FFT 将 DFT 中 $O(n^2)$的算法复杂度减少到了 $O(n\log n)$。快速傅里叶变换需要信号长度为 2^n。这极大地减少了计算代价，推动了傅里叶变换的广泛使用。

到此为止已经对于频谱有了基础的了解，这里频谱分析可以作为波形和图像的特征使用，通过直接对频谱中某些频带进行压制可以突出波形某一方面的特征。例如，想保留波形的低频特征可以直接对频谱高频区域乘以一个比较小的值（如 0），再通过反变换即可对波形进行滤波处理。同样的也可以对低频信息进行滤除，如图 4.2 所示。

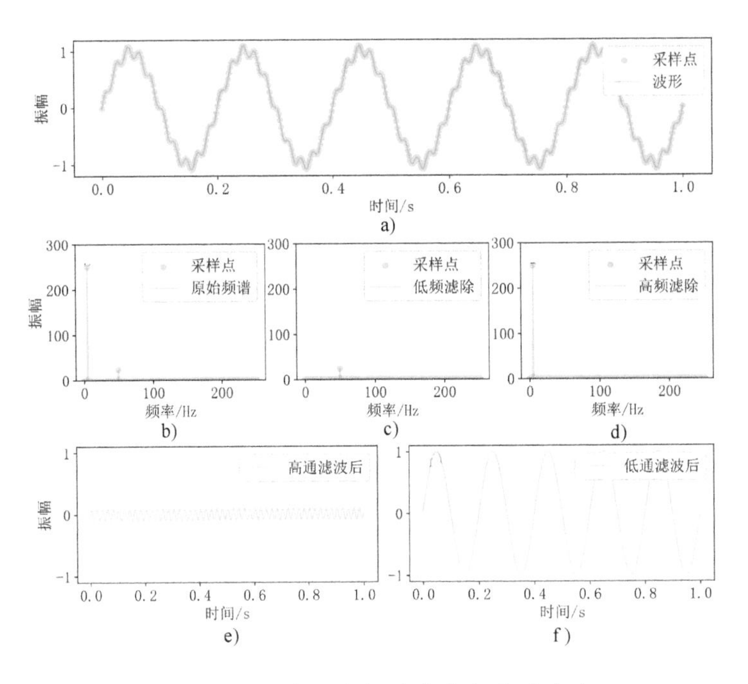

图 4.2 信号的低通滤波和高通滤波

a）原始信号 b）原始信号频谱 c）滤除低频后频谱（高通滤波） d）滤除高频后频谱（低通滤波） e）高通滤波后波形 f）低通滤波后波形

将频谱中一部分进行滤除后可看到波形可以成功地分离出高频和低频部分。这里保留高频部分的滤波称为高通滤波（图 4.2e），保留低频部分的滤波称为低通滤波（图 4.2f），保留中间部分频率的滤波称为带通滤波，滤除中间部分频率的滤波称为带阻滤波。

接下来便是非常重要的一个知识点，卷积和滤波的关系。假设有两个信号 $x(t)$ 和 $g(t)$，对二者进行傅里叶变换可得 $X(\omega)$，$G(\omega)$，二者相乘即意味着滤波处理 $Y(\omega)=X(\omega)\cdot G(\omega)$，其中 G 可以认为是频域滤波器，其目标在于将 $X(\omega)$ 某一部分的频率进行压制，对 Y 进行傅里叶反变换即可得到滤波后的信号 y。而频率域的乘法相当于时间域的卷积，即式（4-4）：

$$y = x * g = \int_a^b x(\tau)g(t-\tau)\mathrm{d}\tau \tag{4-4}$$

式中，$*$ 代表了卷积计算。卷积算法同样有离散形式的，见式（4-5）：

$$y_i = \sum_j^K x_j \cdot g_{K-j} \tag{4-5}$$

这相当于将信号 g 进行了一个翻转后在信号 x 上进行的滑动互相关计算，因此卷积也称褶积。时间域的卷积与频率域的滤波是等价的，可以编程进行对比，见代码清单 4.2。

代码清单 4.2　时间域滤波和频率域滤波

```
def conv(x, g):
    # 卷积计算
    lenx = len(x)
    leng = len(g)
    # 对时间域滤波器或者卷积核心需要翻转
    rg = g[::-1]
    y = np.zeros([lenx])
    # 只计算有值位置
    for i in range(lenx-leng):
        y[i] = np.sum(x[i:i+leng]* rg)
    return y
g = np.ones([10]) / 10

# 时间域滤波
y_time_domain = conv(x, g)

# 频率域滤波
g_pad = np.pad(g, (0, len(x)-len(g))) # 补零为相同长度
G = np.fft.fft(g_pad)
X = np.fft.fft(x)
Y = X *  G # 频率域直接相乘
y_freq_domain = np.real(np.fft.ifft(Y))
```

滤波后的图像如图 4.3 所示。

时间域和频率域滤波结果是相似的（图 4.3e 和图 4.3f）。时间域滤波之后有一个“平台”，这是由于补 0 影响（图 4.3e），并不是计算原理导致的。卷积运算就是滤波，只不过处理方式不同而已。这里将 g 称为滤波器（Filter），卷积神经网络中称为卷积核心（Kernel）。

以上处理和滤波是针对一维连续数据，数字信号和图像处理分析中都是从一维的数据开始讲起的。而作为读者或者初学者，可能习惯于从网站上搜索一些碎片化的知识点，那么一般教程中上手便是二维的滤波与卷积，这是因为“图像”数据更加好理解一些。二维数据 $x(t_1,t_2)$ 同样也有傅里叶变换，称为二维傅里叶变换，这是将一维的傅里叶变换拓展为二维：即沿着一个维度进行傅里叶变换之后 $X(\omega_1,\ t_2)=\int_{-\infty}^{+\infty}x(t_1,\ t_2)\,\mathrm{e}^{-i\omega_1 t_1}\mathrm{d}t_1$，再沿着另外一个维度再次进行的傅里叶变换 $X(\omega_1,\ \omega_2)=\int_{-\infty}^{+\infty}X(\omega_1,\ t_2)\,\mathrm{e}^{-i\omega_2 t_2}\mathrm{d}t_2$。图像数据格式为：$\boldsymbol{x}\in\mathbb{R}^{C\times H\times W}$ 或 $\mathbb{R}^{H\times W\times C}$，图像通常为 RGB 彩色，即 $C=3$，而图像的高和宽即是像素数。二维傅里叶变换指的是对于 $H\times W$ 维度进行的处理，也就是分别对图像的红绿蓝特征图进行的滤波处理。图像如果仅有一个通道，即灰度图，可能更好理解一些，此时图像 $\boldsymbol{x}\in\mathbb{R}^{H\times W}$。二维离散卷积的运算方式为式（4-6）：

$$y_{i,j}=\sum_{k_1}^{K_1}\sum_{k_2}^{K_2}x_{i+k_1,j+k_2}\cdot w_{k_1,k_2} \tag{4-6}$$

式中，$\boldsymbol{w}\in\mathbb{R}^{K_1\times K_2}$被称为滤波器，严格来讲卷积核心也需要翻转 $w'_{k_1,k_2}=w_{K_1-k_1,K_2-k_2}$，但是为了与之后的卷积神经网络对比，此部分假设已经对滤波器进行了翻转处理。对于原始图像的卷积处理等价于频率域卷积 $Y(\omega_1,\omega_2)=X(\omega_1,\omega_2)\cdot W(\omega_1,\omega_2)$。这里分别使用频率域和时间域的方式计算卷积，见代码清单 4.3。

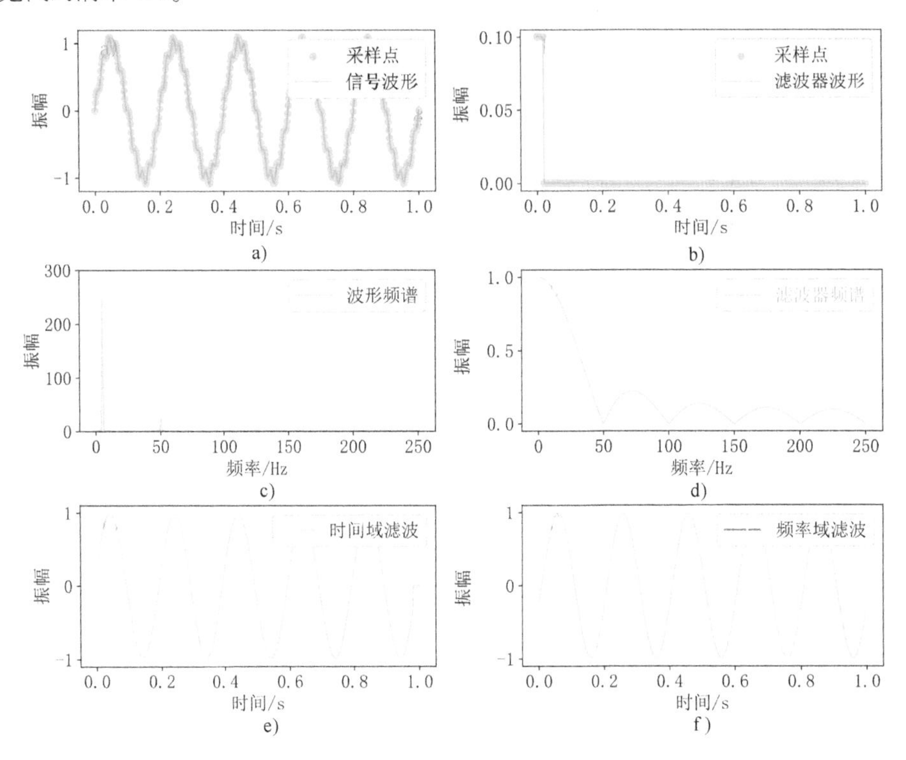

图 4.3 时间域滤波（卷积）和频率域滤波比较

a）原始波形 b）滤波器波形（滤波器与波形采样点数量相同） c）波形频谱 d）滤波器频谱 e）时间域滤波后波形 f）频率域滤波后波形

代码清单 4.3 简单的二维卷积实现傅里叶变换实例

```
img = cv2.imread("data/img.jpg")
img = img.astype(np.float32)/255 # 0-1 区间浮点数
img_gray = np.mean(img, axis=2)[::4, ::4] # [H, W, C]格式
def conv2d(x, g):
    # 二维卷积
    h, w = x.shape
    k1, k2 = g.shape
```

```
    # 卷积核心翻转
    g = g[::-1, ::-1]
    y = np.zeros([h, w])
    for i in range(h-k1):
        for j in range(w-k2):
            y[i, j] = \
                np.sum(x[i:i+k1, j:j+k2]* g)
return y
# 定义滤波器
g = np.zeros([4, 4]) / 16
# 时间域滤波:卷积
y1 = conv2d(img_gray, g)

# 频率域滤波
X = np.fft.fft2(img_gray) # 二维傅里叶变换
h, w = img_gray.shape
k1, k2 = g.shape
# 需要补 0,使得二者维度相同
g_pad = np.pad(g, ((0, h-k1), (0, w-k2)))
G = np.fft.fft2(g_pad) # 二维傅里叶变换
Y = X *  G # 频谱乘法等价于时间域卷积

y = np.fft.ifft2(Y)
y2 = np.real(y)
```

滤波后的结果如图4.4所示。

a)

b)

c)

图4.4 时间域滤波和频率域滤波对比

a）原始夜景图像 b）通过卷积进行的滤波 c）通过傅里叶变换进行的滤波

可以看到时间域滤波和频率域滤波所得结果是相同的。对于卷积核心的设计需要实验人员具备丰富的经验才能够获得较好的效果。

4.2 从卷积到卷积神经网络

在前面的数据分析中会有个疑问即：卷积核心需要人工进行设置，那么是否有一种自动构建卷积核心的算法，可以更好地提取波形、图形特征呢？当然是有的，这便是卷积神经网络。卷积神经网络即是将卷积核心变为可训练的，其并非基于人的经验而是从数据中习得，从而可以发挥大数据的优势对卷积核心进行建模。图像卷积的计算方式为式（4-7）：

$$y_{c_2,i,j} = \sum_{k_1}^{K_1} \sum_{k_2}^{K_2} \sum_{c_1}^{C_1} x_{c,is_1+k_1,js_2+k_2} w_{c_2,c_1,k_1,k_2} \tag{4-7}$$

式中，图像格式为 $\boldsymbol{x} \in \mathbb{R}^{C_1 \times H \times W}$，卷积核心/滤波器格式为 $\boldsymbol{w} \in \mathbb{R}^{C_2 \times C_1 \times K_1 \times K_2}$，$\boldsymbol{w}$ 中有着 C_2 个滤波器，每个滤波器为$\mathbb{R}^{C_1 \times K_1 \times K_2}$。这相比前一节中的卷积加入了多个通道计算。由于图像存在多个通道，滤波器也需要综合多个通道进行处理。如果设计 C_2 个滤波器，那么新生成的图像格式为 $\boldsymbol{y} \in \mathbb{R}^{C_2 \times H_2 \times W_2}$,图像高宽发生变化是因为计算过程中加入了步长 s_1，s_2，当其大于 1 时，卷积计算会对图像进行降采样。但是在实际编程实现中由于内存连续性问题导致计算效率较低，因此会将一个滤波器展平为一个向量，同时图像相应位置也会变为矩阵形式，这种以牺牲空间的方式换取更高计算速度的算法称为 IM2COL 算法。其计算方式如图 4.5 所示。

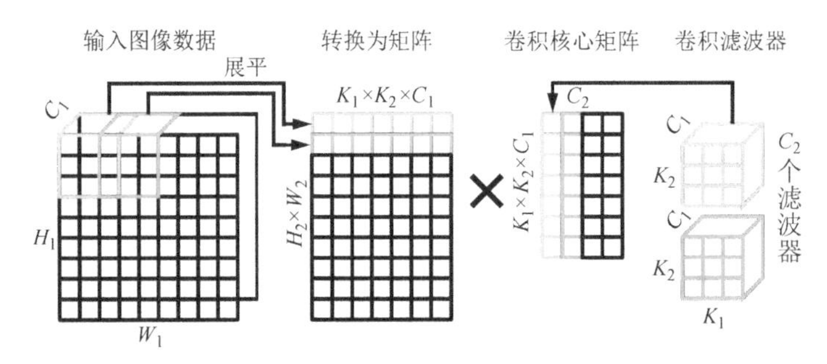

图 4.5 IM2COL 算法示意

通过将卷积计算转换为矩阵乘法可以使得内存局部性更好，更容易使用向量化指令加速计算，实现过程见代码清单 4.4。

代码清单 4.4 原始卷积和优化的 IM2COL 算法

```
def conv2d_orig(x, w, stride=1, padding=0):
    """
    卷积神经网络的原始实现
    内存需求较少,但是内存不连续计算较慢
    """
```

```
    x = np.pad(x, [(0, 0), (0, 0), (padding, padding), (padding, padding)])
    b, c1, h1, w1 = x.shape
    c2, c1, k1, k2 = w.shape
    # 输出图像大小
    h2, w2 = (h1-k1+1)//stride, (w1-k2+1)//stride
    out = np.zeros([b, c2, h2, w2])
    for ib in range(b):
        for ic2 in range(c2):
            for ih2 in range(h2):
                for iw2 in range(w2):
                    ih = ih2 * stride
                    iw = iw2 * stride
                    out[ib, ic2, ih2, iw2] = \
                        np.sum(
                            x[ib, :, ih:ih+k1, iw:iw+k2] * w[ic2])
    return out
def conv2d(x, w, stride=1, padding=0):
    """
    IM2COL 将图像转换为矩阵进行计算的过程
    以空间换时间
    """
    x = np.pad(x, [(0, 0), (0, 0), (padding, padding), (padding, padding)])
    b, c1, h1, w1 = x.shape
    c2, c1, k1, k2 = w.shape
    # 输出图像大小
    h2, w2 = (h1-k1+1)//stride, (w1-k2+1)//stride
    # 索引一个向量,即一个卷积核心所对应的像素
    idxw = np.arange(k2)[np.newaxis, ...] + np.zeros([c1, k1, 1])
    idxh = np.arange(k1)[:, np.newaxis] + np.zeros([c1, 1, k2])
    idxc = np.arange(c1)[:, np.newaxis, np.newaxis] + np.zeros([1, k1, k2])
    # 索引整个图像,形成整个矩阵
    idxw = idxw.reshape([1, -1]) + (np.arange(w2)+np.zeros([h2, 1])).reshape([-1, 1])
* stride
    idxh = idxh.reshape([1, -1]) + (np.arange(h2)[:, np.newaxis]+np.zeros([w2])).reshape
([-1, 1]) * stride
    idxc = idxc.reshape([1, -1]) + (np.zeros([h2, w2])).reshape([-1, 1])
    idxw = idxw.astype(np.int32)
    idxh = idxh.astype(np.int32)
    idxc = idxc.astype(np.int32)
    # 转换为矩阵
    col = x[:, idxc, idxh, idxw]
    wcol = w.reshape([c2, c1* k1* k2]).T
    recol = col @ wcol #[B, H2* W2, C2]
    reim = recol.reshape([b, h2, w2, c2])
    reim = reim.transpose([0, 3, 1, 2])
    return reim
```

原始形式的卷积虽然内存需求较小，但是要比 IM2COL 算法的速度慢很多。在此使用的卷积计算的输入多了一个样本数量的维度，即 $\boldsymbol{x} \in \mathbb{R}^{N \times C \times H \times W}$。在卷积计算完成后通常需要加入偏置以处理图像的均值信息，其相加是对于每个通道而言的，见式（4-8）：

$$y_{n,c,h,w} = x_{n,c,h,w} + b_c \tag{4-8}$$

此时偏置 $\boldsymbol{b} \in \mathbb{R}^{C}$，其向量长度与输出图像的特征图数量一致。此时一个完整的卷积计算见式（4-9）：

$$\boldsymbol{y} = \boldsymbol{x} * \boldsymbol{w} + \boldsymbol{b} \tag{4-9}$$

这可以使用 PyTorch 来进行卷积计算，见代码清单 4.5。

代码清单 4.5　PyTorch 中的卷积基础 API

```
# 模拟数据
x = torch.randn([10, 16, 100, 100])
w = torch.randn([32, 16, 3, 3])
b = torch.zeros([32])
# 卷积计算
h = F.conv2d(x, w, b, stride=1, padding=1)
```

在上述计算中出现了 padding 参数，其目标是使得输入和输出数据维度相同。因为卷积在滑动计算的过程中仅计算有值的位置，如果不补零会使得图像尺度变小，因此如果想保持图像大小不变需要加入 padding。

4.3 卷积神经网络模型的构建

在对卷积有了基础的了解后，接下来便是使用卷积神经网络进行模型的构建了。与前面的多层感知器模型类似，卷积神经网络也是通过多个层的叠加对数据进行特征提取，再在特征的基础上进行分类识别。使用手写数字识别作为例子进行说明，见代码清单 4.6。

代码清单 4.6　使用 PyTorch 的卷积进行手写数字识别

```
class Conv2d(nn.Module):
    def __init__(
        self,
        nin, nout, # 输入图像通道数,输出图像通道数(滤波器数量)
        ks=3, stride=1, # 卷积核心,步长
        padding=0,# 补 0,图像上下左右补 0 的值
        ):
        super().__init__() # 初始化
        # 注册可训练参数
        self.register_parameter("weight",
```

```
            nn.parameter.Parameter(torch.randn([nout, nin, ks, ks])))
        self.register_parameter("bias",
            nn.parameter.Parameter(torch.randn([nout])))
        self.stride = stride
        # 一般想使得输入输出相等或者为整数倍则 padding=(ks-1)//2
        self.padding = padding
    def forward(self, x):
        y = F.conv2d(x, self.weight, self.bias, self.stride, self.padding)
        return y

class Model(nn.Module):
    def __init__(self):
        super().__init__()
        self.layers = nn.Sequential(
            Conv2d(1, 16, 3, 2, 1), # 16 个滤波器,输入 1 个通道灰度图
            nn.ReLU(), # 也需要激活函数获得非线性特征
            Conv2d(16, 32, 3, 2, 1),
            nn.ReLU(),
            nn.Flatten(), # 转化为二维的矩阵格式
            nn.Linear(7* 7* 32, 10)
        )
    def forward(self, x):
        x = x.reshape([-1, 1, 28, 28]) # 数据到所需 Shape
        y = self.layers(x)
        return y
```

以上模型虽然简单，但是代表了卷积神经网络用于图像分类的基础流程。首先使用卷积来提取图像的特征，由于卷积层依然是一种广义上的线性变换（IM2COL 是线性乘法），因此所得特征需要使用激活函数变为非线性特征。在得到非线性特征后继续加入卷积层可以将图像的特征由浅层特征进行高层次的抽象，越深层的网络所提取的特征越复杂，越认为包含了更多的用于分类的特征。在特征提取完成后将图像进行展平（Flatten 函数），此时认为每个像素点都包含了潜在的用于分类的信息，因此在展平基础上使用全连接网络对所有卷积所得特征进行处理，最终输出 10 个类别。迭代优化后，最终精度 0.98，这相比于多层的全连接网络精度要高。将以上程序计算流程绘制成图 4.6。

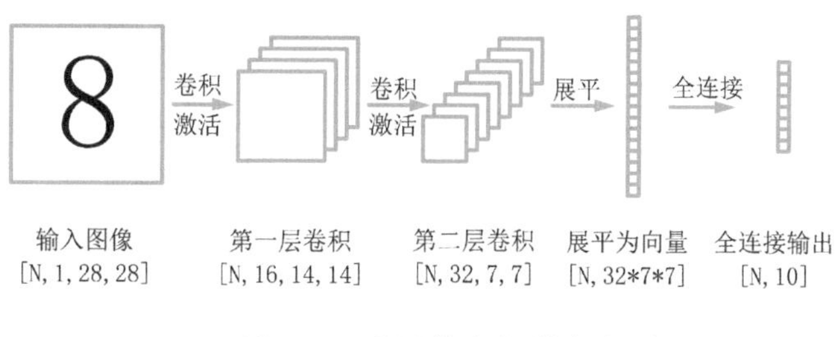

● 图 4.6　手写数字识别流程图

以上手写数字识别流程中需要特别注意的是计算过程中的矩阵维度。PyTorch 中可以使用高层的 API 进行模型的构建，见代码清单 4.7。

代码清单 4.7　PyTorch 中卷积神经网络的高层 API

```
torch.nn.Conv2d(in_channels, out_channels, kernel_size, stride=1, padding=0, dilation=
1, groups=1, bias=True)
```

4.3.1　从神经网络角度看待卷积神经网络

在早期的神经网络中经常会提及的一个词是“权值共享”，这是以纯神经网络的角度来解释的卷积神经网络模型。本节将从这个方面来进行解释，如图 4.7 所示。

如图 4.7 所示，在设计全连接网络的过程中，输出的每个节点（即向量中的点，神经元）与输入的每个节点均有连接。但在处理图像问题过程中，某个像素与周围有限范围内的像素才有一定的关系，距离过远的像素间关系应当不大，此时可以将全连接的方式变为局部连接的方式，即输出节点仅与输入节点的某个局部是相关的，这样可以极大地减少可训练参数的数量。这种方式称为局部卷积，在不同的输出节点中使用的可训练参数是不同的。而现有的卷积神经网络中又可以认为图像在不同的局部中特征应当是相似的，因此不同输出节点之间应当使用相同的可训练参数，这称为权值共享，到此为止形成了前面所介绍的卷积计算流程。可以看到从神经网络的简化这个角度来说，卷积神经网络可以看作全连接网络的简化。全连接网络也可以达到卷积神经网络相似的性能，但是所需的可训练参数和计算代价远远的高于卷积网络。

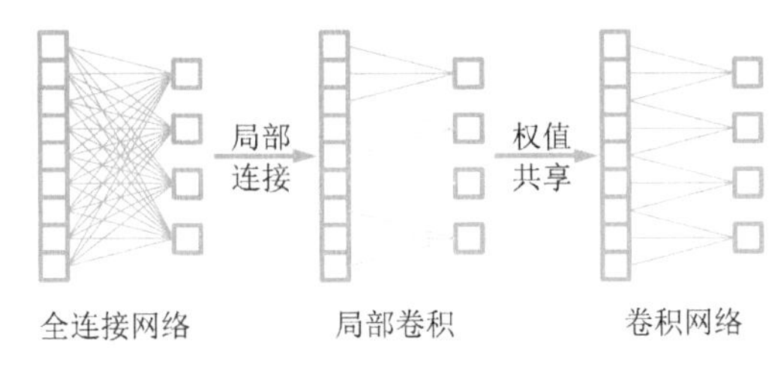

图 4.7　卷积神经网络的设计和简化

4.3.2　卷积神经网络其他辅助结构

卷积神经网络对于图像通常需要进行降采样。所谓降采样就是使得图像高宽变小。可以通过在卷积层中加入步长来降采样，也可以通过专门的层来解决。降采样可以有效地减少后续计算负担。这个专门的结构被称为池化层。常用的池化层为平均池化和最大池化，见式（4-10）。

$$y_{b,c,h_2,w_2}=f(x_{b,c,h_2s_1:h_2s_1+k_1,w_2s_2:w_2s_2+k_2}) \tag{4-10}$$

这里，函数 $f(\cdot)$ 代表了对矩阵求平均值和最大值，分别对应平均池化和最大池化。最大池化通常出现在网络浅层，用于提取高频特征；平均池化用在深层中，此时通常每个特征均是有用的。通过前面的叙述可以知道，降采样可以由卷积层完成，因此池化层并不是必需的。这里使用池化层完成降采样，再次进行手写数字的识别工作，见代码清单 4.8。

代码清单 4.8　池化层完成降采样

```
class Model(nn.Module):
    def __init__(self):
        super().__init__()
        self.layers = nn.Sequential(
            Conv2d(1, 16, 3, 1, 1), # 16 个滤波器,输入 1 个通道灰度图
            nn.AvgPool2d(2, 2), # 降采样
            nn.ReLU(), # 也需要激活函数获得非线性特征
            Conv2d(16, 32, 3, 1, 1),
            nn.AvgPool2d(2, 2), # 降采样
            nn.ReLU(),
            nn.Flatten(), # 转化为二维的矩阵格式
            nn.Linear(7* 7* 32, 10)
        )
    def forward(self, x):
        x = x.reshape([-1, 1, 28, 28]) # 数据到所需 Shape
        y = self.layers(x)
        return y
```

在多次卷积和池化之后加入了一个展平层，本层的作用在于将所有所得特征综合进行考虑，并通过全连接层输出类别。展平层和全连接层均是为了后续分类处理而设立的，一些研究表明，图像处理精度主要取决于卷积层而非全连接层。代码清单 4.8 中如果将全连接层改为两层最终的精度依然是 0.978，与有一个全连接层的情况是近似的。将网络所得的特征绘制成图 4.8。

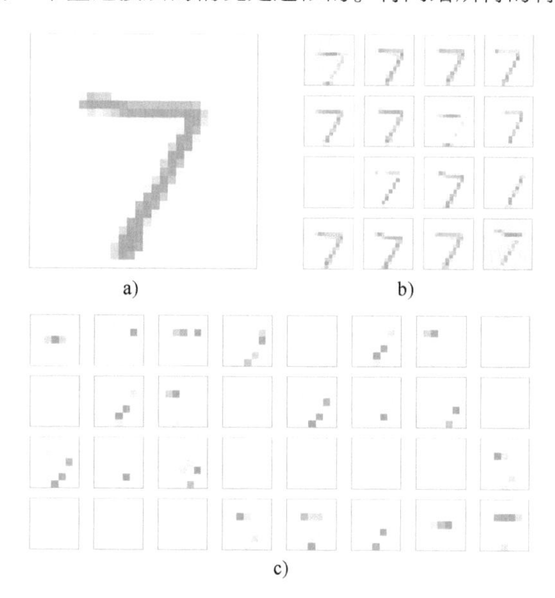

图 4.8　两层神经网络的特征图

a）原始图像　b）第一层卷积输出的 16 个特征图　c）第二层卷积输出的 32 个特征图

可以看到第一层特征就是简单的边界、线条等特征；第二层特征则难以进行描述，这是因为深度特征可解释性较弱，一般仅知道其可用于分类。而且测试表明经过全连接网络处理后，可以用于高精度分类，所以在大多数应用中并不太关注特征的可解释性。

4.4 卷积神经网络反向传播算法

在讨论卷积神经网络反向传播算法的过程中特指的是卷积算子的反向传播，见式（4-11）：

$$\boldsymbol{y}=\boldsymbol{x} * \boldsymbol{w} \tag{4-11}$$

其中加入偏置和激活函数等可以当成独立的算子。卷积神经网络反向传播计算过程中需要对 $\boldsymbol{x} \in \mathbb{R}^{N\times C_1\times H_1\times W_1}$，$\boldsymbol{w} \in \mathbb{R}^{C_2\times C_1\times K_1\times K_2}$两个参数分别进行求导。对于 $\boldsymbol{w}$ 的导数比较容易计算，因为实际操作中使用的是 IM2COL 算法，此时 $\boldsymbol{y}_{col}=\boldsymbol{x}_{col} \cdot \boldsymbol{w}_{col}$，仅需要使用矩阵求导即可。而对于 $\boldsymbol{x}$ 的导数其计算方式为式（4-12）

$$\frac{\partial L}{\partial x_{c,i,j}}=\sum_{m+k_1=i} \sum_{n+k_2=j} \sum_{c_2} \frac{\partial L}{\partial y_{c_2,m,n}} w_{c_2,c,k_1,k_2}=\boldsymbol{e} * \mathrm{rot}_{90}(\boldsymbol{w}) \tag{4-12}$$

对 $\boldsymbol{x}$ 的导数相当于卷积核心翻转 90°后对误差进行卷积，这可以通过图像来理解，如图 4.9 所示。

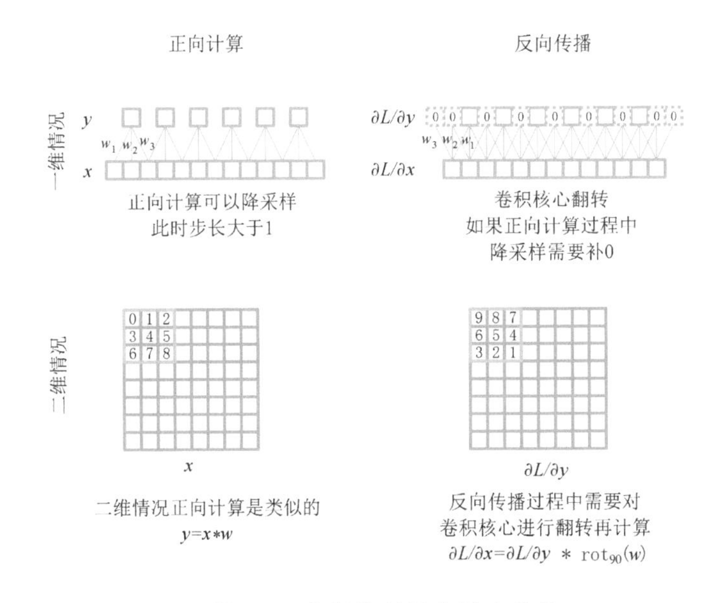

● 图 4.9 卷积神经网络反向传播

可以看到卷积神经网络的反向传播算法依然可以依赖于卷积计算，只不过是对误差来进行

的处理。由此在前一节写的卷积函数既可以用于正向计算，也可以用于反向传播，见代码清单4.9。

代码清单4.9 卷积神经网络反向传播

```
def conv2dbase(x, w, stride):
    """卷积的正向计算"""
    b, c1, h1, w1 = x.shape
    c2, c1, k1, k2 = w.shape
    h2, w2 = (h1-k1)//stride+1, (w1-k2)//stride+1
    # 卷积核心对应位置索引
    idxw = np.arange(k2)[np.newaxis, :] + np.zeros([c1, k1, 1])
    idxh = np.arange(k1)[:, np.newaxis] + np.zeros([c1, 1, k2])
    idxc = np.arange(c1)[:, np.newaxis, np.newaxis] + np.zeros([1, k1, k2])
    idxw = idxw.reshape([1, -1]) + \
        (np.arange(w2) * stride + np.zeros([h2, 1])).reshape([-1, 1])
    idxh = idxh.reshape([1, -1]) + \
        (np.arange(h2)[:, np.newaxis] * stride+np.zeros([w2])).reshape([-1, 1])
    idxc = idxc.reshape([1, -1]) + np.zeros([h2, w2]).reshape([-1, 1])
    idxw = idxw.astype(np.int32)
    idxh = idxh.astype(np.int32)
    idxc = idxc.astype(np.int32)
    w = w.reshape([c2, c1* k1* k2]).T
    col = x[:, idxc, idxh, idxw]
    cv = col @ w # 矩阵求导章节,回顾矩阵求导章节
    reim = cv.reshape([b, h2, w2, c2])
    reim = reim.transpose([0, 3, 1, 2])
    return reim, col.reshape([-1, c1* k1* k2])

def conv2d(inputs, weight, stride=1, pad=0):
    """
    卷积函数包括反向传播过程
    """
    x = inputs.data
    w = weight.data
    b, c1, h1, w1 = inputs.shape
    xp = np.pad(x, [(0, 0), (0, 0), (pad, pad), (pad, pad)])
    y, col = conv2dbase(xp, w, stride)
    c2, c1, k1, k2 = w.shape
    requires_grad = inputs.requires_grad or weight.requires_grad
    depends_on = []
    if inputs.requires_grad:
        def grad_fn(e):
            c2, c2, h2, w2 = e.shape
            # 反向计算过程中由于步长需要重复多次
```

```
            e = np.repeat(e, stride, axis=2)
            e = np.repeat(e, stride, axis=3)
            hidx = np.arange(h2) * stride
            widx = np.arange(w2) * stride
            # 多出来的部分补 0
            for s in range(stride-1):
                e[:, :, hidx+s+1, :] = 0
                e[:, :, :, widx+s+1] = 0
            # 对周围需要补 0
            ep = np.pad(e, [(0, 0), (0, 0), (k1-1, k1-1), (k2-1, k2-1)])
            # 卷积核心翻转 180°
            rw = w[:, :, ::-1, ::-1]
            rw = rw.transpose([1, 0, 2, 3])
            # e 关于输入 x 的导数
            dx, colt = conv2dbase(ep, rw, 1)
            # 去除补 0 的位置
            dx = dx[:, :, pad:h1+pad, pad:w1+pad]
            return dx
        depends_on.append((inputs, grad_fn))
    if weight.requires_grad:
        def grad_fn(e):
            # 误差转为矩阵
            ecol = e.transpose([0, 2, 3, 1]).reshape([-1, c2])
            # 计算 e 关于 w 的导数,即矩阵求导
            dw = ecol.T @ col # 参考矩阵求导部分,求可训练参数导数
            dw = dw.reshape([c2, c1, k1, k2])
            return dw
        depends_on.append((weight, grad_fn))
    return Tensor(y, requires_grad, depends_on)
```

在完成正向和反向计算的基础函数后，完善库中的高层 API，见代码清单 4.10。

代码清单 4.10　卷积神经网络高层 API

```
class Conv2d(Module):
    def __init__(self, nin, nout, kernel_size=3, stride=1, padding=0) -> None:
        super().__init__()
        self.weight = Parameter(
            np.random.normal(0, 0.1, [nout, nin, kernel_size, kernel_size]), training=True)
        self.bias = Parameter(np.zeros([1, nout, 1, 1]), training=True)
        self.stride = stride
        self.pad = padding
    def forward(self, x):
        y = conv2d(x, self.weight, self.stride, self.pad)
        y = y + self.bias
        return y
```

由此可以使用自行编写的卷积神经网络函数完成图像分析工作了。当然用 NumPy 实现的深度学习库计算速度相比于 PyTorch 的速度要慢很多。如果想加快计算速度需要使用 C/C++及 GPU 等硬件完成加速工作。

4.5 卷积神经网络的感受野问题

卷积神经网络中一个非常重要的问题便是如何设计一个简单高效的卷积神经网络解决实际工作中的问题。这需要了解诸如感受野、网络宽度等卷积神经网络的基础概念。

卷积神经网络的感受野是一个非常重要的概念，其代表了卷积神经网络层所能处理的特征尺度。也就是某一层神经网络的一个像素点所对应的输入图形的范围，如图 4.10 所示。

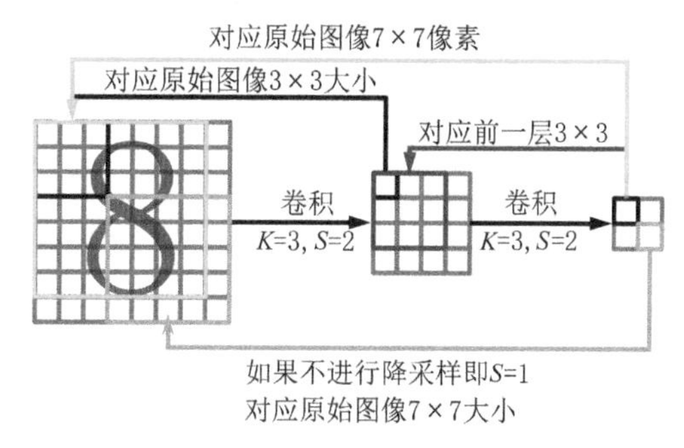

图 4.10 感受野示意

如果想获得较大的感受野，可行的操作是：增加网络层数，增加卷积核心大小，对图像进行降采样（通过池化层或者卷积层中加入大于 1 的步长）。通过降采样的方式获得较大的感受野是简单有效的，增加网络层数可能带来计算代价的提升。增加感受野后可以认为输出像素点（包含多个通道）能够覆盖更大的图形范围。如图 4.10 彩色区域感受野可以覆盖整个字符，这可以有效提升识别的精度。

在模型完成降采样后图像的长宽均变小了，这意味着图像矩阵所能包含的特征变少了，为使得信息在传递过程中尽可能地减少损失，需要增加滤波器的数量。最终可以看到，虽然随着网络的深度变深（层数更多），图像长宽变小了，但是每个像素的通道数变多了，称为“网络变得更宽”。所以在做手写数字识别的过程中，卷积神经网络输出图像的特征图数量是逐层增加的。

神经网络的宽度

在前面的章节中，全连接网络的输出向量长度（或称神经元数量）被称为神经网络的宽度。其较大时可以称为广度神经网络。在卷积神经网络中，这个宽度指的是图像的特征图数量，即 $\boldsymbol{x}\in\mathbb{R}^{N\times C\times H\times W}$ 中的 C 的大小。

滤波器数量

卷积神经网络可训练参数格式为 $\boldsymbol{w}\in\mathbb{R}^{C_2\times C_1\times K_1\times K_2}$。其中 $\boldsymbol{x}^f\in\mathbb{R}^{C_1\times K_1\times K_2}$ 为一个滤波器，而可训练

参数中有 C_2 个滤波器。因此图像经过滤波后，可以得到 C_2 个特征图。

图像特征图

如果图像维度为 $\boldsymbol{x} \in \mathbb{R}^{C\times H\times W}$，那么 $\boldsymbol{x}_{c,:,:}$ 便称为第 C 个特征图。

图像像素点

如果图像维度为 $\boldsymbol{x} \in \mathbb{R}^{C\times H\times W}$，那么 $\boldsymbol{x}_{:,h,w}$ 便是一个像素点，即一个长度为 C 的向量。

4.6 总结

本章对卷积神经网络的原理和实现进行了详细讲解。多层卷积神经网络可以用于图像和信号的分析处理，这恰好体现了深度学习的一大特征：模型本身可以完成特征工程。卷积神经网络便是为提取特征而设计的。

本章依然使用 PyTorch 的 API 进行，这可以快速地进行实践，方便读者首先对卷积有一个全面的认识。接下来便是反向传播实现的细节，这部分理解起来有些困难，但这是每个读者深入学习所必需的。如果感觉反向传播内容比较难，读者可以先阅读 PyTorch 实践的部分。

深度学习基础模型和实现：循环神经网络和Transformer

循环神经网络（Recurrent Neural Network，RNN）/Transformer 是神经网络的基础结构之一。其中，Transformer 可以看作循环神经网络的改进结构。其适合于处理文本数据和时序数据等。这相比于卷积这种可以直接观察效果的网络模型更加难以理解一些。但对于不了解信号处理的人来说，卷积神经网络和循环神经网络上手难度并没有什么区别。只要在建模中时刻了解当前向量中包含了哪些信息即可。本章依然以 PyTorch 作为快速上手实践的工具，之后以文本分类和文本分词作为实例对建模过程进行说明，最后对循环神经网络模型的正向和反向传播过程使用 NumPy 进行实现。

本章中的重点为：

1）循环神经网络的结构和特点。

2）文本处理的前后文问题。

3）循环神经网络的正向和反向传播算法。

本章建议读者结合文本处理实例进行理解。

5.1 文本向量化

在第 2 章中使用的文本向量化是基于词频统计的，这可以用于文本分类、文本相似度对比等，这是对整篇文档进行的“文档向量化”。但是对于更加复杂的自然语言分析任务，如文本分词、文本生成等就需要加入文本的顺序特征了。此时可以以“字”、英文的“词”或“字母”作为基本的单位将整篇文档进行向量化，也称为词向量化（词嵌入，Word Embedding）。对于很多初学者来说，文本或者词的向量化是入手循环神经网络的第一步。很多时候无法上手进行机器学习工作是因为给定的数据无法有效地向量化。

嵌入（Embedding）及其与深度学习的关系

Embedding作为一个基础词汇在很多机器学习文献中经常看到。其代表了将某个数据实体“嵌入”到某一维度的空间之中。这可以是任何数据类型。第3章手写数字模型有32个神经元的隐藏层，在计算过程中可以认为长度为32的隐藏向量包含了用于分类的所有信息。这可以称为将“图像”嵌入（Embedding）到了32维的空间中。同样，对于一个字或者词也可以通过变换，转换到一个C维的空间中，这也可以称为词的嵌入（Word Embedding）。

这种嵌入的思想与深度学习建模是息息相关的，深度学习中的数据实体均是以向量形式表示的，从这个角度来说深度学习每个“向量”均是某一个属性的嵌入。这也意味着“向量”可以“表示”所需处理的属性或者样本。

词向量化处理流程相对固定，其包含以下几个步骤：首先统计所有出现的字符，并构建字典，给予每个字符一个单独的ID编号，假设总共有W个字符，那么将其编号$0\sim W-1$；接下来可以将ID进行独热编码，这样每个字符便可以变为长度为W的浮点向量$\boldsymbol{x}^{\text{onehot}}$；但是这种浮点型的向量较长，需要付出较高的计算代价，此时可以将独热编码后的向量乘以降维矩阵$\boldsymbol{w}^{\text{emb}}\in\mathbb{R}^{W\times C}$，$\boldsymbol{x}=\boldsymbol{x}^{\text{onehot}}\cdot\boldsymbol{w}^{\text{emb}}$，这样便可以将词向量长度变为$C$，由此词向量化便完成了。$\boldsymbol{w}^{\text{emb}}$可以随着深度学习模型一起训练，因此初始情况可以给定随机数。整个过程如图5.1所示。

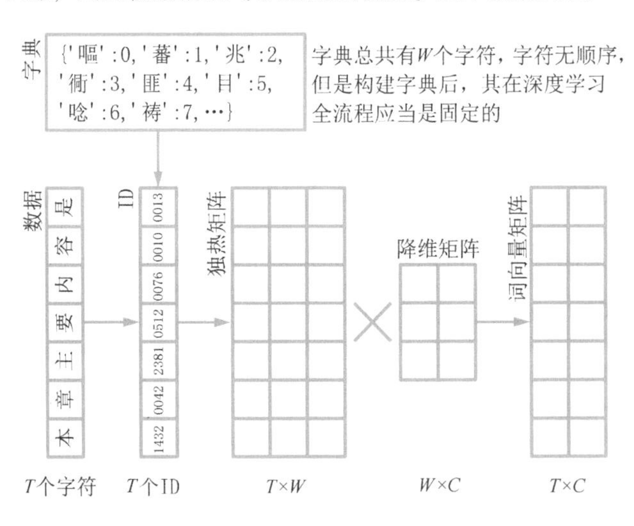

图5.1 文本向量化流程示意

将所有字符进行编号后形成了字典。这个字典在机器学习的全生命流程中均应当是固定的。否则后续形成的词向量矩阵则无法代表特定词汇。最终假设每个字符向量化后的长度为C，而有

N 篇文章，每篇文章有 T 个字符，向量化后矩阵的格式为：$\boldsymbol{x} \in \mathbb{R}^{T \times N \times C}$。

5.1.1 语句、词分割算法之 BPE 编码

在中文文本编码中可以使用“字”作为编码单元。英文处理中可以使用“字母”或者“词”作为基本编码单元。使用“字母”作为编码单元的过程中容易出现编码长度过长导致模型计算代价较高的问题。而使用“词”作为基本单位的过程中“词”的数量是固定的，超出字典范围内的词无法进行处理，此时只能将多出的部分删除。中文处理中倾向于将单个字组成“词”以获得更多信息，而英文处理中则倾向于将词拆分为子词，以减少词的数量并可以处理未登录的词。考虑到英文中很多词包含了词性（如 big、bigger、biggest），将此类词进行分开编码可以有效地减少词库中词的数量。即将词进行拆分，但比字母级拆分粒度更粗一些。这样未登录的词可以由拆分后的子词表示。常用的编码方式是字节对编码（Byte Pair Encoding，BPE），由 Gage 在 1994 年设计，设计之初是为了解决字符串压缩问题。见代码清单 5.1。

代码清单 5.1　字节对编码（BPE）

```
import re, collections
def get_stats(vocab):
    pairs = collections.defaultdict(int) #设置字典,默认值为 0
    for word, freq in vocab.items():
        symbols = word.split()          #使用空格进行区分
        for i in range(len(symbols)-1): #连续字符组成一个字符对
            pairs[symbols[i],symbols[i+1]] += freq #频率
    return pairs
def merge_vocab(pair, v_in):
    v_out = {}
    bigram = re.escape(' '.join(pair))
    p = re.compile(r'(? <! \S)' + bigram + r'(?! \S)')
    for word in v_in:
        w_out = p.sub(''.join(pair), word) #合并字符对
        v_out[w_out] = v_in[word]
    return v_out

#设置待编码文本,key 为字符,value 为频率
vocab = {'l o w</w>' : 5, 'l o w e s t</w>' : 2,
    'n e w e r</w>':6, 'w i d e r</w>':3}
num_merges = 10#迭代次数
for i in range(num_merges):
    pairs = get_stats(vocab) #字符字典
    best = max(pairs, key=pairs.get)#找到频率最高的字符对
    vocab = merge_vocab(best, vocab)
    print(best)
```

以上分割是以单个字作为基础的，其处理过程可以分为训练过程和推断过程，见算法清单 5.1。

算法清单 5.1　BPE 训练过程和推断过程

BPE 训练

统计语料库中所有词和出现的频率 (w_i, n_i)，其中 w_i 代表第 i 个词出现了 n_i 次。每个词末尾加入区分字符“-”（程序中为</w>）。s_i 代表词分割后的子词，初始时为 w_i 中的单个字母组成的序列，单词最后一个字母与“-”属于同一字符。例如，w_i ="lower"，$n_i=5$，$s=$["l","o","w","e","r-"]。所有子词组成的序列为 S

　　最优合并列表 L

　　迭代直到固定次数或者字词个数满足要求：

　　S 子字词组成子词对，第 i 个词第 m 和 $m+1$ 个子词为 $p_k=(s_i^m, s_i^{m+1})$

　　统计子词对 p_k 在语料库中出现的频率 f_k

　　统计所有子词对出现的最高频率所对应的字词对 p_{max}，将 p_{max} 添加到列表 L 中

　　子词对合并为新的子词 s_{new}

　　在 S 中搜索包含 p_k 的序列并替换为 s_{new}

BPE 推断

推断过程为对文本中的每个单词进行的处理，对于每个单词 w_i，初始情况其子词序列为单个字母 s_i。定义阈值 α

　　如果 s_i 长度大于 1：

　　s_i 所能组成的所有子词对为 $P=[(s_i^1, s_i^2), (s_i^2, s_i^3), \cdots]$

　　定义空列表 C

　　迭代 P 中的元素 p_k：

　　　产生[0,1)均匀分布随机数 m

　　　如果 p_k 在 L 中，并且 $m<\alpha$，那么 p_k 添加到列表中并记录 p_k 在列表 L 中的索引 i

　　如果 C 为空则终止迭代

　　查找到 C 中最小索引所对应的子词对 p_{min}，合并 s_i 中的子词对 p_{min}

在编码过程中算法清单 5.1 会在单词末尾添加“</w>”，这用于区分不同单词，防止单词之间符号进行编码增加编码复杂度。代码中字典值为单词出现的频次，键值为待编码字符。初始迭代中单词每个字母为一个子词，而后对两个连续的单元进行合并（n-gram），统计出现频率最高的子词以形成新的单元。在此过程中训练和推断是略有区别的。在推断过程中需要设定一定阈

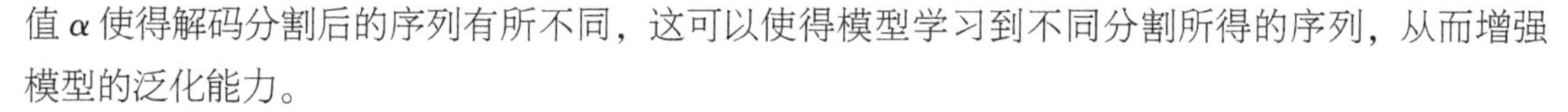

值 α 使得解码分割后的序列有所不同，这可以使得模型学习到不同分割所得的序列，从而增强模型的泛化能力。

在 PyTorch 中官方实现为**torchtext**，本库需要自行进行安装，安装后可以直接调用，见代码清单 5.2。

代码清单 5.2 PyTorch 中的词分割示意

```
import torchtext.data.functional as TF

# 生成模型文件,model_prefix.model 为模型文件,model_prefix.vocab 为子词汇表
TF.generate_sp_model("tests/data/corpus.en", vocab_size=1000,
          model_type="bpe", #使用 BPE 方法
          model_prefix="testout")

# 加载模型文件,即上一步产生的模型文件
spmodel = TF.load_sp_model("testout.model")

# 产生字符分割结果
gen_token = TF.sentencepiece_tokenizer(spmodel)
print(list(gen_token(["a fire restant repair cement for fire places , ovens , open fireplaces
etc .", "my name is yuziye."])))

# 直接输出分割 ID
gen_num = TF.sentencepiece_numericalizer(spmodel)
print(list(gen_num(["a fire restant repair cement for fire places , ovens , open fireplaces
etc .", "my name is yuziye."])))
```

最终分割效果如下。

Token 分割效果

[['_a', '_f', 'ire', '_rest', 'ant', '_rep', 'a', 'ir', '_c', 'e', 'ment', '_for', '_f', 'ire', '_pl', 'ac', 'es', '_,', '_o', 'ven', 's', '_,', '_open', '_f', 'ire', 'p', 'l', 'ac', 'es', '_etc', '_.'], ['_my', '_n', 'ame', '_is', '_y', 'u', 'z', 'i', 'y', 'e', '.']]

转换为 ID 后的效果

[[4, 22, 442, 623, 193, 450, 927, 93, 19, 924, 116, 59, 22, 442, 232, 234, 26, 10, 9, 206, 930, 10, 731, 22, 442, 939, 933, 234, 26, 400, 14], [229, 48, 291, 55, 44, 935, 975, 929, 940, 924, 945]]

分割后的子词带有_，意味着子词处于一个词的开始处。举例来说明，语句中 a fire 被转换为了序列_a，_f，ire，其中的_a，_f 代表了每个单词开始的子词，如果没有_，则代表着子词与之前的子词是同一个词，这可以用于区分不同词的子词。因此_a 和 a 是不同的，_a 代表一个词开始的子词，a 代表子词处于词的中间或者结尾。这样子词和词序列的变换是唯一的。

5.1.2 语句、词分割算法之一元模型

BPE 编码被广泛地应用于自然语言翻译、预训练模型（如 BERT、GPT 等）中，为了使得模型更加鲁棒，可以加入文本概率模型，以在模型训练中尝试不同句子分割方式，使得深度学习模型可以学习到更多自然语言的特征，这可以使用文本一元模型（Unigram model）来解决问题。

那么为什么需要使用概率模型呢？将单词进行分割的过程中通常会出现的一个问题是词可以有多种分割方式，如“_Hello”可以分割的形式有：“_He/l/l/o”“_He/ll/o”“_H/e/ll/o”等。在深度学习模型训练过程中如果使用多子词分割算法，可以增强模型的鲁棒性，提升结果准确度，这是对于模型的正则化。而原始 BPE 算法中由于使用的是贪心策略（即每次选择概率最高的词），产生的分割是相同的（不考虑随机参数 α）。而概率模型则可以根据概率采样的方式确定子词分割方法，此时产生的分割序列并不是唯一的。

假设一个完整的句子 X，其中 $S(X)$ 代表了所有可能的分割方式，$\boldsymbol{x}$ 为其中的一种分割方式 $\boldsymbol{x}\in S(X)$。在一元模型中认为每个子词是独立分布的，此时产生序列 $\boldsymbol{x}$ 的概率为 $p(\boldsymbol{x})=p(x_1)p(x_2)\cdots p(x_T)$，其中 T 为子词序列 $\boldsymbol{x}$ 的长度。假设子词的数量总共为 W，那么对于每个子词 w_k，其概率为 $p(w_k)$，所有子词概率和为 1，即 $\sum_{k=1}^{W} p(w_k)=1$。举例来说明，所有的子词可能包含 a,b,c,d,…,ll,_H,…。对于“_H/e/ll/o”的分割方式其概率为 $p=p(\_H)p(e)p(ll)p(o)$。但是现在的问题是仅知道所有语料分割前的语句，如“Hello world”，但是其中子词的概率是无法知道的。需要分析的量是无法直接观测得到的，因此称为“隐变量”。隐变量分析详细推断过程可以参考 7.5.1 节中的内容，由于与本节关联较小先行略过。现在的问题就变为了根据语料库中的所有文章，计算子词的分布 $p(w_k)$。也就是计算合理的子词分布 $p(w_k)$ 可以使得语料库中的观测序列 X 的概率取得极大值。

估计的子词分布先验符合狄利克雷分布：$q(w)\sim Dir(\lambda)$，假设能形成观测序列 X，概率为式（5-1）：

$$
\begin{aligned}
\log q &= \mathbb{E}(\log p(x)) = \mathbb{E}\left(\log \int_{\mathbf{R}} p(\boldsymbol{x}\mid\boldsymbol{\theta})p(\boldsymbol{\theta}\mid\boldsymbol{\alpha})\mathrm{d}\boldsymbol{\theta}\right) \\
&= \mathbb{E}(\mathrm{Dir}(\boldsymbol{\alpha}+\boldsymbol{n})) = \Psi(\boldsymbol{\alpha}+\boldsymbol{n}) - \Psi\left(\sum_i(\alpha_i+n_i)\right)
\end{aligned}
\tag{5-1}
$$

式中，$\boldsymbol{\theta}$ 为子词概率；$p(\boldsymbol{\theta}\mid\boldsymbol{\alpha})\sim \mathrm{Dir}(\boldsymbol{\alpha})$ 为子词概率的先验分布；$\boldsymbol{n}$ 为最优路径时的子词数量；$\Psi(x)=\dfrac{\mathrm{d}(\log\Gamma(x))}{\mathrm{d}x}$ 为 Digamma 函数；$\Gamma(\cdot)$ 为伽马函数。这样便可以使用 EM 算法来对子词分布进行估计了，见算法清单 5.2。

算法清单 5.2 Unigram 模型训练

定义文本向量 $\boldsymbol{x}$，其形式为正常表述的文字，比如“Hello_World”。使用 BPE 算法生成子词序列 $\boldsymbol{s}$，并将子词数量作为狄利克雷分布先验参数 $\boldsymbol{\alpha}$。初始情况子词数量为 $\boldsymbol{K}$。

迭代固定次数：

E 步估计隐变量分布。统计文本向量 $\boldsymbol{x}$ 中现有概率最大的子词的数量，记录为 $\boldsymbol{n}=[n_1,\cdots,n_K]$。估计隐变量值为：$\log q(\boldsymbol{w}) = \Psi(\alpha_w + n_w) - \Psi(\sum_i (\alpha_i + n_i))$。

M 步使得概率取得极大值。使得 $p(\boldsymbol{w})=q(\boldsymbol{w})$，计算 x 中最优子词序列。

删除部分低概率的子词。保留字母形式的子词，保证可以对任意词汇进行分割。

这样便可以对子词概率进行估计了。估计完成后可以生成所需序列。这样训练的过程中可以通过采样的形式得到所需的子词序列。而测试过程中可以选择最优子词序列进行解码。可以使用开源sentencepiece 的库来处理，见代码清单 5.3。

代码清单 5.3 句子分割算法

```
import sentencepiece as spm
# 训练模型
spm.SentencePieceTrainer.Train(input="tests/data/corpus.en", model_prefix="spm",
vocab_size=1000)
# 加载模型
seg = spm.SentencePieceProcessor(model_file='spm.model')
# 采样
for n in range(5):
s = seg.encode('Hello world', out_type=str,
               enable_sampling=True, # 进行采样
               alpha=0.1, nbest_size=-1)
    print(s)
```

使用以上程序处理结果为：

```
_ /H/e/l/l/o/_ w/or/l/d
_ /H/e/ll/o/_ world
_ H/e/ll/o/_ /w/or/l/d
_ H/e/l/lo/_ /w/o/r/l/d
_ H/e/l/l/o/_ world
```

5.2 循环神经网络和文本建模

在前面的章节中已经对文本建模问题进行了说明。接下来的一个问题是如何针对具体问题

构建模型。文本建模处理过程中有“前后文”，如在处理某一字的过程中，本个字符之前的字符称为“前文”，本个字符之后的信息称为“后文”。人理解语言的过程也是需要结合前后文进行的。假设文本的数据为向量化后的 $\boldsymbol{x} \in \mathbb{R}^{T\times N\times C}$，$T,N,C$ 分别为单篇文本文字数量、样本数量（假设每篇文本文字数量相同）和文本向量化后的长度。第 t 个词 $\boldsymbol{x}_t=\boldsymbol{x}_{t,:,:}$，其代表了所有文章的第 t 个词所组的矩阵 $\boldsymbol{x}_t \in \mathbb{R}^{N\times C}$。

5.2.1 文本分类任务和基础循环神经网络结构

在了解基本的矩阵表示之后，本节以“文本分类”任务进行说明。文本分类过程中需要经过处理的向量可以携带全文的信息。**一般情况认为向量的相加、连接均可以保留信息**。例如，对于文本分类问题，将文本词向量取平均是可以用于分类的，见式（5-2）：

$$\boldsymbol{h} = \frac{1}{T}\sum_{t=1}^{T}\boldsymbol{x}_t \tag{5-2}$$

以上方式构建的向量 $\boldsymbol{h}$ 由于是相加的，可以认为是包含了全文的信息。之后在此基础上可以进行分类，见代码清单 5.4。

代码清单 5.4　文本分类模型 1：直接向量和文本向量进行相加

```
class Model(nn.Module):
    def __init__(self, n_word, n_class):
        super().__init__()
        n_hidden = 64
        # 文本向量化
        self.emb = nn.Embedding(n_word, n_hidden)
        # 用于分类
        self.lin = nn.Linear(n_hidden, n_class)
    def forward(self, x):
        x = self.emb(x)
        h = torch.mean(x, dim=0) # 将所有值进行相加,向量包含全文信息
        y = self.lin(h)
        return y
```

在构建文本分类模型的过程中，已经知道向量的连接或者相加均可以保留信息。因为文本长度不固定，那么连接后向量长度不一，而且连接后向量很长，因此使用相加的方式保留信息。此时构建文本分类模型 1，训练后测试集精度为 0.8422。可以看到文本相加可以保留信息，并且可以用于分类。但是这种模型精度是较低的。在此可以使用递归的方式包含全文信息，见式（5-3）：

$$\boldsymbol{h}_t=\tanh([\boldsymbol{x}_t,\boldsymbol{h}_{t-1}]\cdot\boldsymbol{w}+\boldsymbol{b}) \tag{5-3}$$

以上是以递归（循环，Recurrent）的方式来保留信息的，其中 $[\boldsymbol{x}_t,\boldsymbol{h}_{t-1}]$ 代表了向量的连接，$\boldsymbol{w},\boldsymbol{b}$ 为可训练参数，$\tanh(\cdot)$ 为激活函数。为防止出现数值问题，这里习惯使用有饱和的双曲正

切函数。$\boldsymbol{h}_t$ 称为状态向量，初始情况可以给定 0。$\boldsymbol{h}_t$ 包含了 $\boldsymbol{h}_{t-1}, \boldsymbol{x}_t$ 的信息，$\boldsymbol{h}_{t-1}$ 包含了 $\boldsymbol{h}_{t-2}, \boldsymbol{x}_{t-1}$ 的信息，递归进行计算，状态向量可以包含 t 个时间步和以前的所有文本信息。与向量相加的建模方式对比，如图 5.2 所示。

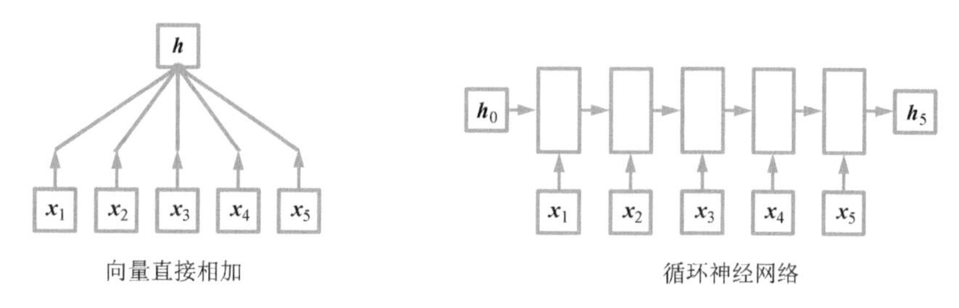

● 图 5.2　向量相加与循环神经网络结构示意

如图 5.2 所示，将向量相加的模型和循环神经网络的模型做成有向图，这个有向图代表了向量计算和信息传递的方式。向量相加可以包含全文信息，但是不同时间步中无顺序关系。而循环神经网络中由于是顺序输入的 $\boldsymbol{x}_1, \boldsymbol{x}_2, \cdots$，因此可以处理有顺序的文本信息。这对于文本分类是重要的，特别是中文文本处理中向量化是对“字”进行的，而将“字”组成“词”，则需要顺序信息。循环神经网络构建是基于全连接网络的，其结构见代码清单 5.5。

代码清单 5.5　文本分类模型 2：单层循环神经网络做文本识别

```
class Model(nn.Module):
    def __init__(self, n_word, n_class):
        super().__init__()
        n_hidden = 32
        # 文本向量化
        self.emb = nn.Embedding(n_word, n_hidden)
        # 循环神经网络使用的全连接层
        self.rnn_base = nn.Sequential(
            nn.Linear(n_hidden+n_hidden, n_hidden),
            nn.Tanh() # 选择有上下边界(饱和)的激活函数
        )
        # 分类模型
        self.cls = nn.Linear(n_hidden, n_class)
        self.n_hidden = n_hidden
    def forward(self, x):
        x = self.emb(x)
        T, B, C = x.shape
        # 初始状态向量为 0
        h = torch.zeros([B, C])
        # 按顺序将时间向量输入
        for t in range(T):
```

```
            xt = torch.cat([x[t], h], dim=1)
            h = self.rnn_base(xt)
        # 最后一个时间步包含全文信息,用于分类
        y = self.cls(h)
        return y
```

单层循环神经网络在计算过程中就是将状态向量循环地输入回网络中。这种结构依赖于全连接网络进行构建，并通过状态向量来进行信息的传递。这种结构是可以叠加多个层的，即将上一层输出的向量输入到下一层循环神经网络中。而 PyTorch 也提供了相应的 API 来解决这个问题。加入新的层后，由于状态向量更多，理论上可以获得更好的精度，见代码清单 5.6。

代码清单 5.6　两层用于文本分类的循环神经网络

```
class Model(nn.Module):
    def __init__(self, n_word, n_class):
        super().__init__()
        n_hidden = 32
        n_layer = 2 # 层数
        # 文本向量化
        self.emb = nn.Embedding(n_word, n_hidden)
        # 循环神经网络使用的全连接层
        self.rnn = nn.RNN(n_hidden, n_hidden, n_layer)
        # 分类模型
        self.cls = nn.Linear(n_hidden, n_class)
        self.n_hidden = n_hidden
        self.n_layer = n_layer
    def forward(self, x):
        x = self.emb(x)
        T, B, C = x.shape
        # 初始状态向量为 0, 有两层
        h = torch.zeros([self.n_layer, B, C])
        # 按顺序将时间向量输入
        y, hT = self.rnn(x, h)# y 为最后一层输出,hT 是两层状态向量
        # 最后一个时间步包含全文信息,用于分类
        y = self.cls(y[-1])
        return y
```

但是即使使用两层循环神经网络，精度也仅有 0.3~0.4。这是因为当前的循环神经网络结构随着时间步的迭代，之前加入的信息容易被“遗忘”，虽然理论上可以处理任意复杂度文本信息，但是实际上由于相加等原因，最终分类对距离输出更近的输入更敏感一些。

5.2.2　长短时记忆单元（LSTM）

为解决遗忘的问题可以对信息的重要和不重要进行加权，重要信息给予较高权值，不重要的给予较低的权值，这便形成了可以自动加权的长短时记忆单元（Long and Short Term Memory,

LSTM），其结构如图 5.3 所示。

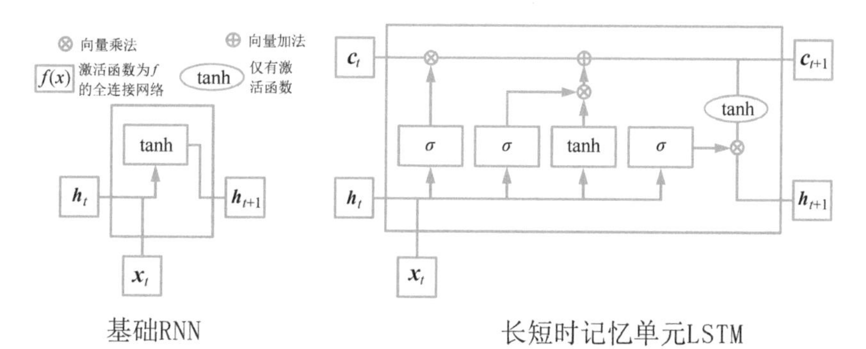

图 5.3　长短时记忆单元结构和基础循环网络单元结构对比

LSTM 在计算过程中引入了新的向量 $\boldsymbol{c}_t$，称为“记忆向量”。其目标是保留加权后的向量。LSTM 中的加权机制是使用“门控”来进行的，其基础结构是全连接网络而激活函数是 S 函数。如图 5.3 所示，从左到右分别是：遗忘门、输入门和输出门。遗忘门的作用是根据当前的 $\boldsymbol{x}_t, \boldsymbol{h}_t$ 来判断之前的“记忆”保留多少，其接近于 0 时网络更看重较近时间步的记忆，即“短时记忆”，其权重接近 1 时网格可以保留更长时间记忆，因此也被称为“长短时记忆单元”。输入门的作用是当前时刻输入向量保留多少，当其接近 0 时可以认为当前词不重要，可以进行忽略，反之可以认为重要。LSTM 结构相比于基础的循环神经网络结构更加容易训练。输出门用于控制状态向量输出。整体计算过程为式（5-4）：

$$
\begin{aligned}
\boldsymbol{v}_t &= [\boldsymbol{x}_t, \boldsymbol{h}_t] \\
\boldsymbol{g}_1 &= \sigma(\boldsymbol{v}_t \cdot \boldsymbol{w}^1 + \boldsymbol{b}^1) \\
\boldsymbol{g}_2 &= \sigma(\boldsymbol{v}_t \cdot \boldsymbol{w}^2 + \boldsymbol{b}^2) \\
\boldsymbol{g}_3 &= \sigma(\boldsymbol{v}_t \cdot \boldsymbol{w}^3 + \boldsymbol{b}^3) \\
\boldsymbol{q} &= \tanh(\boldsymbol{v}_t \cdot \boldsymbol{w}^4 + \boldsymbol{b}^4) \\
\boldsymbol{c}_{t+1} &= \boldsymbol{c}_t \circ \boldsymbol{g}_1 + \boldsymbol{q} \circ \boldsymbol{g}_2 \\
\boldsymbol{h}_{t+1} &= \tanh(\boldsymbol{c}_{t+1}) \circ \boldsymbol{g}_3
\end{aligned}
\tag{5-4}
$$

公式可以使用 PyTorch 的矩阵乘法 API 来实现 LSTM，这里可以使用高层 API 的 **nn.LSTM** 来实现。但是为了更清晰地说明，本次 LSTM 实现依然基于矩阵乘法搭建的循环结构，但是其步骤更多，见代码清单 5.7。

代码清单 5.7　两层 LSTM 做文本分类

```
class LSTMCell(nn.Module):
    # 单层 LSTM,以单个时间步作为输入
```

```
    def __init__(self, nin, nout):
        super().__init__()
        # 3 个门+1 个输出=4 个输出
        self.layer = nn.Linear(nin+nout, 4* nout)
        self.nout = nout
    def forward(self, xt, state):
        # 某个时间步输入
        ht, ct = state
        x = torch.cat([xt, ht], dim=1)
        h = self.layer(x)
        g1, g2, g3, o = torch.split(h, self.nout, dim=1)
        g1 = g1.sigmoid() # 遗忘门
        g2 = g2.sigmoid() # 输入门
        g3 = g3.sigmoid() # 输出门
        o = o.tanh()     # 输出
        ct1 = ct * g1 + o * g2
        ht1 = ct1.tanh() * g3
        return ht1, (ht1, ct1)

class LSTM(nn.Module):
    # 多层 LSTM
    def __init__(self, nin, nout, nlayer):
        super().__init__()
        self.layers = nn.ModuleList(
            [LSTMCell(nin, nout)] + \
    [LSTMCell(nout, nout) for i in range(nlayer-1)]
        )
    def forward(self, x, h):
        T, B, C = x.shape
        ht, ct = h # 获取初始状态向量
        outputs = []
        # 每一层的状态向量
        hts = [ht[i] for i in range(len(self.layers))]
        cts = [ct[i] for i in range(len(self.layers))]
        for t in range(T):
            xt = x[t]
            # 每个时间步依次输入多个层
            newht, newct = [], []
            for idx, layer in enumerate(self.layers):
                # 输入到 idx 层网络中
                xt, (ht_layer, ct_layer) = layer(xt, (hts[idx], cts[idx]))
                newht.append(ht_layer)
                newct.append(ct_layer)
            hts = newht
            cts = newct
```

```
            outputs.append(xt) # 最后一层输出作为神经网络输出
        outputs = torch.stack(outputs, dim=0) # 时间步维度连接
        return outputs, (ht, ct)


class Model(nn.Module):
    def __init__(self, n_word, n_class):
        super().__init__()
        n_hidden = 64
        n_layer = 2 # 层数
        # 文本向量化
        self.emb = nn.Embedding(n_word, n_hidden)
        # 循环神经网络使用 LSTM
        self.rnn = LSTM(n_hidden, n_hidden, n_layer)
        # 分类模型
        self.cls = nn.Linear(n_hidden, n_class)
        self.n_hidden = n_hidden
        self.n_layer = n_layer
    def forward(self, x):
        x = self.emb(x)
        T, B, C = x.shape
        # 初始状态向量和记忆向量为 0, 有两层
        h = torch.zeros([self.n_layer, B, C])
        c = torch.zeros([self.n_layer, B, C])
        # 按顺序将时间向量输入
        y, (hT, cT) = self.rnn(x, (h, c)) # y 为最后一层输出,hT 是两层状态向量
        # 最后一个时间步包含全文信息,用于分类
        y = self.cls(x.mean(dim=0))
        return y
```

使用 LSTM 做文本分类的精度可以达到 0.92，这相比于基础结构的精度是一个巨大的提升。这是因为 LSTM 有效的加权机制使得不重要的词可以被忽略。同时，LSTM 也可以改善传统结构中不容易训练的问题，如图 5.4 所示。

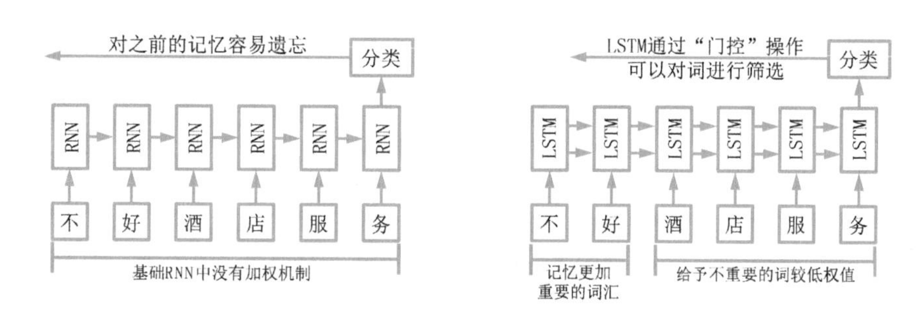

● 图 5.4　传统循环神经网络与 LSTM 的对比示意

加权机制使得 LSTM 可以忽略对加权不重要的字，而对分类重要的词给予较高的权值加入记忆向量，减轻“遗忘”问题。

训练过程中的随机化采样问题

在数据集中，假如每批样本类别均相同，即数据没有经过随机“洗牌”，那么即使网络构建没有问题，结果也是难以收敛的。尽量要保证每个类别样本在每次迭代中被采集到的概率是相同的。

5.2.3 门控循环结构

门控循环单元（Gated Recurrent Unit，GRU）结构是 LSTM 的优化结构，将记忆向量和状态向量合二为一，同时依然保留了门的结构，如图 5.5 所示。

门控循环单元优化了 LSTM 结构，将遗忘门和更新门合二为一，其结构更加简单，可以更方便地进行模型的编写。其计算过程为式（5-5）：

$$
\begin{aligned}
\boldsymbol{v}_t &= [\boldsymbol{x}_t, \boldsymbol{h}_t] \\
\boldsymbol{g}_1 &= \sigma(\boldsymbol{v}_t \cdot \boldsymbol{w}^1 + \boldsymbol{b}^1) \\
\boldsymbol{g}_2 &= \sigma(\boldsymbol{v}_t \cdot \boldsymbol{w}^2 + \boldsymbol{b}^2) \\
\boldsymbol{p}_t &= [\boldsymbol{x}_t, \boldsymbol{g}_1 \circ \boldsymbol{h}_t] \\
\boldsymbol{q} &= \tanh(\boldsymbol{p}_t \cdot \boldsymbol{w}^4 + \boldsymbol{b}^4) \\
\boldsymbol{h}_{t+1} &= (1 - \boldsymbol{g}_2) \circ \boldsymbol{h}_t + \boldsymbol{g}_2 \circ \boldsymbol{q}
\end{aligned}
\tag{5-5}
$$

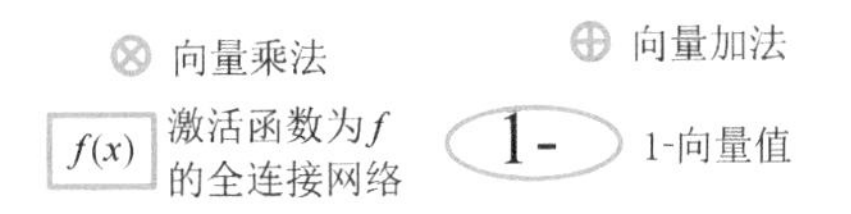

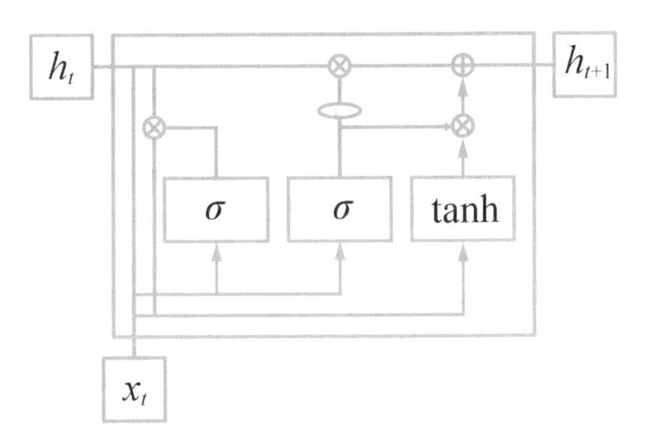

图 5.5　门控循环单元结构

GRU 模型相比于 LSTM 构建更加容易一些，在 PyTorch 中可以使用高层 API：**nn.GRU** 来构建。

5.3 PyTorch 的数据 API 使用

在数据处理过程中通常都需要随机化、多线程处理。这可以使用 PyTorch 所提供的数据函数进行。数据类应当具备的特性包括：可以通过**len** 函数来确定样本数量，并且可以通过索引来获得样本。这可以通过定义类的**_len_()**和**_getitem_()**函数来分别实现。以文本分类数据为例，见代码清单 5.8。

代码清单 5.8　文本分类数据的 Dataset

```
from torch.utils.data import Dataset

class TextDataset(Dataset):
    def __init__(self) -> None:
        super().__init__()
        # 读取文本和标签
        self.train_text_id = []
        self.train_label_id = []
        # TODO:文本和标签读取部分
    def _len_(self):     # 可以通过 len 函数访问样本数量
        return len(self.train_label_id)
    def __getitem__(self, index):     # 可以通过索引 data[idx]来访问数据
        x = torch.tensor(self.train_text_id[index], dtype=torch.long)
        d = torch.tensor([self.train_label_id[index]], dtype=torch.long)
        return (x, d)
```

定义好数据集类后，接下来便是对样本进行多进程读取、批次划分、随机洗牌等工作了。**DataLoader** 可以自动完成以上工作，见代码清单 5.9。

代码清单 5.9　定义 DataLoader

```
from torch.utils.data import DataLoader
def collate_fn(batch): # 获取一批样本后进行处理
    xs, ds = [], []
    for x, d in batch: # 这里每个样本是由 Dataset 定义的_getitem_函数获得的
        xs.append(x) # 会有多个样本
        ds.append(d)
    xs = pad_sequence(xs) # 文本数据长度不一,不足的地方补 0
    ds = torch.cat(ds)      # 标签数据
    return (xs, ds)
dataloader = DataLoader(textdata, 32, shuffle=True, collate_fn=collate_fn)
```

定义好 DataLoader 后的一个优势是可以通过 for 循环来依次获取样本，当所有样本迭代完一次后迭代终止，此时称为一个回合。当最后一个回合样本不足时有多少样本便输出多少，其他情况下样本数量为在 DataLoader 所定义的批尺寸大小。DataLoader 需要一个 collate_fn 函数来对获取后的样本进行处理，以形成一批训练数据。训练过程中可以直接通过循环来进行，见代码清单 5.10。

代码清单 5.10　迭代获取样本示意

```
for epoch in range(n_epoch):
    for x, d in dataloader:
        # TODO:训练代码
```

这样可以极大程度地方便训练代码的书写。PyTorch 库中提供了方便的数据随机洗牌和多进

程处理流程。

5.4 循环神经网络反向传播

循环神经网络的反向传播算法相比于卷积神经网络结构要简单一些，因为其中的基本操作是基于矩阵运算的。仅需要实现全连接网络和一些矩阵操作便可以进行求导了。但本节依然对求导过程的公式进行简单的说明，以方便读者更深入地了解。这里以基础的循环神经网络中单个时间步计算为例，见式（5-6）：

$$\boldsymbol{h}_t=\tanh([\boldsymbol{x}_t,\boldsymbol{h}_{t-1}]\cdot\boldsymbol{w}+\boldsymbol{b}) \tag{5-6}$$

式中，$[\boldsymbol{x}_t,\boldsymbol{h}_{t-1}]$代表矩阵连接，在进行求导的过程中需要对损失函数进行求导：$\boldsymbol{e}_t=\frac{\partial L}{\partial \boldsymbol{h}_t}$，这称为反向传播的“误差”。接下来便是对$\boldsymbol{x}_t$，$\boldsymbol{h}_{t-1}$的求导了：$\frac{\partial L}{\partial[\boldsymbol{x}_t,\boldsymbol{h}_{t-1}]}$。这部分求导参考全连接网络章节。对于循环神经网络需要说明的是：$\boldsymbol{h}_{t-1}$中包含了$\boldsymbol{x}_{t-1}$，$\boldsymbol{h}_{t-2}$，这需要继续沿着时间维度进行求导，在深度学习算法中称为“沿时间反向传播”（Back Propagation Through Time，BPTT）。计算过程如图 5.6 所示。

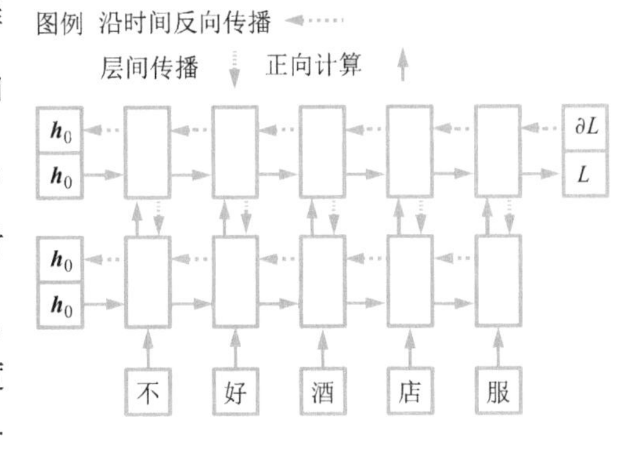

图 5.6 沿时间反向传播

在循环神经网络的 BPTT 算法外还可能存在多个层，误差也在层间来进行计算。此时需要添加更多矩阵算子。

对于自行实现的自动求导库来说，需要添加部分算子。这包括：矩阵连接、矩阵分割和词向量化，这均需要基础的矩阵运算。其中矩阵连接和矩阵分割可以看成是互为逆计算，这可以通过 NumPy 中的函数来进行，见代码清单 5.11。

代码清单 5.11 矩阵连接和矩阵分割的自动求导函数

```
def cat(array_list, dim=-1) -> Tensor:
    """矩阵连接操作"""
    depends_on = []
    training = False
    # 对数据进行连接
    datas = np.concatenate([itr.data for itr in array_list], dim)
    dims = []
```

```
    s = 0
    for t in array_list:
        s += t.shape[dim]
        dims.append(s)
    for itr in array_list:# 列表中如果有一个可训练,连接结果便可以训练
        if itr.training:
            training = itr.training
    for idx, itr in enumerate(array_list):
        if itr.training:
            def grad_fn(grad: np.ndarray) -> np.ndarray:
                # 对反向传播梯度进行分割
                grads = np.split(grad, dims, dim)
                return grads[idx]
            depends_on.append((itr, grad_fn))
    return Tensor(datas, training, depends_on, "cat")
def split(t1, num, dim=-1):
    """矩阵分割"""
    depends_on = []
    training = t1.training
    # 对数据进行分割
    datas = np.split(t1.data, num, axis=dim)
    tensors = []
    if training:
        for idx, dt in enumerate(datas):
            def grad_fn(grad: np.ndarray) -> np.ndarray:
                # 将梯度进行连接
                grads = [np.zeros_like(dt) for dt in datas]
                grads[idx] = grad
                grads = np.concatenate(grads, axis=dim)
                return grads
            depends_on.append((t1, grad_fn))
            ten = Tensor(dt, training, depends_on, "split")
            tensors.append(ten)
    return tensors
```

有了两个基础算子之后，可以在此基础上构建 RNN 和 LSTM 等复杂函数。可以参考之前 PyTorch实现 LSTM 的部分，代码是相同的。但是实现的库计算速度相当慢，这是因为每次矩阵的分割和连接均会形成计算图中的分支，以当前简单的递归方式可能有重复的计算。PyTorch 中已经对计算图进行了优化，因此其计算效率更高。

5.5 文本处理中的前后文问题

在前面的分类问题中使用的神经网络是“单向”的，即某一个时刻的输出 $\boldsymbol{h}_t$ 仅能包含 $\boldsymbol{x}_1$，…，

x_t 输入的信息，这是因为之后的信息还没有进行输入。在 t 时刻之前的字符称为“前文”，而在之后的字符称为“后文”，显然单向网络仅能包含前文的信息。但是在一些对于文本的分析任务中，可能还需要分析后文的信息才能综合进行判断。本节中将以文本分词作为例子，对前后文问题进行说明。

中文文本分词任务

在进行中文自然语言处理过程中通常需要面对的问题是：中文是以“字”作为基本单位的，而英文可以以“词”作为基本单位。例如，“酒店不好”，英文是“The hotel is terrible”。英文中的 terrible 对应中文的“不好”，此时英文可以直接以空格作为不同词的区分，而中文处理中将字组成词需要特殊的处理，即分词：酒店□不好。如果单个字进行处理，如仅看到“好”字，此时信息是不完整的无法知道这是正面还是负面的评价，需要将字组成词“不好”才可以理解是负面的评价。

在进行分词过程中，需要对数据进行标注，最简单的一个思路就是以分词前的语句作为输入，以分词后的结果作为输出。此时的想法问题在于输入和输出是不等长的，而循环神经网络设计中，输入和输出是等长的才更好处理一些。因此可以给定标签如下。

输入：本章内容是循环神经网络。

标签：B E B E S B M M M M E S。

其中 B（Begin）代表一个词开始的字，E（End）代表一个词结束的词，M（Middle）代表长词中间的字符，S（Single）代表独立成词的。注意分词过程中标点是标注为 S 的。这是文本分词任务中的一种数据标注形式。

在了解文本分词任务之后，接下来的问题便是前后文了。例如，“循环神经网络”是一个很长的词，如果使用之前章节介绍的网络结构，在看到“环”字时前文是“本章是循环”，那么实际上“环”字可能是 E 也可能是 M，具体是什么标签需要在了解了后文的“神经网络”后才可以确定是 M。这样在分词过程中，既需要前文，也需要后文信息。但是传统的循环神经网络是单向的结构，无法处理这种问题。

5.5.1 双向循环神经网络结构

同时处理前后文需要使用双向循环神经网络结构（Bi-directional RNN），即将输入从 $\boldsymbol{x}_T$，$\boldsymbol{x}_{T-1}$，…，$\boldsymbol{x}_1$ 反向输入到另一套神经网络中，此时 $\boldsymbol{h}_t^{\text{backward}}$ 包含了 $\boldsymbol{x}_T$，…，$\boldsymbol{x}_t$ 的信息；而正向输入的网络 $\boldsymbol{h}_t^{\text{forward}}$ 包含了 $\boldsymbol{x}_1$，…，$\boldsymbol{x}_t$ 的信息。将正向传播和反向传播的网络的输出进行连接便可以包含前后文的信息了，如图 5.7 所示。

双向循环神经网络在 PyTorch 实现较为简单，仅需要在参数中加入 bidirectional = True 即可，

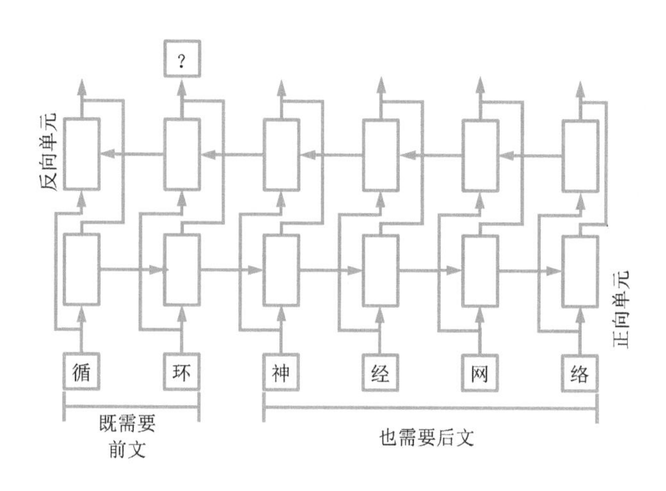

● 图 5.7　双向循环神经网络示意

此时状态向量需要包含正向传播和反向传播的状态向量，见代码清单 5.12。

代码清单 5.12　文本分词模型

```
class WordSeg(nn.Module):
    def __init__(self, n_word):
        super().__init__()
        self.n_word = n_word
        self.n_hidden = 64
        self.n_layer = 2
        # 向量化函数
        self.emb = nn.Embedding(self.n_word, self.n_hidden)
        # 循环神经网络主体,bidirectional 参数设置为 True
        self.rnn = nn.GRU(self.n_hidden, self.n_hidden, self.n_layer, bidirectional =
True)
        # 定义输出,有 4 个类
        self.out = nn.Linear(self.n_hidden * 2, 4)
    def forward(self, x):
        T, B = x.shape
        x = self.emb(x)
        # 状态向量需要包含正向和反向传播的状态,因此是两个
        h0 = torch.zeros([self.n_layer* 2, B, self.n_hidden]).to(x.device)
        y, hT = self.rnn(x, h0)
        y = self.out(y)# 此时 y 的 shape 为[T, B, 4]
        return y
```

需要注意的是输出的每个时间步均需要进行预测，因此每个时间步均是一个交叉熵。标签为整形数字 $[T,B]$，而输出格式为 $[T,B,4]$。PyTorch 中交叉熵损失函数的 API 需要格式为

$[T\times B,4]$或者 $[B,4,T]$，这里选择后者，见代码清单 5.13。

代码清单 5.13　文本分词损失函数

```
lossfn = CrossEntropyLoss()
# TODO:加入迭代过程代码
        # T, B, C->B, C, T
        y = model(x)
        loss = lossfn(y.permute(1, 2, 0), d.permute(1, 0))
```

模型推断过程中可以设置**model.eval()**，训练模型中使用正式的新闻进行训练，测试中使用新闻和广告类的文本进行测试。

测试 1

网络输入：进一步扩大对外开放。

网络输出：BMEBEBMMES。

处理后：进一步□扩大□对外开放□。

测试 2

网络输入：驾驶不同的车辆去西藏。

网络输出：BEBESBESBES。

处理后：驾驶□不同□的□车辆□去□西藏□。

测试 3

网络输入：本章学习循环神经网络。

网络输出：BEBEBEBEBES。

处理后：本章□学习□循环□神经□网络□。

可以看到，第三个测试效果并不好，这并不是双向网络没有办法解决此类问题，而是因为训练的过程中使用的是正式新闻，此时“循环神经网络”这个词没有出现，因此无法进行有效预测。从这个角度来说，分词任务需要针对特定类别文本专门设计分词模型，效果才会更好。

5.5.2　使用卷积神经网络进行文本分词

本书一直在强调的一个问题是“向量中所包含的信息”。在卷积神经网络中输出特征向量中所包含的信息范围是“感受野”；在双向循环神经网络中每个时间步输出的向量可以包含前后文信息，如图 5.8 所示。

卷积神经网络能够处理的字数受到感受野限制。如图 5.8 所示的一维卷积的卷积核心大小为 3，搭建两层网络每层步长为 1，那么感受野为 5，此时卷积神经网络能够处理 5 个字符。而双向循环神经网络理论上前后文可以是无限的，但是受限于状态向量长度较长的前后文，可能出现

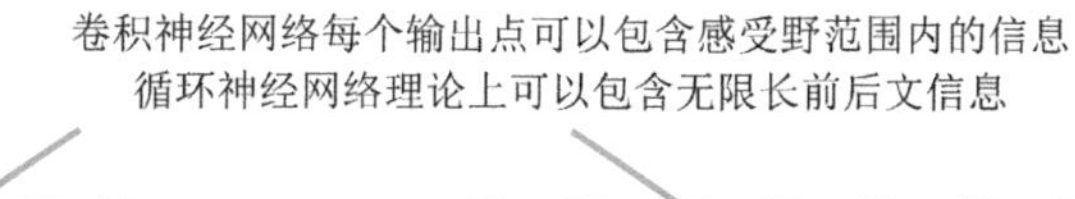

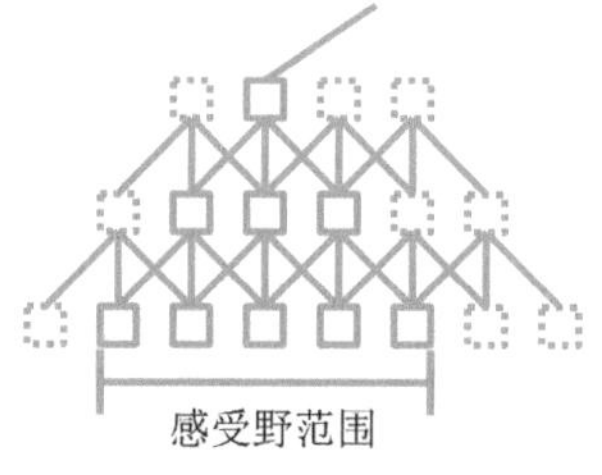

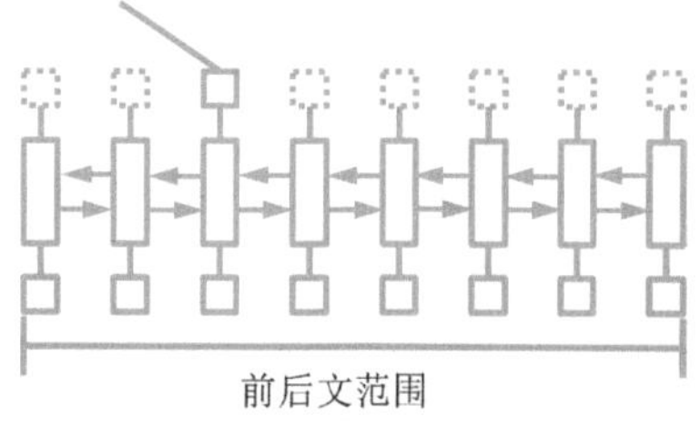

● 图 5.8 卷积神经网络和循环神经网络所包含的信息示意

遗忘。如果想处理“循环神经网络”这 6 个字符，显然前后文长度能够进行覆盖甚至更多是较好的，此时循环神经网络可以满足要求，而使用卷积神经网络的过程中需要更多的层或者增大每层的卷积核心来解决。例如，设置卷积核心大小为 5，搭建 3 层卷积神经网络，此时感受野大小为 13，理论上可以满足需要。以感受野包含的信息来看，卷积神经网络也可以完成文本分词任务，另外卷积神经网络本身可以包含有限长的前文和后文信息，这是其优势之一。同时卷积神经网络比循环神经网络要更加高效。卷积神经网络完成文本分词见代码清单 5.14。

代码清单 5.14　卷积神经网络完成文本分词

```
class WordSeg(nn.Module):
    def __init__(self, n_word):
        super().__init__()
        self.n_word = n_word
        self.n_hidden = 64
        self.n_layer = 2
        kernel_size = 5 # 卷积核心大小
        pad = (kernel_size-1)//2 # 卷积输入输出长度相同,加 pad
        # 向量化函数
        self.emb = nn.Embedding(self.n_word, self.n_hidden)
        # 三层卷积神经网络
        self.cnn = nn.Sequential(
            nn.Conv1d(self.n_hidden, self.n_hidden, kernel_size, padding=pad),
            nn.ReLU(),
            nn.Conv1d(self.n_hidden, self.n_hidden, kernel_size, padding=pad),
            nn.ReLU(),
            nn.Conv1d(self.n_hidden, self.n_hidden, kernel_size, padding=pad),
            nn.ReLU()
        )
        # 定义输出,处理 cnn 输出 BCT 格式需要使用卷积
        self.out = nn.Conv1d(self.n_hidden, 4, 1)
    def forward(self, x):
```

```
        x = self.emb(x)# T,B,C
        x = x.permute(1, 2, 0) # 卷积神经网络需要 B,C,T 格式
        # 卷积神经网络
        h = self.cnn(x)
        y = self.out(h)
        return y
```

同样进行测试如下。

测试 1

网络输入：进一步扩大对外开放。

网络输出：BMEBEBMMES。

处理后：进一步□扩大□对外开放□。

测试 2

网络输入：驾驶不同的车辆去西藏。

网络输出：BEBESBESBES。

处理后：驾驶□不同□的□车辆□去□西藏□。

测试 3

网络输入：本章学习循环神经网络。

网络输出：BEBEBMMEBES。

处理后：本章□学习□循环神经□网络□。

可以看到卷积神经网络同样可以对文本进行分词，并且取得了与循环神经网络相似的性能。但是在计算速度上，卷积神经网络是要胜于循环神经网络的，因为卷积神经网络更容易并行化。

5.6 Transformer 模型

到目前为止循环神经网络的状态向量依然是有限的，即使经过加权处理后的向量依然可能遇到瓶颈。举例来说，一个长度为 128 的状态或者记忆向量，其能容纳的信息大约是几个字符，但是对于一句甚至于整段文字来说，其信息传递是存在瓶颈的。因此本章到目前为止列举的任务均是文本分类、分词等不需要太长前后文的模型。而对于文本生成等任务则需要能够突破循环神经网络的信息瓶颈。这需要构建一套更加有效的文本处理结构。这便衍生出了 Transformer 模型，其可以认为是循环神经网络的改进。在基础结构上，由多头注意力机制构成。

5.6.1 向量的加权相加、自注意力机制和多头注意力机制

本节内容需要回到做文本分类的最简单的模型，即向量相加的模型。向量相加模型中的问题是每个词均是等权值的，即没有加权机制。在前面的内容中已经对加权有所了解了，即对于重要的信息给予较高权值，对于不重要的给予较低权值。这样输出的向量可以携带更多有用的信息，这种加权机制也被称为“注意力”机制。在神经网络中权值可以由注意力机制自动进行计算。在输入和输出时间步相同的情况下，每个输出时间步均是对输入的所有信息进行加权相加而得，这称为“自注意力”（Self Attention）机制。为完成自动加权工作，需要将词向量分为三个部分：查询向量（Query）、键值向量（Key）、值向量（Value）。三者用途如图 5.9 所示。

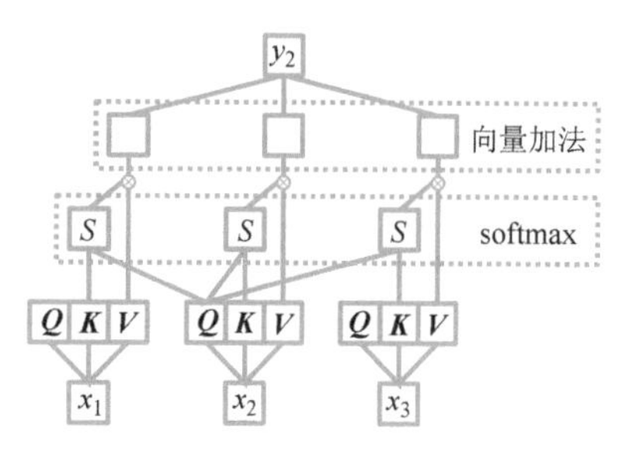

图 5.9 自注意力机制结构

在自注意力机制中输出向量 $\boldsymbol{y}_t$ 由输入值向量 $\boldsymbol{v}_t$ 加权而得，而加权的权值则由本个时间步的查询向量$\boldsymbol{q}_t$ 与每个时间步的键值向量$\boldsymbol{k}_i$ 计算而得。注意力权值可以通过向量乘法进行计算 $S_i=\boldsymbol{q}_t\cdot\boldsymbol{k}_i$，或者通过神经网络来计算 $S_i=\boldsymbol{w}\cdot\tanh(\boldsymbol{q}_t+\boldsymbol{k}_i+\boldsymbol{b})$，其中 $\boldsymbol{w}$，$\boldsymbol{b}$ 为可训练参数。在论文中，注意力机制为向量乘法，见式（5-7）：

$$\text{Attention}(K,Q,V)=\text{softmax}\left(\frac{\boldsymbol{Q}\boldsymbol{K}^{\mathrm{T}}}{\sqrt{d_k}}\right)\boldsymbol{V} \tag{5-7}$$

式中，d_k 为向量长度。将以上计算过程编写为代码，见代码清单 5.15。

代码清单 5.15 自注意力机制

```
import math

class SelfAttention(nn.Module):
    """
    自注意力机制
    """
    def __init__(self, nin, units=32):
        super().__init__()
        self.K = nn.Linear(nin, units)
        self.Q = nn.Linear(nin, units)
        self.V = nn.Linear(nin, units)
        self.dk = units
    def forward(self, x):
        # x:[T, B, C]
        x = x.permute(1, 0, 2) #T,B,C->B,T,C
```

```
        k = self.K(x) #B, T1, C
        q = self.Q(x).permute(0, 2, 1) #B, C, T2
        v = self.V(x) #B, T, C

        s = k @  q #B,T1,T2
        s /= math.sqrt(self.dk) #避免向量长度影响
        e = s.softmax(dim=-1) #需要 softmax 进行归一化
        y = y.permute(1, 0, 2) #B,T,C->T,B,C
        return y
```

注意力机制中加权是对不同信息进行的处理，自注意力机制可以存在多套，这样可以对不同部分重要的信息同时进行加权，这称为多头注意力机制（Multi-Head Attention）。可以将输入向量 $\boldsymbol{x}$ 划分为多份（头数量），每份均进行自注意力机制的构建。在 PyTorch 中提供了高层 API：**torch.nn.MultiheadAttention**，可以直接调用。

5.6.2 位置编码

在循环神经网络中数据是按顺序进行输入的，这意味着模型可以知道输入的先后顺序，即循环神经网络天然包含了顺序的特征。而多头注意力机制中加权过程并未引入顺序特征。因此为了更好地描绘位置信息，可以加入位置编码。这在论文中给定的方式为式（5-8）：

$$
\begin{aligned}
p_{t,2i} &= \sin\left(\frac{t}{10^{8i/C}}\right) \\
p_{t,2i+1} &= \cos\left(\frac{t}{10^{8i/C}}\right)
\end{aligned}
\tag{5-8}
$$

式中，C 为特征向量长度，通过这种方式，编码后数据可以包含位置信息。位置向量可以直接与文本向量进行相加来保留位置信息。将文本分类的过程简单地进行修改即可，其大部分代码与循环神经网络做分类是类似的，只不过没有状态向量，见代码清单 5.16。

代码清单 5.16　位置编码和文本分类

```
import math
class PositionalEncoding(nn.Module):
    #位置编码类
    def __init__(self,
                emb_size: int,
                maxlen: int = 5000):
        super(PositionalEncoding, self).__init__()
        #三角函数
        den = torch.exp(- torch.arange(0, emb_size, 2)* math.log(10000) / emb_size)
        pos = torch.arange(0, maxlen).reshape(maxlen, 1)
        pos_embedding = torch.zeros((maxlen, emb_size))
```

```
        # 书中的公式
        pos_embedding[:, 0::2] = torch.sin(pos *  den)
        pos_embedding[:, 1::2] = torch.cos(pos *  den)
        pos_embedding = pos_embedding.unsqueeze(-2)
        # 不可训练,因此写为 Buffer
        self.register_buffer('pos_embedding', pos_embedding)

    def forward(self, token_embedding):
        # 位置编码为加法
        return token_embedding + self.pos_embedding[:token_embedding.size(0), :]

class Model(nn.Module):
    def __init__(self, n_word, n_class):
        super().__init__()
        n_hidden = 32
        self.pos = PositionalEncoding(n_hidden)
        # 文本向量化
        self.emb = nn.Embedding(n_word, n_hidden)
        # 多头注意力机制
        self.ma = nn.MultiheadAttention(n_hidden, 2)
        # 分类模型
        self.cls = nn.Linear(n_hidden, n_class)
        self.n_hidden = n_hidden
    def forward(self, x):
        x = self.emb(x)
        x = self.pos(x) # 位置编码
        T, B, C = x.shape
        # 按顺序将时间向量输入
        y, att = self.ma(x, x, x) # y 为最后一层输出,hT 是两层状态向量
        # 最后一个时间步包含全文信息,用于分类
        y = self.cls(y[-1])
        return y
```

位置编码也可以通过对坐标位置进行独热编码来完成，这种方式所计算的长度是固定的。最终训练集精度 95%，测试集精度 77%。MultiHeadAttention 能够形成非常复杂的文本处理模型，适用于海量的数据分析中，这种优势在数据量较少时难以发挥，所得的模型容易过拟合。将分类过程中的注意力机制进行绘制，如图 5.10 所示。

可以看到，注意力机制的权值可以代表对文本分类较为重要的字或者词。因此一些人认为这种加权可以代表网络具备一定的可解释性。文本分类的解释性即模型在分类过程中，哪些词对分类更加重要。

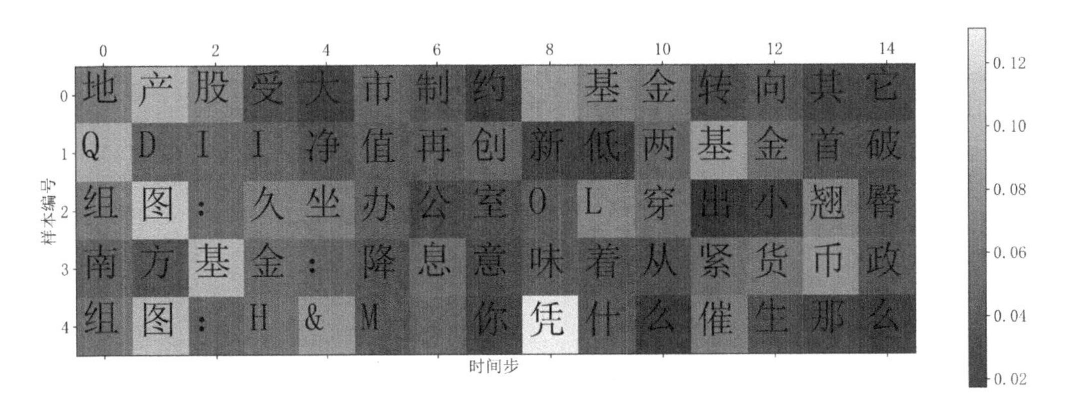

● 图 5.10　多头注意力机制的权值

5.6.3　注意力掩码与单向模型

在循环神经网络中分为单向和双向循环神经网络。其所能包含的信息是有所不同的，单向网络可以包含“前”文信息，双向网络可以包含“前后”文信息。多头注意力机制从之前的分析可以看到，其天然可以包含前后文信息。但是在一些模型中仅想让其包含“前”文信息，即形成一个单向的模型。这可以通过对注意力机制的处理来完成，即对某一时刻之后的信息乘一个为 0 的权值，这称为掩码，如图 5.11 所示。

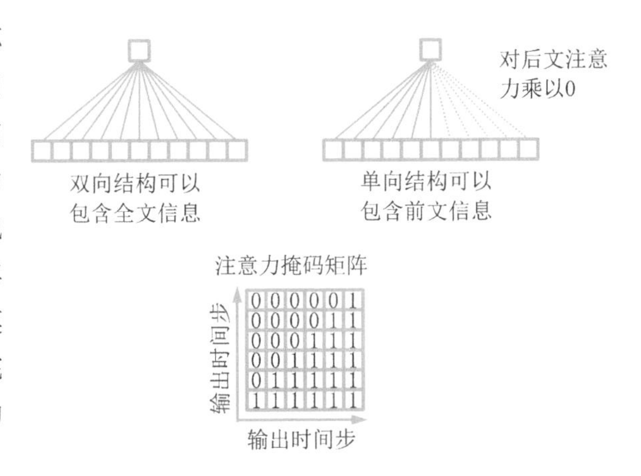

● 图 5.11　单向结构注意力处理示意

在单向结构中第 t 时刻注意力仅能包含 t 时刻及之前的信息，此时注意力掩码为一个下三角矩阵，其行为输入时间步，列为输出时间步。处理为 0 可以通过注意力在 softmax 处理之前加入一个负无穷小来解决，softmax 处理后即为 0。见代码清单 5.17。

代码清单 5.17　单向模型的注意力掩码

```
def generate_square_subsequent_mask(sz, device):
    # 注意力掩码为三角矩阵
    mask = (torch.triu(torch.ones(
        (sz, sz), device=device)) == 1).transpose(0, 1)
    # Attention 为 0,即不能包含后文信息,应当添加-inf
```

```
        mask = mask.float().masked_fill(
            mask == 0, float('-inf')).masked_fill(
                mask == 1, float(0.0))
    return mask
```

单向网络的注意力掩码可以直接作为 MultiHeadAttention 中的 attn_mask 参数输入，用于屏蔽后文的信息。见代码清单 5.18。

代码清单 5.18　掩码输入示意

```
y, att = self.ma(x, x, x, attn_mask=maks)
```

5.7 总结

本章对于循环神经网络和 Transformer 基础模型进行了讲解。两个模型在设计之初均是为处理文本问题而生的。因此需要读者理解文本处理的逻辑后，再详细地学习每个模型的细节结构。双向模型和单向模型各有各的优势：单向模型效率较高，可以完成实时数据处理；双向模型效率低但是精度较高。二者更多应用可以参考之后章节。

本节内容编程较为容易，请读者先使用高层 API 理解文本处理逻辑后，再使用矩阵运算等底层 API 实现模型的细节结构，这种由粗到细的学习方式可以更快地上手应用。

深度学习基础模型和实现：深层设计和优化结构

深度神经网络的“深度”一词来源于神经网络的层数，层数越多网络越“深”。但是随着层数增多，可训练参数也在增加，同时网络训练过程中也会遇到多种问题，如梯度消失、过拟合等。这需要使用一些辅助方法避免问题的发生。深度神经网络在设计过程中的问题包括：

1）如何设计一个深度神经网络。

2）极高的模型复杂度容易带来过拟合问题。

3）可训练参数过多，计算代价较高。

在实际工作中，深度神经网络训练除需要提供足够的训练数据外，也需要对模型结构进行适当优化才能获得高精度的结果。

6.1 构建一个更深的网络

为实现构建更深层网络的要求，深度学习研究者进行了多方面的探索。这其中广泛使用的卷积神经网络优化较多。

6.1.1 深度神经网络的结构设计改进

为设计一个更加合理的神经网络通常需要遵循一些基础原则。

1）设计过程中应当避免表征瓶颈，特别是在网络的浅层中。深度神经网络设计过程中可看作是从输入到输出的有向图（程序实现中称为计算图），这代表了信息流动的方向。在设计过程中应当缓慢地减少表示向量的维度，避免突然减少。在前面的章节中使用步长为2作为输入而非使用4，这是因为降采样太多特征图尺度突然变小容易出现信息传递瓶颈。

2）特征数量越多越容易训练。特征越多越容易拟合复杂数据，由此可以使得模型训练更加快速。但是相应的计算代价也会增加。

3）可以压缩特征数量，而不会降低精度。例如，在一个 3×3 的卷积层之前可以加入一个 1×1 的卷积减少特征数量，这可以认为是一种降维。这种压缩可以减少维度的同时减少计算量，同时不会引起太多精度损失。

4）网络的深度（网络层数）和宽度（特征数量）要设计平衡。二者需要同时设计以达到最佳性能。

深度神经网络早期设计的结构是较为简单的。通常都是由卷积神经网络简单叠加而成。有代表性的结构是 AlexNet，发表于 2012 年。在其结构中出现了 11×11 大小的卷积核心，同时首层步长达到了 4，这容易引起两个问题：大的卷积核心难以有效提取特征，并且计算代价较高；较大的步长容易引起信息传递瓶颈。因此在之后的网络设计中开始使用小的卷积核心（如 3×3），并且降采样过程均匀分布在网络的不同深度以避免信息瓶颈，有代表性的网络结构为 VGGNet，发表于 2014 年，迄今为止这个经典的网络结构依然在使用。其网络结构如图 6. 1 所示。

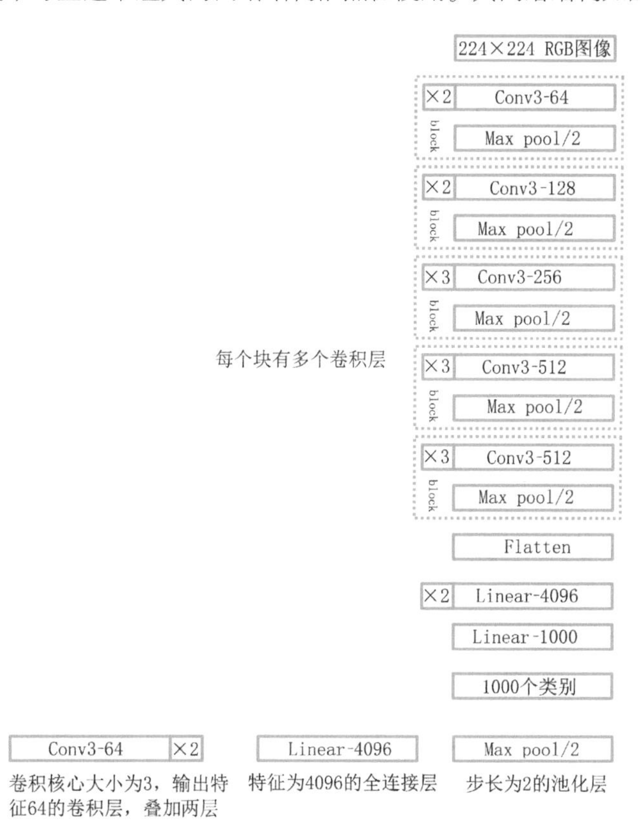

图 6. 1 VGGNet（16 层）结构

VGGNet 设计得非常优秀的一点在于卷积层的特征图大小是缓慢减少的，这不容易引起信息瓶颈。并且随着深度增加，网络的宽度也在同步增加。另外，网络设计的优秀之处在于使用多层小核心的卷积（3×3）代替了大的卷积核心，这可以在保证感受野的情况下减少可训练参数数量。以输入层为 128 个特征（通道），输出为 128 个通道为例：此时一层 5×5 的卷积核心需要 $128\times128\times5\times5=409600$ 个可训练参数，而拆分成两层的卷积后需要 $128\times128\times3\times3+128\times128\times3\times3=294912$ 个可训练参数。使用 PyTorch 对 VGGNet（16 层）模型进行简单的搭建，这首先需要定义卷积层和每个块（Block）的计算过程，见代码清单 6.1。

代码清单 6.1　VGGNet 的基础块构建

```
class Conv3(nn.Module):
    # 固定为 3 的卷积+ReLU
    def __init__(self, nin, nout):
        super().__init__()
        self.layers = nn.Sequential(
            nn.Conv2d(nin, nout, 3, padding=1),
            nn.ReLU()
        )
    def forward(self, x):
        x = self.layers(x)
        return x

class Block(nn.Module):
    # 多个卷积+最大池化
    def __init__(self, nin, nout, nrepeat):
        super().__init__()
        self.layers = nn.ModuleList( # 包含多个层
            [Conv3(nin, nout)] + \
            [Conv3(nout, nout) for i in range(nrepeat-1)] + \
            [nn.MaxPool2d(2, 2)] # 降采样
        )
    def forward(self, x):
        for layer in self.layers:
            x = layer(x)
        return x
```

在此基础上可以构建 VGGNet 模型，见代码清单 6.2。

代码清单 6.2　VGGNet 网络构建

```
class VGGNet(nn.Module):
    def __init__(self):
        super().__init__()
        self.layers = nn.Sequential(
            Block(3, 64, 2), Block(64, 128, 2), Block(128, 256, 3), Block(256, 512, 3),
```

```
            Block(512, 512, 3),
            nn.Flatten(),
            nn.Linear(7* 7* 512, 4096),
            nn.Linear(4096, 4096),
            nn.Linear(4096, 1000)
        )
    def forward(self, x):
        y = self.layers(x)
        return y
```

在 VGGNet 的设计中包含了较多的全连接层。这会增加较多可训练参数，如一层 4096 的全连接层可训练参数达到了 1600 万，这不仅不利于网络的训练，对精度的提升也是有限的。网络中决定精度的主要在卷积层部分。

VGGNet 对于卷积层的拆分是较为简单的，在卷积设计中还可以加入更多的拆分方式。如图 6.2 所示。

Inception 结构中将单层的卷积神经网络拆分成多个分支，每个分支具有不同感受野，这可以更好地提取特征。每层的卷积核心大小为 1 的卷积目标是为了降低输入维度，这可以减少后续可训练参数数量（参考基础原则 3）。在之后将所得特征进行连接。这种结构可以有效地提取特征，在人脸识别工作中取得了良好的效果。

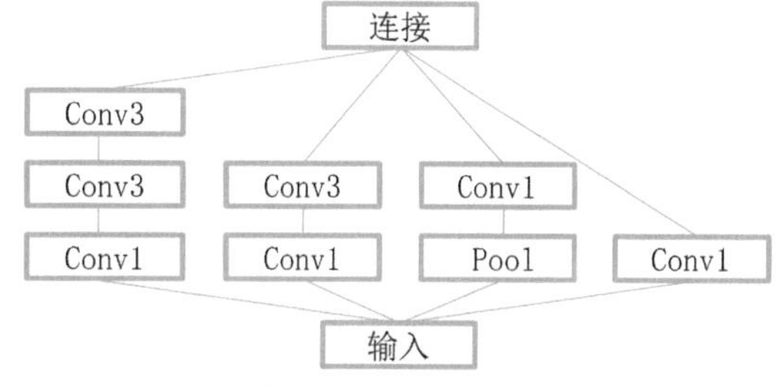

图 6.2　Inception 结构优化

6.1.2　深度神经网络设计中的梯度消失问题

在深度学习方法中，网络向深度发展的障碍除了数据量因素外，还有便是随着模型层数的增加，模型向前计算的梯度会逐渐变小。举例来说明，训练过程中接近损失函数的梯度计算起来量级会比较大，而距离损失函数越远的层梯度会越小，如图 6.3 所示。

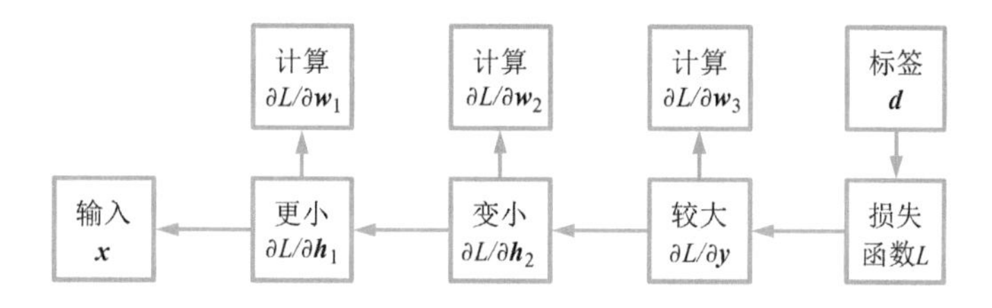

随着反向传播的进行，每次反向传播一层，计算的导数（误差）都会减少接近一个量级，称为梯度消失问题

图 6.3　梯度传播过程中的消失问题

可以通过一个简单的实验来验证这个说法。搭建一个10层的网络来进行手写数字识别。分别使用Sigmoid和ReLU作为激活函数进行计算，如图6.4所示。

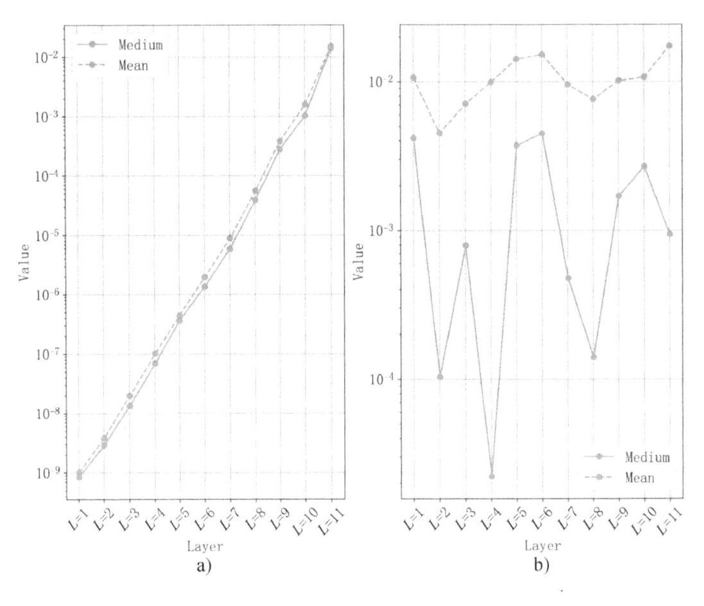

图6.4 不同激活函数对于计算的梯度的影响

a）激活函数为S函数 b）激活函数为ReLU

图6.4统计的参数是每层可训练参数导数的均值和中位数。横坐标为层号，从输入层开始，从1进行编号。可以看到ReLU激活函数所计算的梯度绝对数值更大。这更加有利于模型的训练和收敛，这也是为何图像处理中喜欢使用ReLU作为激活函数。S函数和导数如图6.5所示。

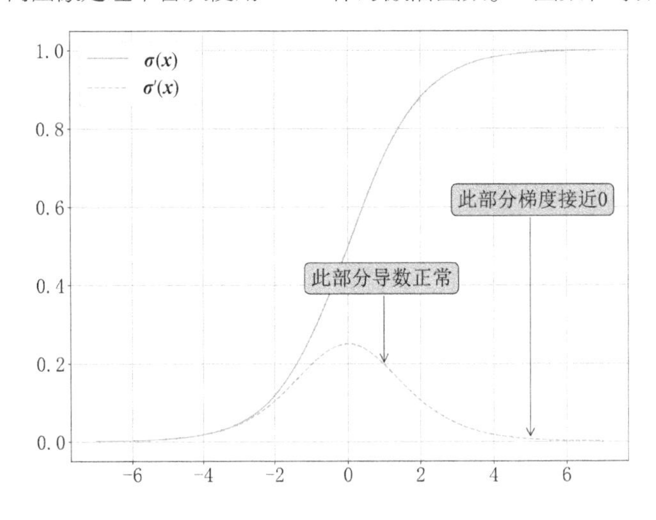

图6.5 S函数和其导数

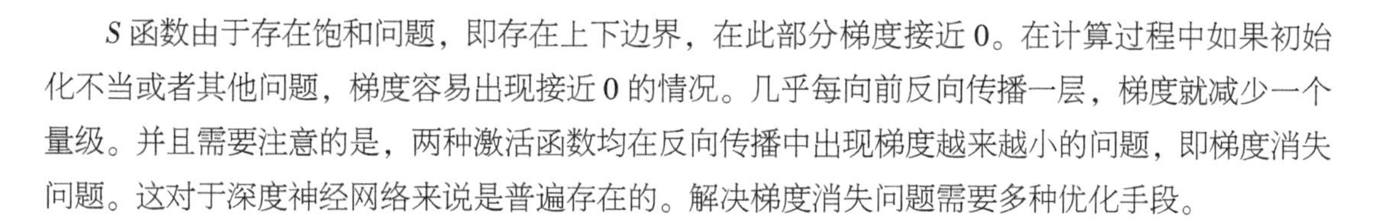

S 函数由于存在饱和问题，即存在上下边界，在此部分梯度接近 0。在计算过程中如果初始化不当或者其他问题，梯度容易出现接近 0 的情况。几乎每向前反向传播一层，梯度就减少一个量级。并且需要注意的是，两种激活函数均在反向传播中出现梯度越来越小的问题，即梯度消失问题。这对于深度神经网络来说是普遍存在的。解决梯度消失问题需要多种优化手段。

6.1.3 残差网络设计

解决梯度问题的一个方式是在网络中加入残差结构，见式（6-1）：

$$\boldsymbol{y}=\boldsymbol{x}+f(\boldsymbol{x}) \tag{6-1}$$

计算过程中即将网络的输入与输出进行相加，见代码清单 6.3。

代码清单 6.3　残差网络结构

```
class ConvResNet(nn.Module):
    def __init__(self, nin, ks):
        super().__init__()
        pad = (ks-1)//2 # 根据卷积核心大小计算 pad
        self.layers = nn.Conv2d(nin, nin, ks, 1, pad)
    def forward(self, x):
        y = self.layers(x) # 残差需要输入和输出维度相同
        return x + y # 直接进行相加
```

通过加入跃层连接（skip connection），梯度在反向传播过程中可以沿着支路进行，这可以更好地进行梯度的传播。加入残差网络后，由于梯度消失问题的改善，模型可以更深。加入残差网络后梯度变化如图 6.6 所示。

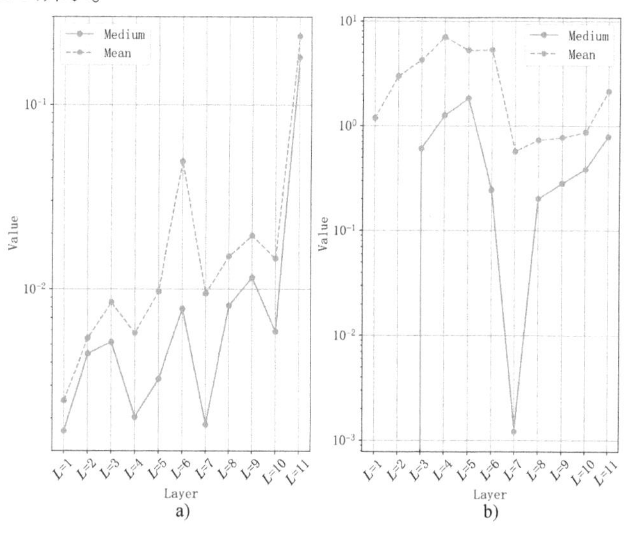

图 6.6　加入残差网络后梯度变化

a）激活函数为 *S* 函数　b）激活函数为 ReLU

可以看到加入残差网络后两种激活函数的梯度值均有所增加，特别是 S 函数，梯度值增加了接近 5 个量级，这对于训练速度的提升是巨大的。

6.2 标准化层

模型在向“深度”方向发展的过程中，梯度消失是必须要面对的问题。残差网络的引入在一定程度上减少了梯度消失问题，这使得模型层数可以变得很多。但是模型构建过程中无法避免的便是使用常规结构。这需要对模型的结构进行进一步的优化来使得迭代收敛。这其中最为重要的结构便是标准化层。

6.2.1 批标准化

在前面的章节中，了解了对数据需要进行标准化，这可以加快模型的收敛速度。而这种标准化同样也可以对神经网络所得的特征、特征图来进行处理。例如，对数据进行如下处理，见式（6-2）：

$$\hat{\boldsymbol{x}}=\frac{\boldsymbol{x}-\boldsymbol{\mu}(\boldsymbol{x})}{\sqrt{\boldsymbol{\sigma}^2(\boldsymbol{x})+\varepsilon}} \tag{6-2}$$

以上为对神经网络的输出进行的标准化处理。其中 $\boldsymbol{\mu}$，$\boldsymbol{\sigma}^2$ 分别为均值和方差，ε 为防止出现除 0 问题所设置的，数值默认为 10^{-5}。对于不同类型的数据，标准化的维度是不同的。对于结构化的二维数据，$\boldsymbol{x} \in \mathbb{R}^{N\times C}$，那么均值的计算方式为 $\boldsymbol{\mu}_c=\frac{1}{N}\sum_{n=1}^{N}x_{n,c}$，$\boldsymbol{\mu} \in \mathbb{R}^C$；对于信号类型的数据，均值计算的方式为 $\boldsymbol{\mu}_c=\frac{1}{NT}\sum_{n=1}^{N}\sum_{t=1}^{T}\boldsymbol{x}_{n,c,t}$；对于图像类型的数据，均值的计算方式为 $\boldsymbol{\mu}_c=\frac{1}{NHW}\sum_{n=1}^{N}\sum_{h=1}^{H}\sum_{w=1}^{W}x_{n,c,h,w}$。方差的计算方式同理。计算均值维度如图 6.7 所示。

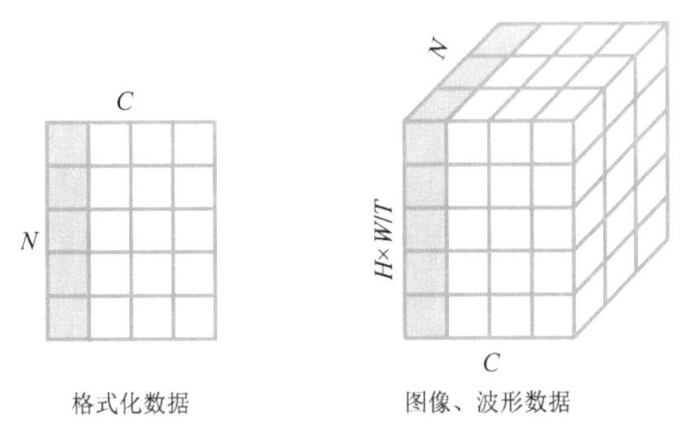

图 6.7　批标准化的均值和标准差计算维度

这样处理后数据会缺失均值和振幅（最大值）特征。为对均值和振幅进行估计，在标准化处理中可以进行仿射变换，见式（6-3）：

$$\hat{x}=w\cdot\frac{x-\mu(x)}{\sqrt{\sigma^2(x)+\varepsilon}}+b \tag{6-3}$$

以上便是完整的批标准化（Batch normalization）流程了。在实际操作中，批标准化计算均值、方差计算由于与样本数量相关，因此在训练和推断过程中有所不同，见算法清单 6.1。

算法清单 6.1　批标准化计算

训练过程

设定样本估计均值和方差 $\hat{\mu}=0$，$\hat{\sigma}^2=1$。设定仿射变换参数 $w\sim N(0,1)$，$b=\vec{0}$。

给定指数平均系数 $\alpha=0.1$，给定正数 $\varepsilon=10^{-5}$。

如果不需要仿射变换，那么无须设定仿射变换参数。

第 t 次迭代：

　　计算本批样本的均值和方差 μ，σ^2。

　　计算可训练参数导数 ∇w，∇b。

　　计算向前计算过程：

$$\hat{x}=w\cdot\frac{x-\mu}{\sqrt{\sigma^2+\varepsilon}}+b$$

　　如果不需要仿射变换，那么 $\hat{x}=\frac{x-\mu}{\sqrt{\sigma^2+\varepsilon}}$。

　　更新样本估计均值方差：

$$\hat{\mu}\leftarrow(1-\alpha)\hat{\mu}+\alpha\mu$$

$$\hat{\sigma}^2\leftarrow(1-\alpha)\hat{\sigma}^2+\alpha\,\hat{\sigma}^2$$

　　反向计算过程中根据梯度值和优化算法更新 w，b。

推断过程

根据训练过程中计算的 $\hat{\mu}$，$\hat{\sigma}^2$，对某层数据进行会归一化：

$$\hat{x}=w\cdot\frac{x-\hat{\mu}}{\sqrt{\hat{\sigma}^2+\varepsilon}}+b$$

如果不需要进行仿射变换，那么 $\hat{x}=\frac{x-\hat{\mu}}{\sqrt{\hat{\sigma}^2+\varepsilon}}$。

可以看到，由于批标准化依赖于样本数量，因此在进行推断过程中由于样本数量未知，因此需要在训练过程中对数据的均值和方差来进行估计。这导致了训练和推断的不同。将图像的批标准化函数进行实现，见代码清单 6.4。

代码清单 6.4　批标准化函数实现

```
class BatchNorm2d(nn.Module):
    def __init__(self, n_features, alpha=0.1, epsilon=1e-4, affine=True):
        super().__init__()
        # 均值和方差均是统计值,不可训练
        self.register_buffer(
            "running_mean", torch.zeros([1, n_features, 1, 1])
        )
        self.register_buffer(
            "running_var", torch.ones([1, n_features, 1, 1])
        )
        if affine:# 是否对归一化数据进行仿射变换
            # 可训练参数,数据的均值和方差
            self.register_parameter(
                "weight", nn.Parameter(torch.randn([1, n_features, 1, 1]))
            )
            self.register_parameter(
                "bias", nn.Parameter(torch.randn([1, n_features, 1, 1]))
            )
        self.alpha = alpha
        self.epsilon = epsilon
        self.affine = affine
    def forward(self, x):
        if self.training:# 训练过程
            mean = x.mean(dim=(0, 2, 3), keepdim=True)
            std = x.std(dim=(0, 2, 3), keepdim=True)
            x = (x - mean)/(std + self.epsilon)
            # 训练过程中计算本批样本
            if self.affine:# 如果进行仿射变换则进行处理
                xhat = self.weight *  x + self.bias
            else:# 否则仅进行归一化
                xhat = x
            # 同时更新统计均值和方差
            self.running_mean = \
                (1-self.alpha) *  self.running_mean + self.alpha *  mean
            self.running_var = \
                (1-self.alpha) *  self.running_var + self.alpha *  std
            return xhat
        else:# 推断过程中无须计算均值
            mean = self.running_mean
            std = self.running_var
            x = (x - mean)/(std + self.epsilon)
            # 训练过程中计算本批样本
            if self.affine:# 如果进行仿射变换则进行处理
```

```
            xhat = self.weight *  x + self.bias
        else:# 否则仅进行归一化
            xhat = x
        return xhat
```

以上批标准化可以直接调用高层 API：**nn.BatchNorm2d** 。实际操作中，批标准化可以放在激活函数之前，用于优化每层卷积。见代码清单 6.5。

代码清单 6.5　单层神经网络中加入批标准化层

```
class ConvBNReLU(nn.Module):
    """卷积层中加入批标准化"""
    def __init__(self, nin, nout, ks=3, stride=1):
        super().__init__()
        pad = (ks-1)//2
        self.conv = nn.Conv2d(nin, nout, stride=stride, padding=pad)
        self.norm = nn.BatchNorm2d(nout)
        self.relu = nn.ReLU()
    def forward(self, x):
        x = self.conv(x)
        x = self.norm(x)
        x = self.relu(x)
        return x
```

加入标准化层可以显著改善梯度消失问题，加快模型的收敛速度。使用之前出现梯度消失问题的多层神经网络进行测试，测试结果如图 6.8 所示。

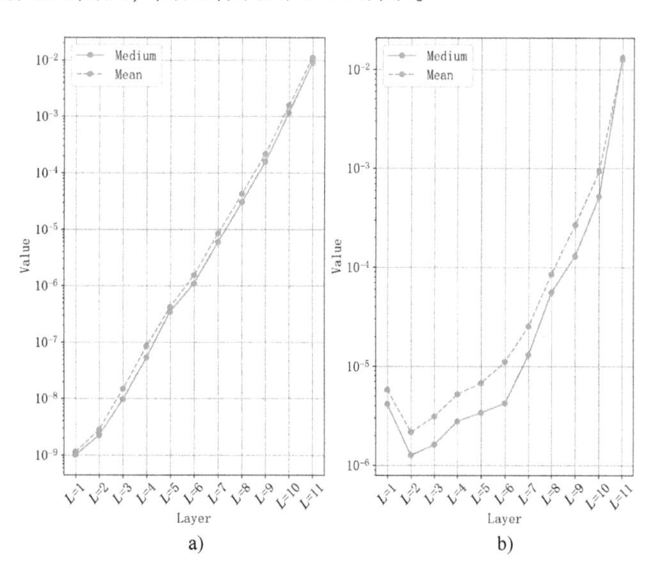

图 6.8　加入标准化层后模型的梯度

a）未加批标准化层　b）加入批标准化层后

梯度问题可以表现在损失函数上，加入批标准化层后，损失函数收敛速度得到了明显提升，如图 6.9 所示。

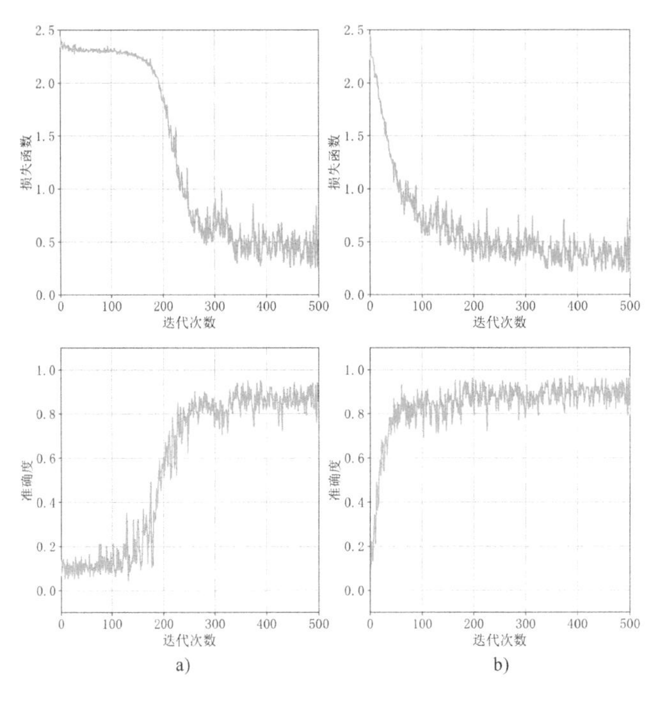

图 6.9　加入批标准化层后的损失函数变化

a）加入标准化前　b）加入标准化后

批标准化在目前已经成为一个深度学习模型的常规结构之一，其加快模型收敛速度的同时可以提升模型泛化能力。适用于全连接网络和卷积神经网络。

6.2.2　层标准化层

对于处理文本的循环神经网络和 Transformer 模型来说，由于文本长度并不固定，因此使用批标准化时会遇到问题，同时批标准化计算依赖于样本数量。为解决这个问题，标准化过程中可以仅对单一样本进行处理，这便是层标准化层（Layer normalization）。其均值和标准差的计算方式如图 6.10 所示。

层标准化的均值和方差均是对于单个样本而言的，见式（6-4）：

$$\begin{aligned}\boldsymbol{\mu}_{t,n} &= \frac{1}{C}\sum_{c=1}^{C} x_{t,n,c} \\ \boldsymbol{\sigma}_{t,n}^{2} &= \frac{1}{C}\sum_{c=1}^{C}(x_{t,n,c}-\boldsymbol{\mu}_{t,n})^{2}\end{aligned} \tag{6-4}$$

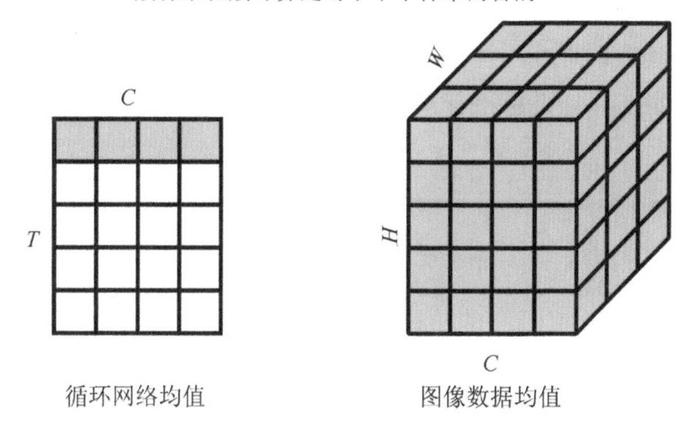

● 图 6.10　层标准化层的计算维度

式中，$\boldsymbol{x} \in \mathbb{R}^{T\times N\times C}$，因为层标准化层计算与样本数量无关，因此训练和推断过程是相同的，不需要在训练过程中进行统计。见代码清单 6.6。

代码清单 6.6　层标准化层

```
class LayerNorm(nn.Module):
    def __init__(self, shapes, epsilon=1e-4, affine=True):
        super().__init__()
        # 仅有可训练参数,数据的均值和方差
        if type(shapes) == int:
            shapes = [shapes]
        if affine:# 如果不进行仿射变换则无可训练参数
            self.register_parameter(
                "weight", nn.Parameter(torch.randn(shapes))
            )
            self.register_parameter(
                "bias", nn.Parameter(torch.randn(shapes))
            )
        self.epsilon = epsilon
        self.shapes = shapes
        self.affine = affine
    def forward(self, x):
        # 训练和推断过程相同
        dim = [-1-i for i in range(len(self.shapes))]
        dim = tuple(dim)
        mean = (x-x.mean(dim=dim, keepdim=True))
        std = (x.var(dim=dim, keepdim=True)+self.epsilon).sqrt()
```

```
        x = (x-mean)/std
        if self.affine:# 如果进行仿射变换需要对数据振幅和均值进行估计
            x = x * self.weight + self.bias
        return x
```

可以看到在主体结构上其与批标准化层并无不同，主要是对均值的计算方式有所区别而已。

6.3 过拟合问题

深度神经网络是一种复杂度极高的机器学习模型，这意味着其可以拟合任意复杂的数据。如果数据量较少，那么模型可以拟合几乎所有数据，即在训练数据上获得较高的精度；对于测试数据的精度则不理想。深度学习模型在训练样本数量不足的情况下有着非常高的过拟合风险。

本节搭建10层卷积神经网络用于图像识别，此时模型可训练参数数量约在百万量级。为测试模型，选择的测试数据为1000个随机的图像；训练数据量有两种量级，一个训练样本有1000个，另外一个模型训练样本有10000个。分别测试两个模型对于测试集的精度，如图6.11所示。

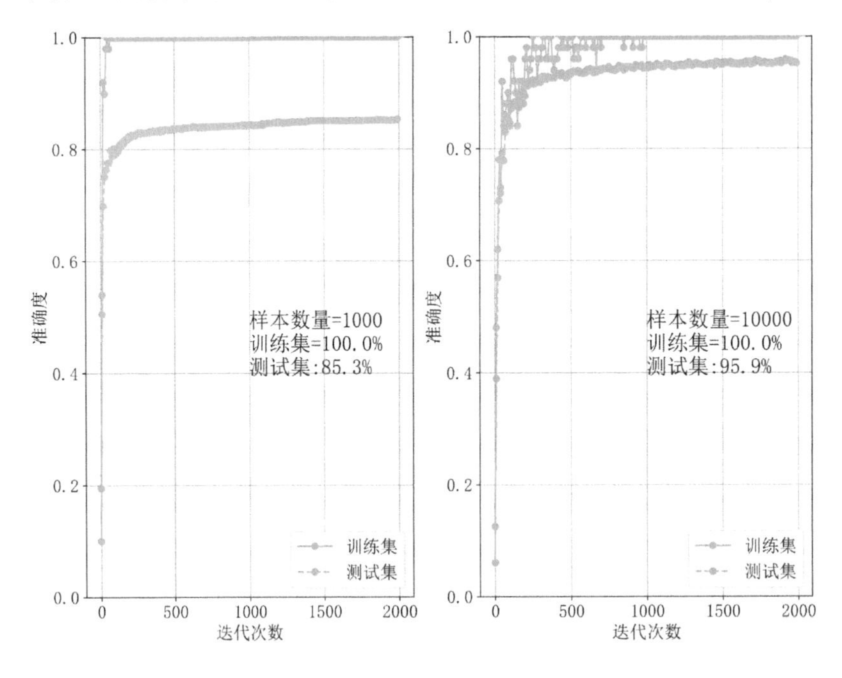

图6.11　不同数量的训练样本所得模型精度

可以看到样本数量从10000减少到1000个时，虽然训练集精度均很高，但是测试集精度是降低的，此时出现了较为明显的过拟合问题。深度学习在设计过程中要特别注意防止过拟合问题产生。

6.3.1 数据增强

前面说到，对于过拟合问题，训练样本不足是原因之一。可以通过对现有数据的变换来获得更多的样本，如在数据中加入噪声、图像仿射变换（旋转、拉伸）、改变分辨率等。对图像进行更多的变换可以使模型学习到更多的特征，从而减轻过拟合问题。这里列举一些常见的图像增强方法，如图 6.12 所示。

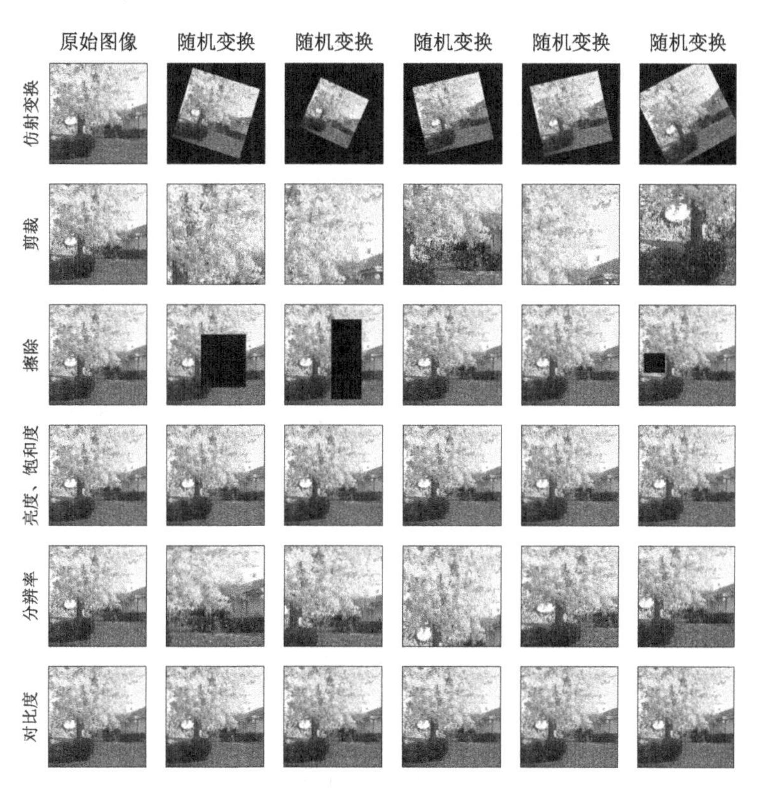

图 6.12　常见的图像增强方法和处理效果

进行图像增强后，虽然图像的形状是类似的，但是在细节上有所不同。PyTorch 的拓展**torchvision** 中提供了一些图像数据增强方式。见代码清单 6.7。

代码清单 6.7　数据增强方法示意

```
import torchvision.transforms as transforms
# 随机仿射变换,改变物体角度、大小、维度
```

```
trans1 = transforms.RandomAffine((-30, 30), scale=(0.5, 1.0))
# 随机剪裁
trans2 = transforms.RandomCrop((100, 100))
# 随机擦除
trans3 = transforms.RandomErasing()
# 随机调整亮度、饱和度等,参考书中图形章节
trans4 = transforms.ColorJitter()
# 随机调整不同分辨率
trans5 = transforms.RandomResizedCrop((100, 100))
# 随机调整对比度
trans6 = transforms.RandomAutocontrast()
```

数据增强使得模型可以学习到更多潜在特征，从而减轻过拟合问题。这里使用 1000 张图片进行训练，但是通过随机旋转、裁切进行数据增强。最终训练结果精度如图 6.13 所示。

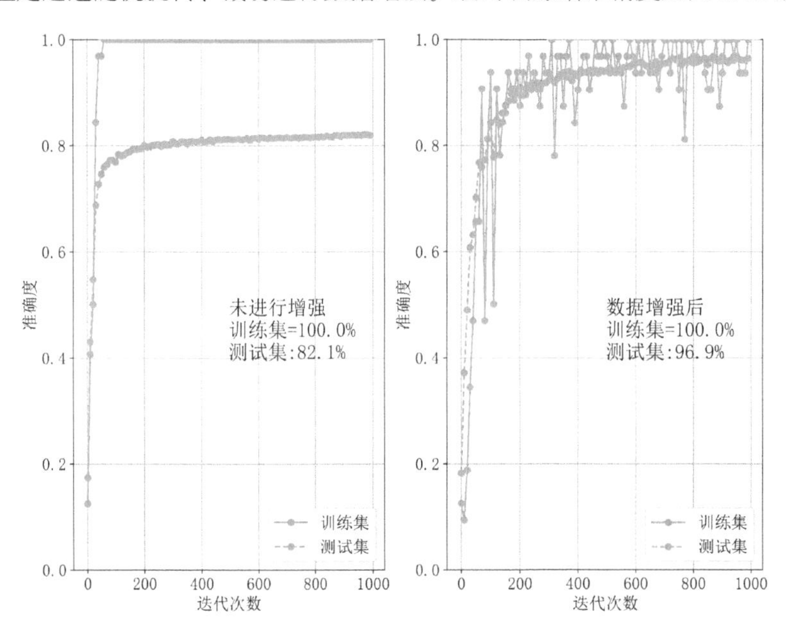

图 6.13 进行增强后的精度

可以看到进行增强后模型的精度得到了非常大的提升。数据增强是一种常见的避免过拟合的方式，在很多的图像处理模型中均会用到。

6.3.2 正则化方法

这里需要区分标准化（Normalization）和正则化（Regularization）。标准化是对样本进行的诸如归一化等处理，是对数据的处理；正则化是限制模型可训练参数，并加入先验，是对模型的约

束。常用的正则化是L2正则化，这种先验意味着模型可训练参数符合均值为0的正态分布（见数学基础章节）。可以通过在迭代算法中加入weight_decay参数进行调整，见代码清理单6.8。

代码清单6.8　在可训练参数中加入正则化

```
optim = torch.optim.SGD(model.parameters(), lr=eta, weight_decay=alpha)
```

加入正则化后，依然使用1000个样本进行训练，并进行测试，如图6.14所示。

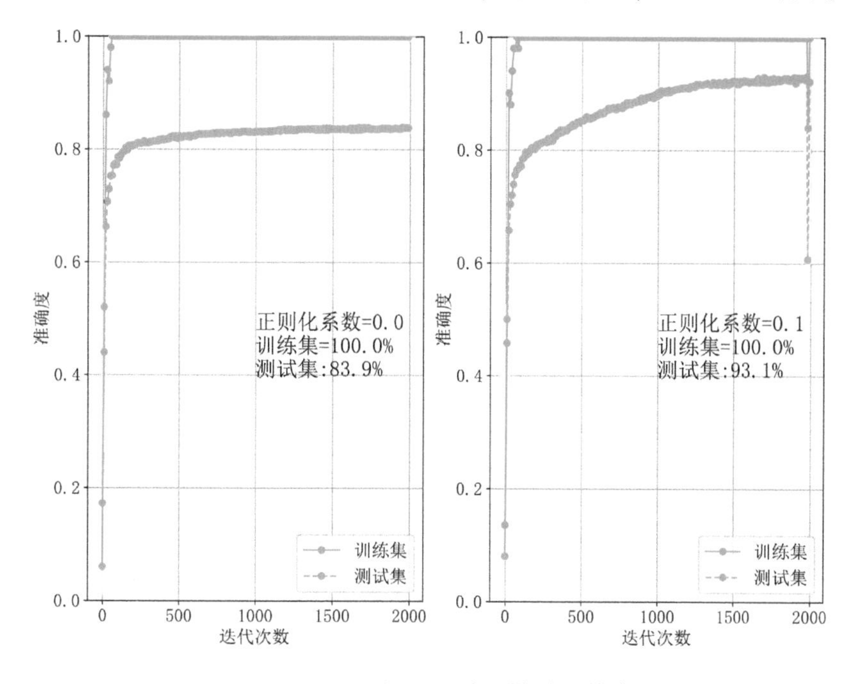

图6.14　加入正则化模型的精度

可以看到加入正则化后，精度得到了很大的提升。在一些实践中表明标准化同样可以增强模型的泛化能力。

6.3.3　DropOut层

在深度学习模型中，很多神经元是冗余的，即进行去除并不影响模型的精度。如果训练过程中将一部分神经元直接置0，这样只保留部分神经元进行输出，相当于从一个整体的模型中拆分出一个子网络进行训练。这样训练过程中每次均选择部分神经元进行输出，即DropOut方法，如图6.15所示。

DropOut层在训练过程中随机选择部分神经元置0，而推断过程中均进行输出，相当于在模型层面进行的集成学习，这样可以在一定程度上避免过拟合问题，见算法清单6.2。

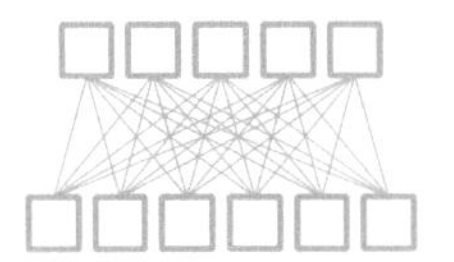

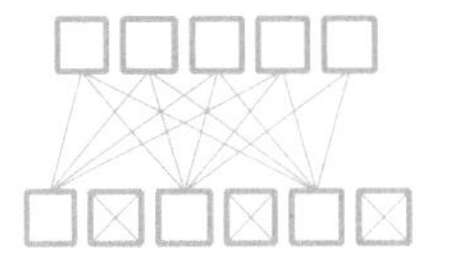

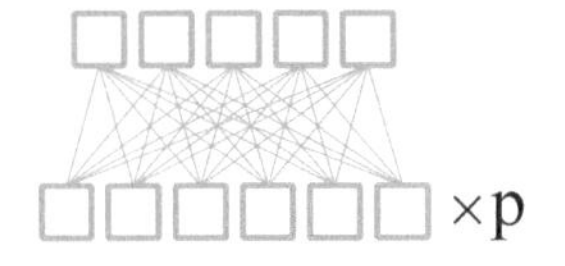

图 6.15　DropOut 层示意

算法清单 6.2　DropOut 层

设定置零的比例 p，某层神经网络输出为 x。

训练过程

如果 $\boldsymbol{x}\in\mathbb{R}^{N\times C}$，那么从 0-1 分布中选取随机矩阵 $\boldsymbol{r}$，其格式为 $[N,\ C]$，取 0 的比例为 α。计算向前传播的向量：

$$\hat{\boldsymbol{x}}=\frac{\boldsymbol{x}\circ\boldsymbol{r}}{1-p}$$

如果是 $\boldsymbol{x}\in\mathbb{R}^{N\times C\times H\times W}$，那么是对特征图进行的处理，随机矩阵 $\boldsymbol{r}$ 格式为 $[N,C]$。

除以 $1-p$ 的原因是在推断过程中可以减少乘以 p 的计算。

推断过程

推断过程中，所有神经元均进行输出：

$$\hat{\boldsymbol{x}}=\boldsymbol{x}$$

由于在训练过程中进行了处理，因此不需要再次乘以（$1-p$）了。

将以上算法写为程序，见代码清单 6.9。

代码清单 6.9　DropOut 层

```
class Dropout(nn.Module):
    def __init__(self, dropout=0.5):
        super().__init__()
        self.dropout = dropout
```

```
def forward(self, x):
    if self.training:
        N, C = x.shape
        p = 1-self.dropout
        r = torch.rand([N, C]) + p # 随机取 0
        r = torch.floor(r).float()
        out = (x * r)/p # 这里直接进行处理
    else:
        out = x # 推断过程中直接进行输出
    return out
```

加入 DropOut 层后，使用 1000 个样本进行训练，结果如图 6.16 所示。

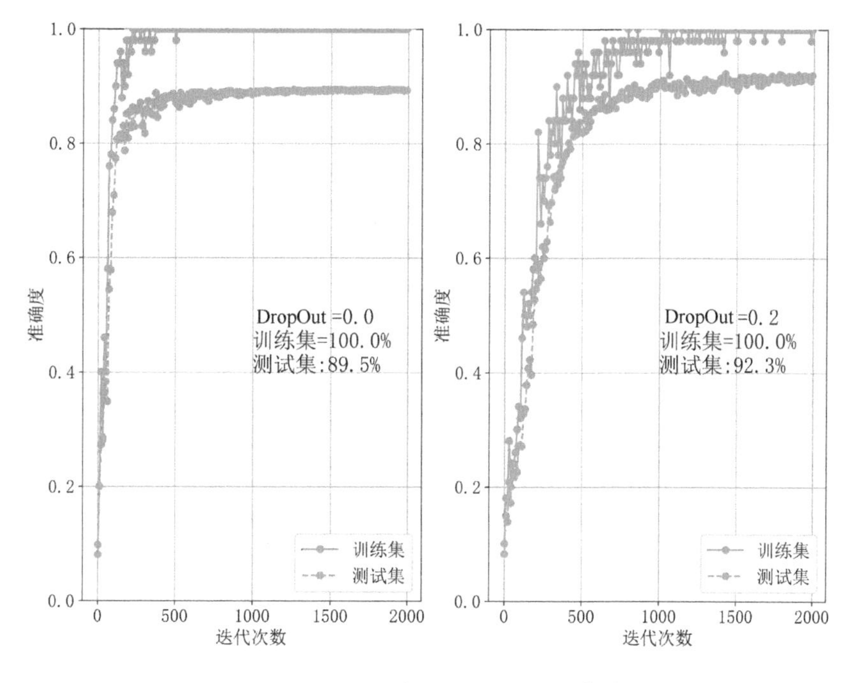

● 图 6.16　加入 DropOut 后结果

可以看到加入 DropOut 后，模型过拟合问题有所减轻。但是随着迭代的进行依然有向过拟合发展的趋势。

6.4 参数初始化和迁移学习

在训练模型的过程中，一个关键的问题是如何选择初始化数值是最优的。这里有两种思路可以解决：对于全新训练的模型，需要选择合理的随机数给定初始值；对于已训练好的模型，可以加入少量样本后迁移到新的任务中，称为迁移学习。两种方式在建模过程中经常会遇到。

6.4.1 参数的随机初始化问题

前文提到过，计算的过程中数据量级如果太大，S 函数容易出现梯度消失问题。因此在给定初始值的过程中应当保持数据的输入和输出标准差不发生变化。假设输入数据为 $\boldsymbol{x}\in\mathbb{R}^{N\times C_1}$，均值为 0，输出数据 $\boldsymbol{y}\in\mathbb{R}^{N\times C_2}$，均值为 0，同时假设所有参数均是独立同分布的，那么通过矩阵乘法后方差为式（6-5）：

$$\sigma^2(y_{n,j})=\sigma^2\left(\sum_{c=1}^{C_1}x_{n,c}w_{c,j}\right)=C_1\sigma^2(x_{n,c})\,\mathbb{E}\,(w_{c,j}^2)=C_1\sigma^2(x_{n,c})\sigma^2(w_{c,j}) \tag{6-5}$$

如果想让输入和输出方差不发生变化，即 $\sigma^2(y_{n,j})=\sigma^2(x_{n,c})=\sigma^2$，那么可训练参数的方差应当满足式（6-6）：

$$\sigma^2(\boldsymbol{w})=\frac{1}{C_1} \tag{6-6}$$

以上是正向传播的过程，如果是反向传播过程，方差保持不变，考虑反向传播梯度计算方式为：$\boldsymbol{e}_x=\boldsymbol{e}_y\cdot\boldsymbol{w}^{\mathrm{T}}$，那么方差应当满足：$\sigma^2(\boldsymbol{w})=\frac{1}{C_2}$。取平均结果，此时可训练参数方差应当满足式（6-7）：

$$\sigma^2(\boldsymbol{w})=\frac{2}{C_1+C_2} \tag{6-7}$$

至此已经知道随机数的均值为 0，方差为$\frac{1}{C_1+C_2}$。随机数的产生有两种简单的方式：均匀分布随机数和正态分布随机数。正态分布的随机数应当满足式（6-8）：

$$\boldsymbol{w}\sim N\left(0,\sqrt{\frac{2}{C_1+C_2}}\right) \tag{6-8}$$

均匀分布的随机数的可训练参数应当满足式（6-9）：

$$\boldsymbol{w}\sim U\left(-\sqrt{\frac{6}{C_1+C_2}},\sqrt{\frac{6}{C_1+C_2}}\right) \tag{6-9}$$

选择二者之一即可对可训练参数进行初始化。以上初始化方式来自于 Xavier 等人在 2010 年发表的论文，因此被称为 Xavier 初始化。

实际在初始化中还应当考虑激活函数的问题。对于 ReLU 激活函数而言，$\sigma^2(\mathrm{relu}(\boldsymbol{x}\cdot\boldsymbol{w}))=\frac{C_1}{2}\sigma^2(\boldsymbol{x})\sigma^2(\boldsymbol{w})$，此时需要在进行初始化的过程中加入修正系数 a，见式（6-10）：

$$\boldsymbol{w}\sim N\left(0,a\sqrt{\frac{2}{C_1+C_2}}\right) \tag{6-10}$$

以上方法是 Kamming 等人在 2015 年所提出的，被称为 Kamming 初始化。使用 Xavier 也可以乘以相应的激活函数修正系数。对于 Tanh，修正系数为 $a=\frac{5}{3}$；对于 Leaky ReLU，修正系数为 $a=\sqrt{\frac{2}{1+s^2}}$，s 为负半轴斜率；对于 S 函数，$a=1$。参数初始化方法可以在初始化过程中进行，见代码清单 6.10。

代码清单 6.10　模型可训练参数初始化

```
class Model(nn.Module):
    def __init__(self, dropout=0.8):
        super().__init__()
        # 建模部分代码
        self.init()
    def init(self):
        for var in self.parameters():
            if len(var.shape)<2:
                nn.init.zeros_(var) # 偏置初始化为 0
            else:# 其他使用随机初始化,gain 即为文章中的 a
                nn.init.xavier_uniform_(var, gain=nn.init.calculate_gain('relu'))
```

需要注意的是偏置一般不使用随机初始化，而是直接初始化为 0。在有了批标准化层后，因为已经对输出进行了约束，因此理论上无须进行以上初始化处理以使得输入和输出在合理区间。

6.4.2 迁移学习问题

迁移学习是一个宏大的问题。在本节中，仅就最简单的迁移学习形式进行说明。假设模型在训练的过程中使用了 9 个类，但是新的任务是需要训练一个可以识别 10 个类的模型。此时可以使用之前使用 9 个类所训练的参数将其迁移到新的 10 个类分类的模型之中。过程如图 6.17 所示。

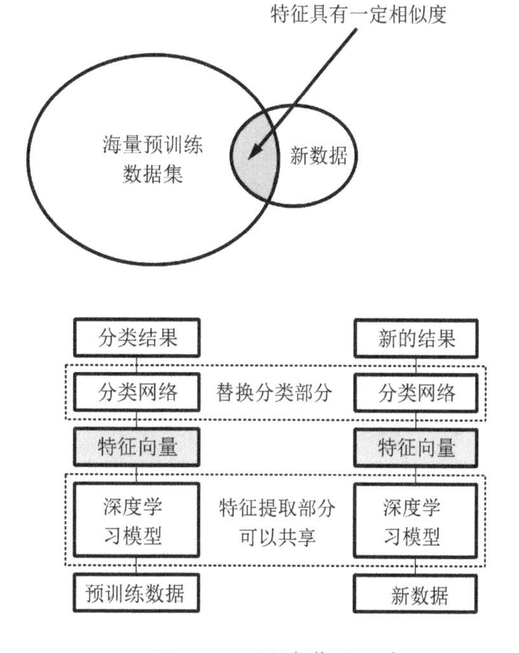

● 图 6.17　迁移学习示意

如果存在两种数据，第一种可以认为是海量的数据，但是这种数据通常都是通用的数据。如果想将其用于新的任务之上，需要人工再次标注一些新数据，但是这部分数据通常比预训练数据要少。如果两类数据存在一定的特征交集，可以将海量数据所训练模型的参数迁移到新的模型之上。二者可以共享卷积权值，从而提取特征。此时通过卷积层所获得的向量可以“表示”图像。而在表示向量的基础上仅需替换分类部分网络即可。以 9 个类别的数据进行预训练，并将其迁移到 10 个类别的数据中，此时 10 个类别数据仅有 500 个。原始模型见代码清单 6.11。

代码清单 6.11　原始模型

```
class Model(nn.Module):
    def __init__(self):
        super().__init__()
        # 卷积层用于提取特征
        self.layers = nn.Sequential(
            nn.Conv2d(1, 16, 3, 2, 1),
            nn.BatchNorm2d(16), # BN 层加在激活函数前
            nn.ReLU(),
            nn.Conv2d(16, 32, 3, 2, 1),
            nn.BatchNorm2d(32), # 批标准化层加在激活函数前
            nn.ReLU(),
            nn.Flatten(), # 展平层
        )
        # 输出层用于预测类别,其有 9 个类
        self.output = nn.Linear(7* 7* 32, 9)
    def forward(self, x):
        h = self.layers(x) # 卷积神经网络提取特征 h
        y = self.output(h) # 基于特征 h 进行分类
        return y
```

将其中的输出层进行替换，替换为 10 个类别的，见代码清单 6.12。

代码清单 6.12　替换输出层

```
        # 输出层用于预测类别,新的数据需要 10 个模型
        self.output = nn.Linear(7* 7* 32, 10)
```

两个模型中，共享卷积部分权值，并且在新的训练中卷积不参与训练，仅训练分类部分模型。见代码清单 6.13。

代码清单 6.13　加载预训练模型并调整可训练部分

```
old_ckpt = # 原始模型的参数
new_ckpt = {}
for k, v in model.named_parameters():
  # state_dict()相当于仅保留了数值而非可训练参数
  # 应当使用 named_parameters()
```

```
        if "output" in k:
            # 名字中有 output 的参数可训练
            v.requires_grad_(True)
            new_ckpt[k] = v.data
        else:
            # 卷积层不需要重新训练
            v.requires_grad_(False)
            # 加载原始模型中的参数
            new_ckpt[k] = old_ckpt[k]
    for k, v in model.named_buffers():
        # buffer 即不可训练的参数
        # 如 BN 层中的均值、方差
        new_ckpt[k] = old_ckpt[k]
    # 模型加载可训练参数
    model.load_state_dict(new_ckpt)
    # 定义优化器,仅传入可求导的部分
    optim = torch.optim.Adam(filter(lambda p: p.requires_grad, model.parameters()))
```

在加载模型的过程中需要调整可训练参数是否计算梯度（即是否可训练），并将可训练的参数传入优化器中。而后将之前模型所训练的参数传入新的模型中。这样重新训练后结果如图 6.18 所示。

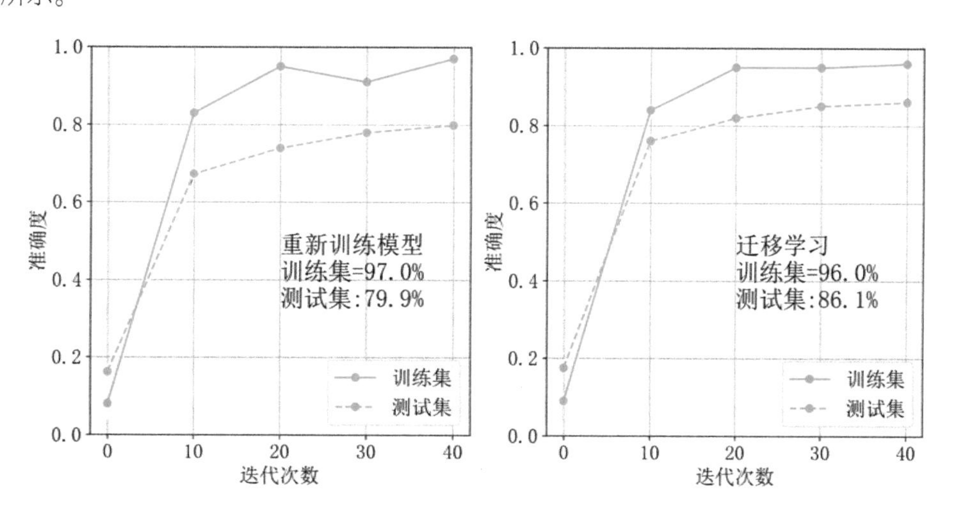

图 6.18　迁移学习方法结果

迁移学习所得结果中模型精度会更好。迁移学习在训练数据量较少的情况下是必要的。另外，如果模型复杂度和预训练数据足够多甚至于可以不需要微调（Fine Tunning），即使用少量数据再次进行训练，即可得到良好的结果。

6.5 总结

本章对如何构建一个更深的网络层进行了讲解。学习本章之后，读者可以设计一个更加容易训练的深度神经网络。这其中广泛使用的结构包括批标准化层、残差层和正则化等，这些结构的存在保障了神经网络更加高效准确。

配合本章内容，读者可以对 4~6 章的网络结构进行优化，以测试新结构的优势。

信号和图形学应用

在前面的章节中已经对卷积神经网络的基础结构进行了详细的说明，本书使用 NumPy 复现了一个可以完成大部分功能的深度学习库。本章中的实践将基于可以方便调用 GPU 的 PyTorch 进行建模，并且会对信号和图形学中的模型进行详细说明，这包括：

1）纯卷积网络模型进行信号和图像的滤波。

2）物体检测和异常检测类任务。

3）人脸识别和图像分类任务。

4）对抗生成网络生成图像。

5）图像风格转换。

在了解这些实践之后，读者可以很容易地将其迁移到大部分的图像、信号处理应用中。我们今后所面临的数据类型不仅仅局限于图像数据，还包括波形等其他数据类型，因此在本节的实践中，加入了一些其他书籍中并不常见的，但是对工业应用至关重要的波形处理实例，以帮助读者将深度学习模型更好地迁移到自身工作中。

7.1 信号和图像的滤波与“超级夜景”

卷积神经网络本身就是源自信号处理中的概念，因此其天然的可以作为滤波器使用。在一些场景中这些滤波器可以有不同的名字，如在照片的滤波中可以称为“超级夜景”等颇具营销色彩的名字；在信号滤波中可以称为“波形去噪”甚至填补缺失信息的“波形重建”。这需要人们对卷积具有更加深入的认识。

7.1.1 卷积神经网络的上采样方式：转置卷积、插值和像素洗牌

卷积神经网络通过加入步长或池化等操作使得输入图像或信号长度变小，这称为“降采样”。而与之相反的“上采样”则是使得图像的特征图尺度变大，恢复甚至于大于原始图像的大小。这种“上采样”在卷积神经网络中可以使用的方式包括转置卷积（或称反卷积）、图像插值和像素洗牌（Pixel Shuffle）。

转置卷积是对原始图像进行补 0，并在补 0 后的图像中进行普通卷积处理。其卷积过程如图 7.1 所示。

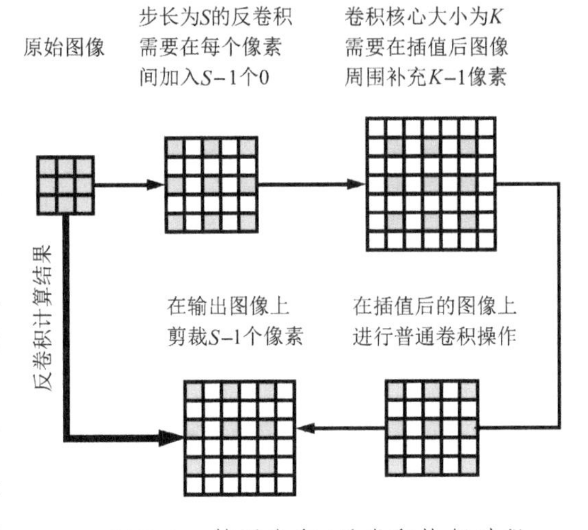

图 7.1 转置卷积/反卷积执行过程

转置卷积计算过程中的最终目标是使得图像特征图变大，因此所有操作都是对于单个特征图而言的，输入图像大小为 $[H,W]$。需要在每个特征图的像素间插入 $S-1$ 个数值为 0 的像素，这里 S 是定义的步长，不过在反卷积中成为“上采样”，补 0 后图像大小为 $[HS-S+1, WS-S+1]$。图像变大后如果直接进行卷积，会由于计算边界问题像素变少，解决这个问题的方式是在插值后的图像周围补充 K-1 个像素，其中，K 为核心大小，此时图像大小为 $[HS+K-S, WS+K-S]$。在使用核心大小为 K 的普通卷积后，图像变为 $[HS-S+1, WS-S+1]$。卷积完成后希望图像的长宽能够变为原始图像的 S 倍，此时需要在右下边界处加入 $S-1$ 个像素，此时图像变为 $[HS, WS]$。整个过程称为转置卷积。

转置卷积在 PyTorch 中对应的 API 是 **torch.nn.ConvTranspose2d（in_channels，out_channels，kernel_size=K，stride=S，padding=0，output_padding=0，…）**。如果想让输出层是输入层的整数倍，则必须有 padding $=\left|\frac{K-1}{2}\right|$，out_padding $=S-1$。在转置卷积的第三步是普通卷积操作，因此可以定义不同的输出通道数。

在转置卷积中已经看到了图像上采样的一种简单的方式，在这个过程中的一个关键是通过“补 0”将图像变大。这在图像处理中可以通过“插值”来完成，图像插值的方式包括“临近插值”和“线性插值”。临近插值不同于补 0，其插值过程中将图像填补为临近像素的取值，而线性插值通过线性方式填补两个像素之间的取值。插值后的图形可以继续通过卷积来计算特征。

在 PyTorch 中提供了插值的计算，见代码清单 7.1。

代码清单 7.1　转置卷积和插值方式进行上采样

```
K = 3 # 卷积核心大小
S = 2 # 步长
# 二维上采样方式
## 转置卷积
net1 = nn.ConvTranspose2d(64, 32,
       kernel_size=K, stride=S,
       padding=(K-1)//2, output_padding=S-1)
## 上采样:临近插值
net2 = nn.Sequential(
    nn.UpsamplingNearest2d(scale_factor=S), #上采样 2 倍
    nn.Conv2d(64, 32, K, stride=1, padding=(K-1)//2)
)
## 上采样:线性插值
net3 = nn.Sequential(
    nn.UpsamplingBilinear2d(scale_factor=S), #上采样 2 倍
    nn.Conv2d(64, 32, K, stride=1, padding=(K-1)//2)
)
x = torch.zeros([10, 64, 10, 10])# 伪造输入
y1 = net1(x)
y2 = net2(x)
y3 = net3(x)
print(y1.shape, y2.shape, y3.shape)

# 一维上采样方式
## 转置卷积
net1 = nn.ConvTranspose1d(64, 32,
       kernel_size=K, stride=S,
       padding=(K-1)//2, output_padding=S-1)
## 上采样:临近插值
net2 = nn.Sequential(
    nn.Upsample(scale_factor=S, mode="nearest"), #上采样 2 倍
    nn.Conv1d(64, 32, K, stride=1, padding=(K-1)//2)
)
## 上采样:二次线性插值只能用于二维图像数据
x = torch.zeros([10, 64, 10])# 伪造 1D 输入
y1 = net1(x)
y2 = net2(x)
print(y1.shape, y2.shape)
```

另外一种“上采样”方式与前面的转置卷积和插值的方式有所不同，其是通过将单一像素展开成多个像素的方式进行的，这称为像素洗牌（Pixel Shuffle），如图 7.2 所示。

像素洗牌可以通过将单个像素展开成多个像素的方式将图像宽高变大，见代码清单 7.2。

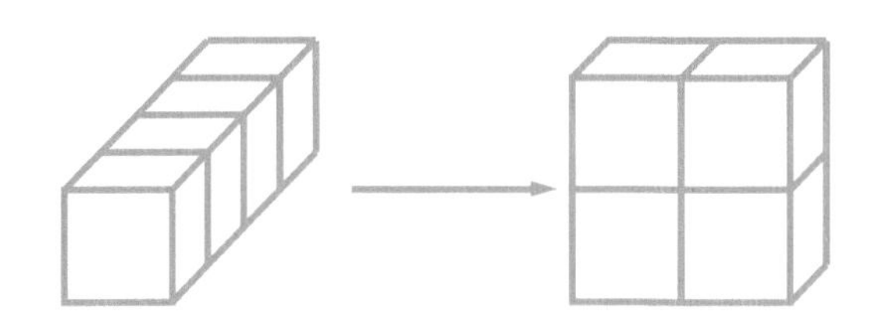

● 图 7.2　像素洗牌方式

代码清单 7.2　一维和二维的 Pixel Shuffle

```
# Pixel Shuffle 仅有二维形式
net1 = nn.Sequential(
    nn.Conv2d(64, 32* S* * 2, K, stride=1, padding=(K-1)//2),
    nn.PixelShuffle(upscale_factor=S)
)
x = torch.zeros([10, 64, 10, 10])# 伪造输入
y1 = net1(x)

# 一维可以通过矩阵变换形式来完成 PixelShuffle 目标
class PixcelShuffle1D(nn.Module):
    def __init__(self, nin, nout, kernelsize, stride):
        super().__init__()
        K = kernelsize
        # 定义卷积层
        self.layer = nn.Conv1d(
            nin, nout* S, K, stride=1, padding=(K-1)//2)
        self.S = stride
        self.C2 = nout
    def forward(self, x):
        B, C, T = x.shape
        y = self.layer(x) #[B, C2* S, T]
        y = y.reshape([B, self.C2, self.S, T])
        y = y.permute(0, 1, 3, 2) # [B, C2, T, S]
        y = y.reshape([B, self.C2, T* S])
        return y
net1 = PixcelShuffle1D(64, 32, K, stride=S)
x = torch.zeros([10, 64, 10])# 伪造输入
y1 = net1(x)
print(y1.shape)
```

由于 PyTorch 中并未实现一维 Pixel Shuffle，代码清单 7.2 中通过矩阵变换的方式来实现。

7.1.2　一维自编码器模型：波形的滤波与重建

波形在工业、科研应用中是一种非常重要的数据类型，其包括语音、震动波形、雷达、电磁

波等多种多样的数据。

波形数据滤波和其应用示例

1）声波数据：是常见的数据类型之一。歌曲、录制的音频及视频记录的环境声音都是声波数据。声波数据常用的采样率为44.1kHz，即4.41万个采样点/s。对于立体声来说有两个通道，对于7.1声道来说有7个通道+1个低音通道。声波滤波处理需求很多，例如，嘈杂的道路上滤除车辆、鸣笛的声音而只保留人声，这可以用于手机通话中；将不同人说话的声音进行分离，即人声分离；对某一弱声音信号进行增强，即信号增强。这都需要用到滤波算法。

2）震动波形数据：这种数据类型并不直观，但是其在工程中是经常用到的。可以通过检测物体表面或地球表面的震动来检测诸如建筑物、地下地震等信息。常用的频率为100Hz。同样的震动波形数据滤波、重建需求包括滤除震动波形中的噪声数据，保留有效信号，方便后续处理；填补震动波形数据中的由仪器问题造成的缺失和异常值，以方便对有效信号进行增强。这同样需要本节中所用的算法。

3）雷达电磁波数据：这在航空航天、遥感、地下管线检测中常常会用到。电磁波形频率较高，电磁波探地雷达可以达到1GHz。但其处理逻辑与震动波形数据是类似的。同样可以使用本节中的算法完成。

使用从全球采集的地震波形数据（STEAD数据集）作为示例，对滤波算法进行详细的说明。

STEAD数据集

斯坦福地震数据集（STanford EArthquake Dataset）是全球地震数据集，其包含了120万条人工标注波形，波形数据采样率为100Hz，总时长为1.9万小时，45万个地震事件。这些数据由来自于全球的2613个地震观测台/站记录，总数据量约为90GB。

在本节学习后可以很容易地推广到其他的数据类型中。数据集中地震波形数据采样率为100Hz，即100个采样点/s；每个采样点包含三个通道的数据，分别代表垂直方向震动、南向震动、北向震动。一个典型的地震波形记录形式为$\boldsymbol{x}\in\mathbb{R}^{C\times T}$，其中$C=3$，$T$为采样点数量。波形数据如图7.3所示。

在波形中有些数据记录清晰，可以方便地看出波形的特征（图7.3c）。而在另一些数据中由于其他信息干扰，导致有效的波形淹没在了噪声之中（图7.3a）。这里信号振幅与噪声振幅的比值即为信噪比（Signal to Noise Ratio，SNR）。低信噪比数据中噪声较多，较难对信号进行观测。因此滤波算法即是将低信噪比的数据变为高信噪比数据，从而可以较好地研究有用的信号部分。与此同时信号中由于记录不完整、仪器损坏等原因可能出现数据缺失（图7.3b），这需要对信号

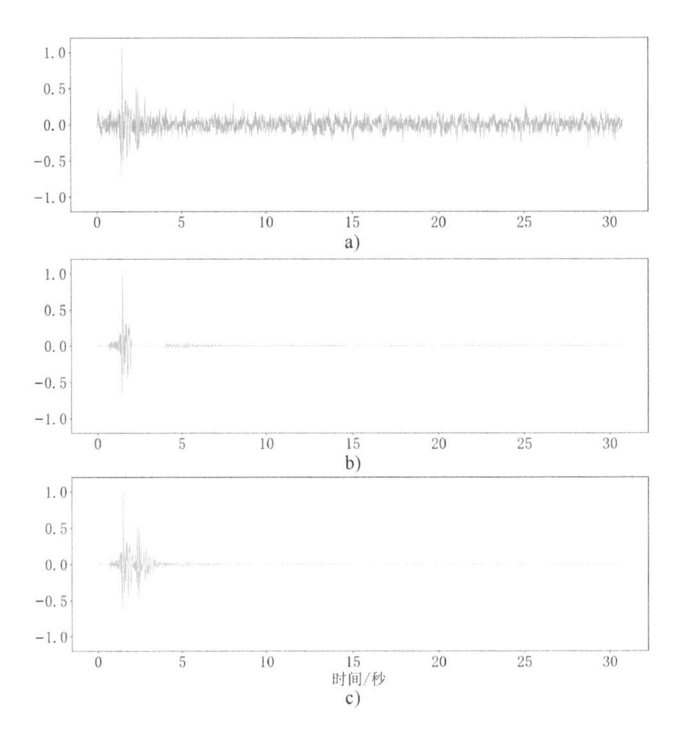

图 7.3 地震波形数据包含高信噪比、低信噪比波形及数据缺失

a）带噪声的波形数据 b）缺失部分特征的数据 c）原始波形数据

进行缺失值填补。滤波和缺失值填补均可以由卷积神经网络完成。

接下来便是考虑卷积神经网络的结构设计了。卷积基础部分章节已经说过，实际上卷积神经网络就是一个滤波器，可以通过简单的构建多层卷积神经网络完成滤波工作，如叠加 5 层卷积神经网络进行。但是这种方式的问题在于卷积神经网络在处理波形中可能需要较大的感受野，较小的感受野难以涵盖多种波形特征。可以通过在卷积过程中加入降采样来增大感受野，加入感受野后另外一个优势是卷积过程中特征图变小，从而使得计算负担减小，滤波工作可以以较快速度完成。综上所述，一个用于波形滤波的卷积神经网络结构便呼之欲出了，如图 7.4 所示。

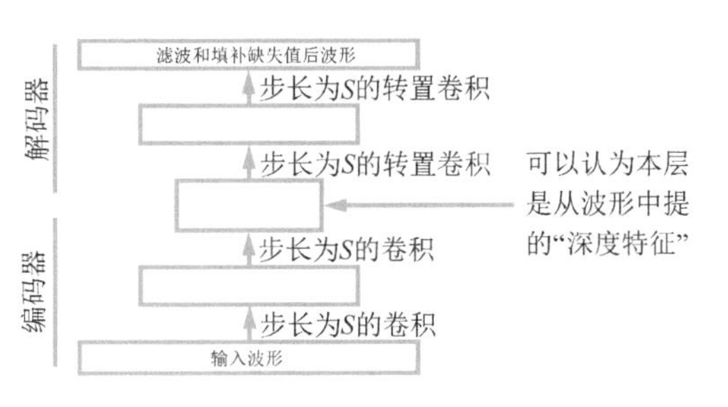

图 7.4 用于滤波的自编码器结构

如图 7.4 所示的卷积神经网络结构称为自编码器（Auto Encoder，AE），本节由于其被用于去噪工作，也被称为“去噪自编码器”。自编码器结构属于“编码-解码”结构的一种，只不过

其输入和输出是其本身（或者带噪声的），因此被称为自编码器。编码解码结构是深度学习中一类非常重要的结构，其中包含了编码器（Encoder）和解码器（Decoder）。编码器用于提取输入数据的特征，可以是波形、图像或者文本的，并形成“深度特征”；解码器用于将编码器所形成的深度特征“解码”为所需要的输出，本节示例中解码成的为去噪后的波形。去噪自编码器中可以直接利用深度特征做一些聚类、统计分析，这与频谱分析是相同的，只不过此时是“深度频谱”。自编码器结构没有人工标注的标签（准确来说需要高信噪比波形作为标签，但其不需要人工标注），因此属于无监督机器学习算法。使用深度学习库来构建自编码器，见代码清单 7.3。

代码清单 7.3　去噪自编码器结构

```
class AutoEncoder(nn.Module):
    """一维去噪自编码器波形滤波"""
    def __init__(self):
        super().__init__()
        K = 5        # 卷积核心大小,这里设置为 5
        S = 2        # 每次计算步长
        P = (K-1)//2 # 补充 0 长度
        # 定义编码器
        self.encoder = nn.Sequential(
            nn.Conv1d(3, 16, K, S, padding=P),
            nn.BatchNorm1d(16),
            nn.ReLU(),
            nn.Conv1d(16, 32, K, S, padding=P),
            nn.BatchNorm1d(32),
            nn.ReLU(),
        )
        # 定义解码器
        self.decoder = nn.Sequential(
            nn.ConvTranspose1d(32, 16, K, S, P, output_padding=S-1),
            nn.BatchNorm1d(16),
            nn.ReLU(),
            nn.ConvTranspose1d(16, 3, K, S, P, output_padding=S-1),
            nn.Tanh() # 约束到-1~1 区间,迭代更加稳定
        )
    def forward(self, x):
        h = self.encoder(x) # 编码器构建特征
        y = self.decoder(h) # 解码器输出滤波波形
        return y
```

模型使用人工添加噪声的波形数据进行训练，其结果如图 7.5 所示。

可以看到，深度神经网络滤波后所得的波形较为清晰，可以将隐藏在噪声中的有用信息进行提取。

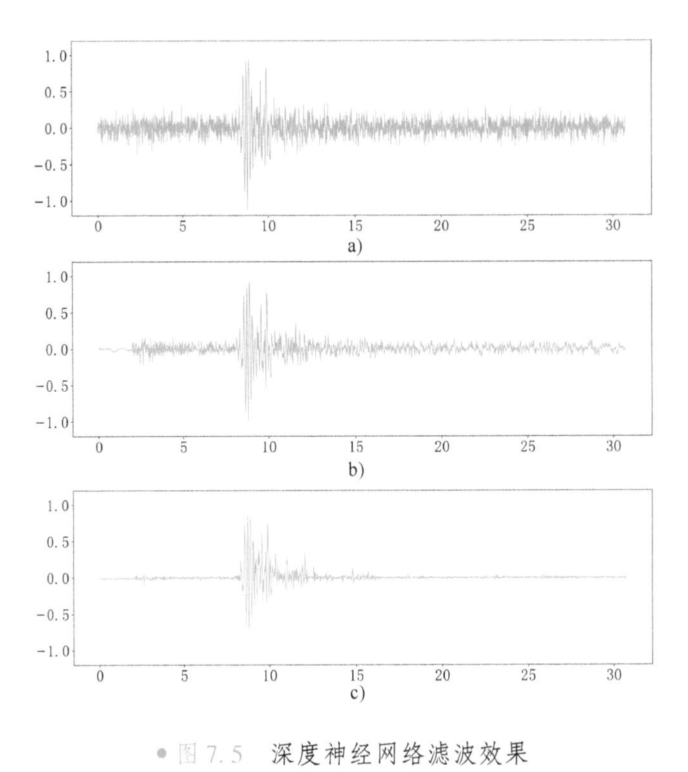

图 7.5　深度神经网络滤波效果

a）输入的带噪声的波形　b）高信噪比标签　c）神经网络滤波结果

7.1.3　二维数据滤波：图像滤波和超级夜景功能

二维数据滤波与一维数据滤波原理是相同的。对于图像类型的应用更加符合初学者的直觉，因为滤波效果是可以直观地感受到的。一维数据与二维数据同样重要，深度学习广泛的应用基础使得我们需要掌握大部分的数据类型和建模方式。本节中列举的“超级夜景”功能也是一个营销词汇，其方法基础依然是滤波和信号（图像）增强算法。

在本节中由于夜间拍摄图像难以获得，作者自行制作了部分数据集，如图 7.6 所示。

图 7.6 为训练图像滤波模型，需要制作带噪声的图形（图 7.6b），并加入一定比例的均匀分布噪声，从而得到低信噪比的图形。而深度学习模型的任务便是以降低亮度、添加噪声的图形作为输入，以原始图像作为输出标签，进行滤波工作。这里需要注意的是，自行制作的数据与真实夜景照片可能存在差距，因此在真实夜景处理中效果可能稍差，但可以满足滤波需求。

接下来便是设计基于卷积神经网络的滤波模型了。在波形滤波中，构建的是一个简单的去噪自编码器。其结构简单，易于实现。而在本节中也可以使用以上模型进行滤波，只不过卷积需

a)

b)

图7.6　降低亮度加入噪声后的图像

a）原始图像　b）降低亮度并添加噪声后的图像

要改为二维卷积。但这里对网络结构进行改进，即在层间加入跃层连接（Skip Connection）而形成U型网络（UNet），如图7.7所示。

U型网络（UNet）最初用于医疗图像的分割算法中，即将细胞图像与背景分离出来。其结构的优秀之处在于网络模型中加入了跃层的连接。跃层连接是将网络浅层的输出与深层输出进行连接，这样可以保留浅层和深层的特征。从而使得模型可以混合多种感受野：可以从跃层连接处获得浅层感受野；在原始网络中为深层感受野。这可以使得模型更容易训练的同时获得更好的精度表现。在构建网络之前，需要对“上采样”和“下采样”的卷积层进行整理，这里使用像素插值的方式来进行“上采样”，见代码清单7.4。

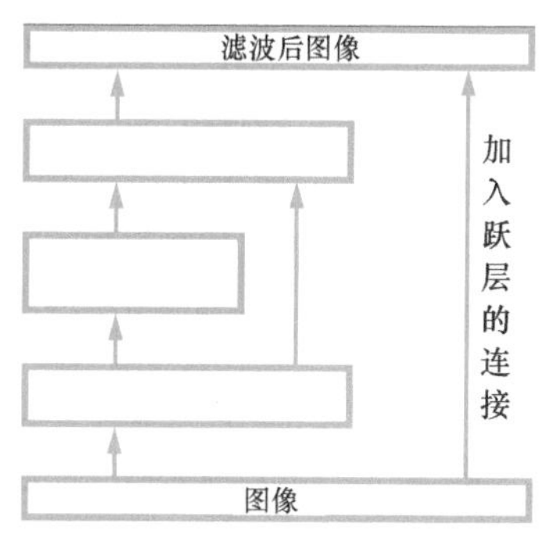

图7.7　U型网络结构

代码清单7.4　卷积和上采样

```
class Conv2d(nn.Module):
    def __init__(self, nin=8, nout=11, ks=[7, 1], st=[4, 1], padding=[3, 0]):
        super().__init__()
        self.layers = nn.Sequential(
            nn.Conv2d(nin, nout, ks, st, padding=padding),
            nn.BatchNorm2d(nout),
            nn.ReLU()
        )
    def forward(self, x):
        x = self.layers(x)
        return x
class Conv2dT(nn.Module):
```

```
    def __init__(self, nin=8, nout=11, ks=[7, 1], st=[4, 1], padding=[3, 0]):
        super().__init__()
        # 这里使用插值进行上采样
        self.layers = nn.Sequential(
            nn.UpsamplingNearest2d(scale_factor=tuple(st)),
            Conv2d(nin, nout, ks, [1, 1], padding=padding),
        )
    def forward(self, x):
        x = self.layers(x)
        return x
```

由于没有简单的补0，因此使用像素插值的方式不容易出现棋盘格效应（即在补0后容易出现交替的网格）。在构建好基础的卷积层后，便可以搭建UNet了，见代码清单7.5。

代码清单7.5 UNet网络搭建

```
class UNet(nn.Module):
    def __init__(self):
        super().__init__()
        self.inputs = Conv2d(3, 8, 3, 1, padding=1)
        self.layer0 = Conv2d(8, 8, 3, 1, padding=1)
        self.layer1 = Conv2d(8, 16, 3, 2, padding=1)
        self.layer2 = Conv2d(16, 32, 3, 2, padding=1)
        self.layer3 = Conv2d(32, 64, 3, 2, padding=1)
        self.layer4 = Conv2d(64, 128, 3, 2, padding=1)
        self.layer5 = Conv2dT(128, 64, 3, 2, padding=1, output_padding=1)
        self.layer6 = Conv2dT(128, 32, 3, 2, padding=1, output_padding=1)
        self.layer7 = Conv2dT(64, 16, 3, 2, padding=1, output_padding=1)
        self.layer8 = Conv2dT(32, 8, 3, 2, padding=1, output_padding=1)
        self.layer9 = nn.Conv2d(16, 3, 3, 1, padding=1)
    def forward(self, x):
        x = self.inputs(x)
        x1 = self.layer0(x)
        x2 = self.layer1(x1)
        x3 = self.layer2(x2)
        x4 = self.layer3(x3)
        x5 = self.layer4(x4)
        x6 = self.layer5(x5)
        x6 = torch.cat([x4, x6], dim=1)
        x7 = self.layer6(x6)
        x7 = torch.cat([x3, x7], dim=1)
        x8 = self.layer7(x7)
        x8 = torch.cat([x2, x8], dim=1)
        x9 = self.layer8(x8)
        x9 = torch.cat([x1, x9], dim=1)
        x10 = self.layer9(x9)
```

```
    x10 = x10.sigmoid() # 最终输出[0,1]区间,加入 sigmoid 使得结果更稳定
    return x10
```

使用U型网络的滤波结果如图7.8所示。

a)　　b)　　c)

● 图7.8　神经网络（UNet）滤波效果（见彩插）
a）原始带噪声的图像　b）目标图像　c）神经网络滤波后图像

可以看到，UNet可较好地对图像进行滤波，同时提升亮度。本模型可以用于手机的“超级夜景”算法中。

7.2 物体检测和时序数据异常检测

物体检测是深度学习中最具代表性的应用之一，其在工业应用中表现出了极高的应用潜力。物体检测指的是从任意大小的图像中（也可以是视频）检测其中的物体位置和类别。这分为两个任务：检测物体位置，这是回归问题；分析物体类别，这是分类问题。深度学习可以将两个任务合二为一。

7.2.1 物体检测模型设计：基于滑动窗的物体检测模型

在设计的物体检测模型中，考虑使用基于滑动窗的流程。在本节中，将物体检测任务简化为一个类别，即人脸。那么物体检测模型便成为“人脸检测”模型。顾名思义，人脸检测模型即在任意大小的图像中寻找人脸。本节中使用的数据集为WiderFace数据集。

WiderFace数据集简介

WiderFace数据集中大部分图像是彩色的，其中人脸包含了不同的尺度、姿态、遮挡、表情、装扮、光照等情况。可以使得深度神经网络对不同情况下的人脸进行检测。部分官方示意图如图7.9所示。

● 图 7.9　WiderFace 数据示意图

对于具体的人脸识别来说，由于仅有一个类，因此最重要的便是检测人脸的位置。考虑一种最简单的处理方式：训练一个固定大小图片输入分类的模型，即模型可以区分图片是否是人脸；而后使用固定大小的分类器在整张图片上滑动，这相当于一个检测窗，如果人脸图像出现在窗口中，那么其分类为正，如果未出现人脸，那么分类为负。这样便可以在任意大小的图像上检测固定大小的人脸图像了，这称为滑动窗（Sliding Window）。人脸检测流程如图 7.10 所示。

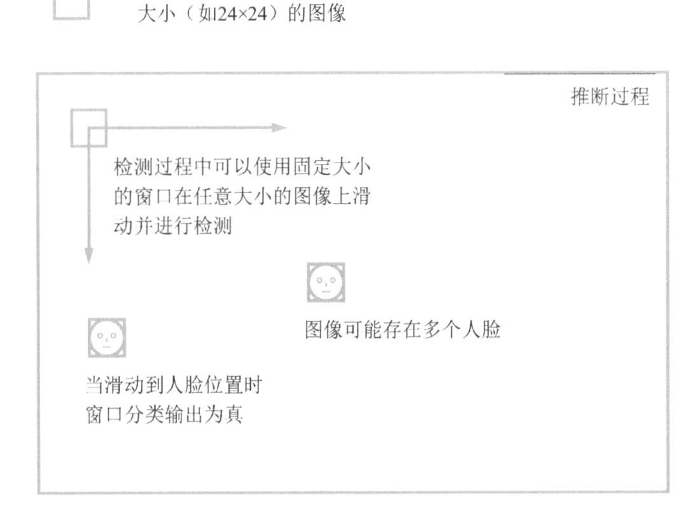

● 图 7.10　人脸检测流程示意

人脸检测流程中不需要对不同的人进行区分，本节目标是对人脸位置进行检测，称为人脸检测。人脸检测需要特别注意的是，其模型的训练和推断过程是不同的。训练过程中，提供固定大小的（如24×24）图像进行训练；而推断过程中，需要使用训练好的窗口在任意大小的图像上进行滑动。这种思想实际上暗含了卷积神经网络的思路：如果在设计模型的过程中直接设计纯卷积神经网络，而不包含展平层，模型是可以处理训练和推断不同大小的。例如，在之前的滤波器模型中，模型训练数据为固定长度，而推断过程中可以给定其他长度，虽然这可能会降低精度。这里先来看程序，见代码清单7.6。

代码清单7.6　用于人脸检测的全卷积网络

```
class FaceDetection(nn.Module):
    # 全卷积神经网络,不包含全连接层
    def __init__(self):
        super().__init__()
        self.layers = nn.Sequential(
            Conv2d(3, 32, 3, 2, padding=0),
            Conv2d(32, 32, 3, 1, padding=0),
            Conv2d(32, 64, 3, 2, padding=0),
            Conv2d(64, 64, 3, 1, padding=0),
            Conv2d(64, 64, 2, 1, 0),
        )
        self.bbox = nn.Conv2d(64, 4, 1)
        self.clas = nn.Conv2d(64, 2, 1)
    def forward(self, x):
        x = self.layers(x)
        box = self.bbox(x)
        cls = self.clas(x)
        return cls, box
```

训练过程中，模型输入为3×24×24大小的彩色图像。而网络结构中不包含展平层等其他结构。代码中输出的cls为分类输出，其维度为2×1×1，即仅有一个像素，而每个像素是长度为2的向量，代表是否是人脸。“感受野”的概念便产生了作用，由于在计算的过程中并未对图像进行补0，因此最终输出的一个像素的感受野大小就是24，即代表了原始图像24×24大小区块的类别。模型对图像进行了两次降采样，这样算下来，图像总的降采样次数为2×2=4，这便是网络总的步长，即相邻的两个输出像素间感受野移动为4个像素。为测试推断过程，输入256×256大小的图像，此时输出类别维度为$\left|\frac{256-24+1}{4}+1\right|=59$，即输出$y$特征图大小为59×59像素。此时类别维度中第$y_{i,j}$对应原始图像$x_{4i:4i+24,4j:4j+24}$的位置。可以看到纯卷积神经网络相当于一个“滑动窗”算法。

在更具体的讲述训练和推断算法之前，需要了解一个概念，即交并比（Intersection over Union，IoU）。在二维图像中通常使用矩形框（Box）来标注物体，通常使用交并比衡量两个矩形框重叠程度。其指的是两个矩形框重叠部分的面积与所占面积之比，如图7.11所示。

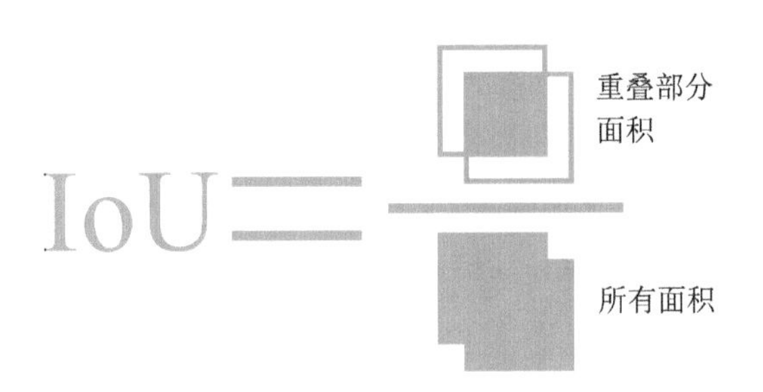

● 图 7.11　交并比示意图

通过交并比可以非常方便地计算两个矩形之间的重叠程度，见代码清单 7.7。

代码清单 7.7　IoU 计算

```
def IoU(box, boxes):
    """
    计算 box 与 boxes 之间的 IoU
    其中 box 为长度为 4 的向量:x1,y2,x2,y2
    其中 boxes 为多个长度为 4 的向量[N, 4]
    返回值为 IoU
    """
    # box 的面积,加 1 是补充边界
    box_area = (box[2] - box[0] + 1) * (box[3] - box[1] + 1)
    # boxes 的面积
    area = (boxes[:, 2] - boxes[:, 0] + 1) * (boxes[:, 3] - boxes[:, 1] + 1)
    # 计算内边界点的位置
    xx1 = np.maximum(box[0], boxes[:, 0])
    yy1 = np.maximum(box[1], boxes[:, 1])
    xx2 = np.minimum(box[2], boxes[:, 2])
    yy2 = np.minimum(box[3], boxes[:, 3])
    # 计算内部边界的高和宽
    w = np.maximum(0, xx2 - xx1 + 1)
    h = np.maximum(0, yy2 - yy1 + 1)
    # 计算交界部分面积
    inter = w * h
    # 除以总面积
    IoU = inter / (box_area + area - inter)
    return IoU
```

在了解完 IoU 的定义后，接下来便是模型的训练过程。在训练过程中首先需要安排样本。这里人工标注的边框为真实边框。需要根据人工标注边框从图像中截取正样本和负样本，如图 7.12 所示。

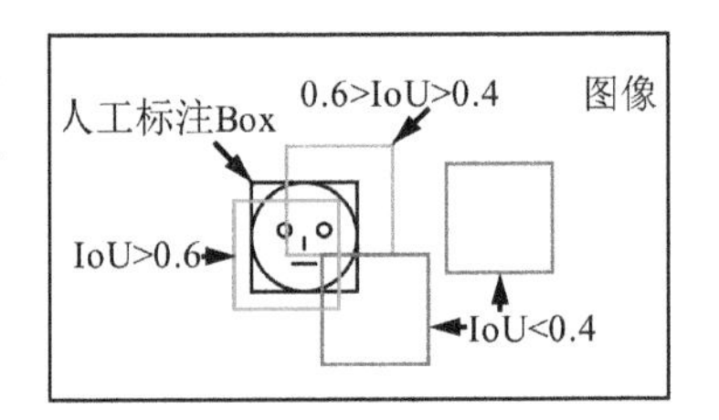

● 图 7.12　训练样本制作示意图

人工标注的边框位置被认为是真实边框（Ground Truth）。在截取样本过程中截取蓝色边框与真实边框 IoU>0.6 的为正样本，与真实边框 IoU<0.4 的为负样本，IoU 在二者之间的为部分样本。在训练的过程中使用正负样本对模型的分类输出进行训练。使用部分样本和正样本训练回归输出，回归输出是为修正人脸的真实位置而进行的输出，其为相对于左上角的坐标。

在推断过程中，滑动窗算法仅仅是解决了 24×24 像素人脸图像的位置问题，还需要面对更多问题：实际中人脸可能是大于 24×24 像素的，训练好的模型应当可以解决任意大小人脸检测的问题；滑动过程中可能存在多个人脸，同一个人脸也可以被多个网格点检测到，需要算法可以确定人脸的最终位置和数量。

对于任意大小人脸检测的问题，需要使用“图像金字塔”，即将图像进行多次缩放，分别在每张图像上进行检测。每次缩放为原来的 α 倍。这样比较大的人脸可以缩放到 24×24 以内，从而被检测出来。之所以没有图像放大是因为小的人脸（小于 24×24 像素）所能包含的信息是有限的，放大后未必能够有效检测，因此这里直接忽略。对于多个人脸位置的确定问题需要使用非极大值抑制算法（Non-Maximum Suppression，NMS）。算法流程如图 7. 13 所示。

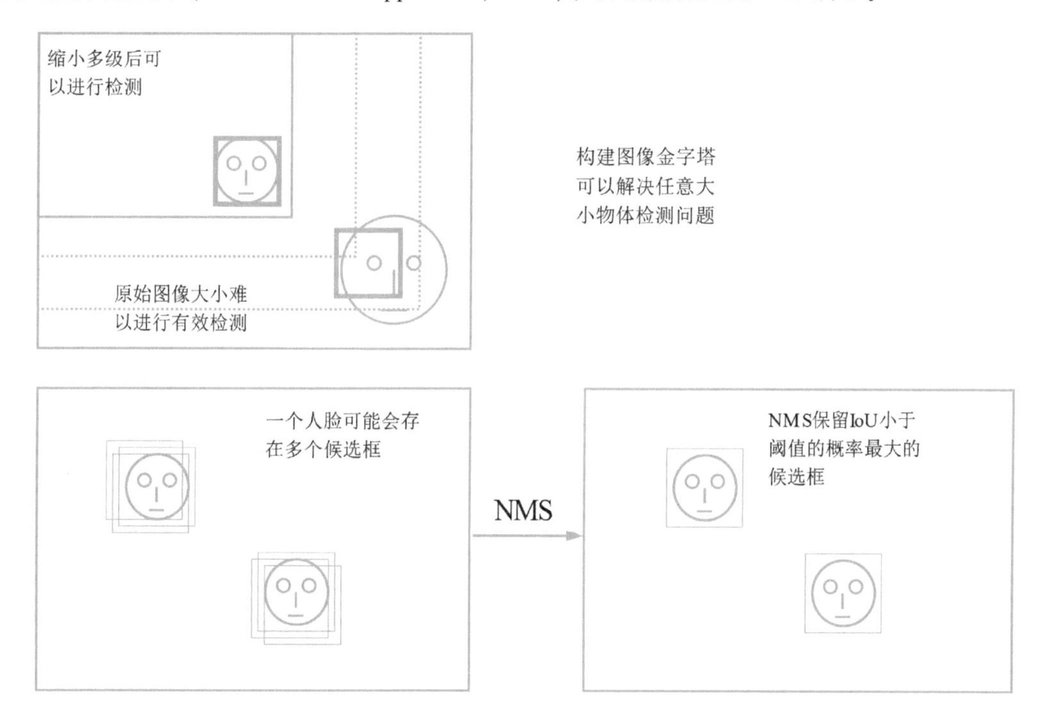

图 7. 13　图像金字塔和非极大值抑制示意图

模型在预测过程中会生成多个 Box，每个 Box 均有置信度，非极大值抑制算法流程见算法清单 7. 1。

算法清单 7.1　非极大值抑制算法

设定 IoU 阈值 β；
将所有边框按置信度从小到大进行排序，并输入列表 L；
定义空列表 Q；
迭代直到 L 为空：
　　从 L 中取出第一个元素 box1，并从中删除；
　　如果 box1 与 Q 中所有的边框 IoU 均小于阈值，将其添加到 Q 中；
　　如果 box1 与 Q 中某一边框 IoU 大于阈值，则忽略；
返回 Q 即为所需所有边框。

非极大值抑制算法可以使用 NumPy 来实现，见代码清单 7.8。

代码清单 7.8　非极大值抑制算法

```
def non_max_supression(detec, c=0.3, i=0.1):
    """
    detec:检测结果[中心位置,宽高,置信度,类别]
    c:置信度阈值
    i:iou 阈值
    """
    conf = detec[:, 4] # 预测置信度
    detec = detec[conf>c]
    c1, c2, w, h, conf, clas = (detec[:, 0], detec[:, 1],
        detec[:, 2], detec[:, 3], detec[:, 4], detec[:, 5:])
    w2, h2 = w/2, h/2
    x1, x2 = c1 - w2, c1 + w2
    y1, y2 = c2 - h2, c2 + h2
    out = np.stack([x1, y1, x2, y2, conf, np.argmax(clas, axis=1)]).T
    sidx = np.argsort(conf)
    out = out[sidx]
    outputs = []
    while True:
        if len(out) == 0:
            break # 当为 0 时终止迭代
        a = out[0]
        outputs.append(a)
        iou = box_iou(out[:], a) # 计算 IoU
        out = out[iou<i] # 删除 IoU 大于阈值的 box
    out = np.stack(outputs)
    return out
```

经过非极大值抑制算法处理后，模型可以处理多个检测框的问题。由于单一模型精度可能受限，而较大的模型可能速度较慢，因此在神经网络设计过程中可以使用层级结构。例如，多任务卷积（MTCNN）算法中，先使用 PNet，检测窗大小为 12×12，可以快速地找到候选的人脸区域；再使用 RNet 和 ONet 进一步对检测到的人脸进行分类和定位，在之后的两步中不需要任意大小人脸，而是固定大小的。检测效果如图 7.14 所示。

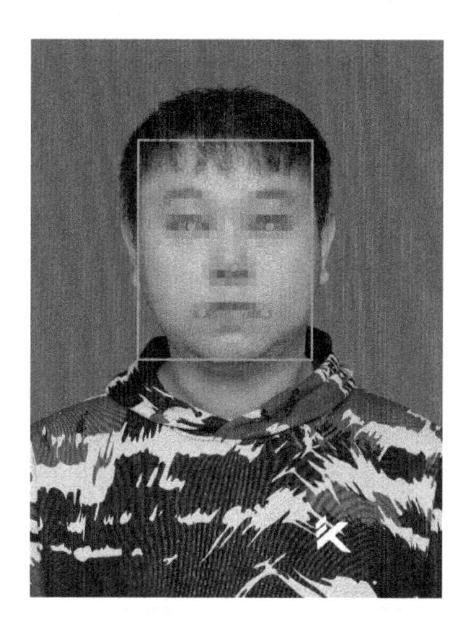

图 7.14　人脸检测效果示意图（框为 Box，点为人脸关键点）

7.2.2　物体检测模型设计：多物体检测的单一模型

滑动窗算法是一种非常简单有效的检测算法。而 MTCNN 同样也是人脸检测领域中常用的深度学习模型之一。但是这种检测流程的问题是需要构建一个图像金字塔，这使得卷积计算过程中需要从多个层级金字塔中分别进行计算。深度学习优势是可以实现“端到端”的建模，因此可以考虑基于模型本身来拾取不同尺度的物体。在物体检测任务中使用的数据集为 COCO 数据集。

COCO 数据集简介

COCO 数据集是计算机视觉领域的一个大型图像数据集，其包含了图像检测、图像语义分割等多种类型任务。数据集中包含了 33 万张图像，150 万个物体，80 个类别。官网示例如图 7.15所示。

● 图 7.15　COCO 数据集示意图

在模型设计中可以充分考虑深度神经网络的特性来解决实际问题。这在纯卷积网络中已经有部分提及了。再来考虑一下人脸检测中的问题，之前的网络感受野是严格的 24×24 大小。这限制了整个模型拾取更大的人脸或者物体。因此在本节中，设计一个更深的网络，具备更大的感受野。由于深层网络感受野难以确定，因此在本节中训练和推断均是固定大小的。本节中依然使用纯卷积网络，只不过输入变成了固定大小的 416×416 彩色图像。而卷积计算过程中为使得降采样为上一层的整数倍，需要对每层的边界均进行补 0。这是与之前人脸检测算法所不同的地方，更具体的区别以 YoloV3 中模型为例进行说明。首先将 YoloV3 模型结构进行适当简化，其主干网络部分（等价于 SSD 模型）如图 7.16 所示。

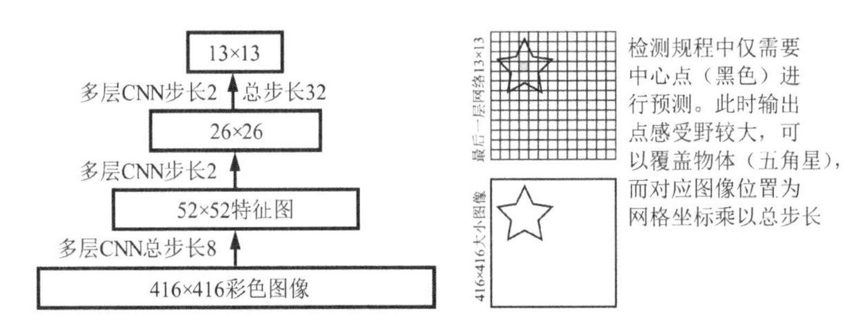

● 图 7.16　YoloV3 主干网络模型结构以及输出示意图

主干模型输入为 416×416 大小的彩色图像。经过多层神经网络提取特征后，降采样到 52×52 的大小，记录为 h_8。h_8 相对于输入层总步长为 8，即经历了三次步长为 2 的降采样。而后在此基础上继续进行降采样，得到 h_{16}，是在 h_8 的基础上继续进行步长为 2 的降采样，此时相比于输入层总步长为 16。最后一层隐藏层 h_{32} 中，输出为 13×13，总步长为 32。

可以看到的是步长是随着层数增加而增加的，同时感受野也在不断地增加。h_8 浅层网络适合小物体的检测，而 h_{16}、h_{32} 分别适合中等大小物体和大物体检测。由此，网络本身可以完成类似于“图像金字塔”的功能。总步长可以用于物体中心和类别的确定。举例来说，假设图 7.17 中五角星（代表物体）中心点位置为 $[i,j]$，那么在最后一层输出中物体所在的网格为

$\left[\left\lfloor\frac{i}{32}\right\rfloor, \left\lfloor\frac{j}{32}\right\rfloor\right]$。输出网格 h_{32} 的 [m, n] 像素对应的原始图像位置 [$32m:32m+32, 32n:32n+32$]，如果图像中心在此区间，则由此部分像素负责预测具体位置和类别。但是需要注意的是 [$32m:32m+32, 32n:32n+32$] 并非是感受野大小，实际感受野远大于这个数值。而模型感受野具体为多少是难以计算的，在此不使用感受野来计算，而是使用“先验框”（Anchor），即人为给定物体大小，这个范围可以由数据统计得到。先验框的作用如图 7.17 所示。

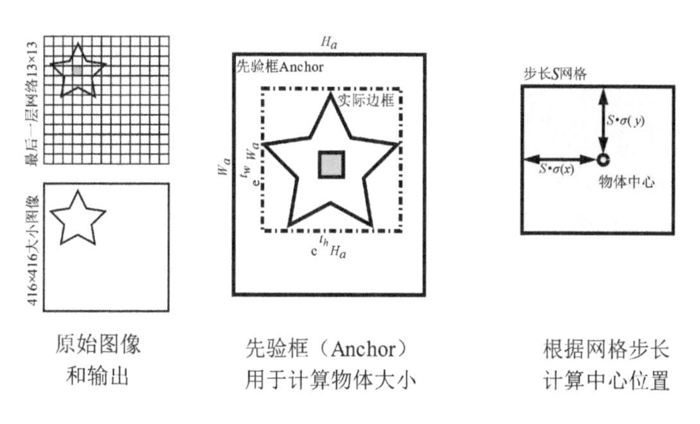

● 图 7.17　先验框确定物体大小和总步长确定物体中心位置

假设网络某一层的输出为 y，本层的步长为 S（YoloV3 中为 8，16，32）。那么为了确定物体的精确位置，需要了解 4 个坐标：物体中心点（c_x, c_y），物体宽高（h, w）。4 个坐标均需要神经网络进行输出 [t_x, t_y, t_h, t_w]。神经网络在计算中为了保证迭代稳定，需要使用 e 指数进行处理。在确定中心点具体位置的过程中，计算方式为 $c_x = S \cdot \sigma(t_x)$，$c_y = S \cdot \sigma(t_y)$。而物体宽高由于网络结构中并未有具体的感受野，因此定义了个先验框。先验框可以由真实物体统计得到，假设其长宽分别为 [H_a, W_a]，那么物体实际边框可以由先验框伸缩得到，$h = H_a \cdot \exp(t_h)$，$w = W_a \cdot \exp(t_w)$。借助先验框可以确定物体的高宽，结合物体中心位置计算便可以将神经网络的输出转换为物体的位置信息了。

假设物体类别数量为 80 个，那么每个输出像素需要预测的信息包括 4 个位置信息、是否是物体中心网格点、80 个类别预测。总共预测向量长度为 4+1+80=85。而为了保证可以预测不同尺度的物体，每种步长需要包含三种不同尺度的先验框。此时单个像素向量长度为 85×3=255。对于总步长为 8 的网络，其感受野较小，因此分配的先验框大小为（10，13），（16，30），（33，23）；步长 16 和 32 大小的先验框分别为（30，61），（62，45），（59，119）和（116，90），（156，198），（373，326）。需要注意的是，这些先验框是 YoloV3 论文中根据物体大小聚类所得的 9 种先验框，在具体问题中可以根据自身数据集获得相应的先验框。

到此为止所构建的模型与 SSD 模型并无不同。在卷积网络处理数据的过程中浅层网络适合处理边界、线条等浅层特征；而随着深度的增加可以提取到高阶特征，此时特征中可以包含更多的分类信息。更简单的理解是浅层网络和深层网络的特征是有所不同的。但是当前模型的问题在于模型让浅层（总步长为 8）到深层（总步长为 32）均对物体的类别、位置等信息进行输出。这显然与之前所分析的特征是不匹配的，导致精度较低。因此这里考虑将深层网络的信息通过反卷积的方式传递到浅层。这样既可以包含浅层的信息也可以包含深层的类别信息，这与之前介绍的用于去噪的 U 型网络是类似的。因此 YoloV3 所用的模型结构如图 7.18 所示。

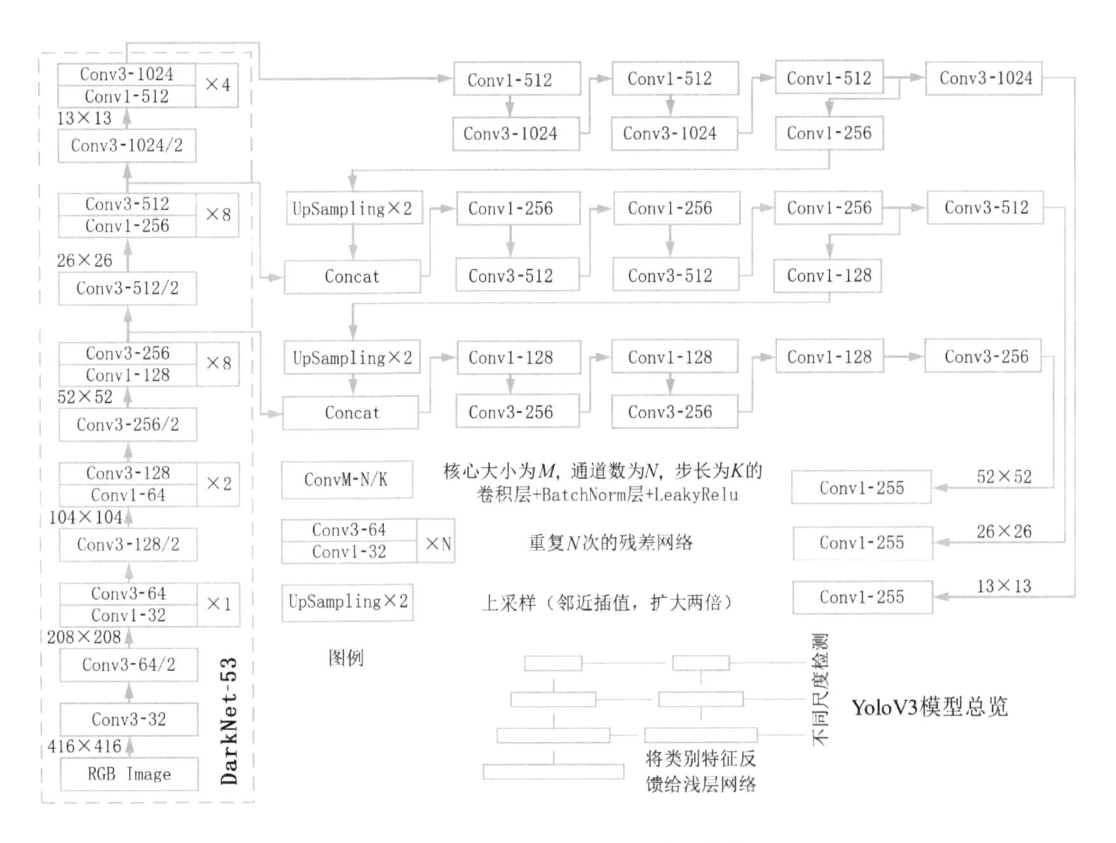

● 图 7.18　YoloV3 所用模型结构

在模型结构中存在将深层特征反馈给浅层以增加浅层网络准确度的机制。这里存在上采样层。模型中使用的上采样结构是前面所介绍的插值算法，论文中使用的是临近插值。而原始结构中使用的是 54 层的残差网络（论文中被称为 DarkNet-53），这称为主干网络。主干网络可以替换为其他更加简洁的网络结构。例如，使用层数更加少的优化结构，这可以显著增加模型计算速度。

在了解了模型的基础结构后，接下来一个关键问题是 Yolo 模型是如何训练的。模型总共输出 3 层，在每层中假设特征图大小是 $N\times N$，那么需要预测的矩阵维度为 $[N\times N\times(3\cdot(4+1+80))]$。这里 4+1+80 的含义是：4 个边框位置信息，1 个二分类（用于判断是否为中心网格），80 个物体类别。

对于中心网格的预测来说，所有先验框与物体重合的最高 IoU 标签为 1。而当 IoU 大于 0.5 但并非是最大时，为忽略样本，训练时不计入。其他情况标签为 0。这种策略与之前的人脸检测是类似的，IoU 较高的样本置信度可能介于 0 和 1 之间，这是较难分类的，如果参与训练容易使得模型精度降低。而位置和类别所形成的损失函数仅在标签为 1 的情况下给定，其余情况应当忽略（乘以 0，不计入计算）。位置的损失函数使用均方误差；而类别的损失函数则使用交叉熵，在模型输出的 80 个类别中使用 S 函数（Sigmoid）作为输出而非 softmax。

● 图 7.19　物体检测模型预测

这样可以简单地进行模型的训练，训练完成后预测过程中需要将图像约束到训练时的大小（不是任意大小的）。如果是矩形框，则需要对边界补 0 使得图像变为正方形。最终预测效果如图 7.19 所示。

在检测的过程中依然需要经过非极大值抑制的处理。由于模型为纯卷积结构，在预测过程中使用不同大小的图像也可以进行预测输出，但是由于训练过程中补 0 的影响会使得精度降低。

7.2.3　Faster RCNN：用于物体检测的二阶模型

物体检测模型中基于滑动窗及基于单一神经网络模型的检测方法都比较容易理解。使用单一深度学习模型解决物体检测的方法称为一阶模型（One Stage Model），而在物体检测中还存在着二阶模型（Two Stage Model）。二阶模型将位置检测和分类部分进行了分离。本节中将以 Faster RCNN 为基础进行说明。Faster RCNN 模型的结构如图 7.20 所示。

Faster RCNN 主要分为三个部分：第一主干网络（Backbone Network）主要用于从图像中提取特征；第二候选区域网络（Region Proposal Networks，RPN）用于从图像中检测物体的候选位置；第三检测网络将 RPN 生成的候选区域在图像特征上进行 RoI（Region of Interest）池化，将每个候选区域处理为固定长度的向量输入到神经网络中，输出物体类别并进行位置修正。

主干网络为纯卷积神经网络，其主体结构可以由不同结构的卷积构成，如 VGGNet 的卷积部分。网络总降采样次数为 S，如果输入图像大小为 $[H,W]$，那么经过主干网络后大小为 $\left[\frac{H}{S},\frac{W}{S}\right]$，特征图数量为 C，此时输出为 $\boldsymbol{h}\in\mathbb{R}^{C\times\frac{H}{S}\times\frac{W}{S}}$。

二阶网络的名称来源于物体的“检测”（即位置确定）和“分类”（即确定物体类别是分开的）。RPN 的作用便是在图像上确定物体的候选区域。其结构如图 7.21 所示。

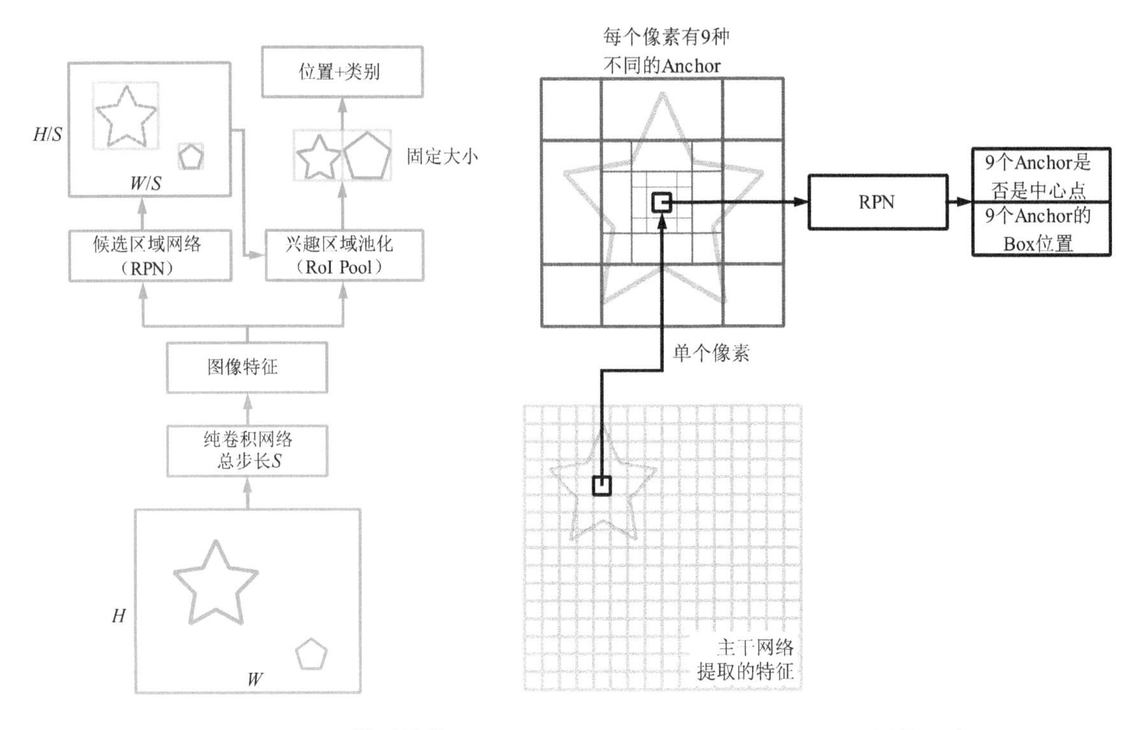

图 7.20 Faster RCNN 模型结构

图 7.21 RPN 网络示意

RPN 模型以主干网络的输出作为输入。其目标是预测某个网格点是否是需要检测的物体，这可以使用交叉熵作为损失函数，并且预测物体位置，包含 4 个参数：网格中心点位置相对位移 t_x、t_y 和物体的长宽 t_w、t_h，这是相比于先验框（Anchor）的大小。论文中每个像素点需要预测 9 个先验框位置和置信度，实际数量可以自行指定，这与前面的 YoloV3 模型含义是相似的，总共先验框的个数为 $\frac{H}{S}\cdot\frac{W}{S}\cdot 9$。在训练 RPN 的过程中包含三种样本：第一种真实物体的边框（Box）与所有的先验框交并比（IoU）的最大值为正样本，同时交并比大于 0.7 的样本也为正样本；第二种交并比小于 0.3 的样本为负样本；交并比在 0.3~0.7 之间的为忽略样本，不参与损失函数构建，防止过度拟合样本。

在使用 RPN 处理完成后，对每个物体均会产生一个候选区域，候选区域与物体尺度相关，因此并非是固定大小的，假设物体区域在特征图上对应的网格大小为 $[H,W]$。而神经网络中对固定大小的物体处理更加容易一些，如果想将其转换为固定大小 $[C_H,C_W]$，需要使用 RoI 池化。

RoI 池化是在［H,W］大小的特征图（来自于主干网络）上进行的步长为$\left[\left\lfloor\frac{H}{C_H}\right\rfloor,\left\lfloor\frac{W}{C_W}\right\rfloor\right]$、窗口大小为$\left[\left\lfloor\frac{H}{C_H}\right\rfloor,\left\lfloor\frac{W}{C_W}\right\rfloor\right]$的最大池化，池化完成后兴趣区域任意大小的特征图均会变为$[C_H，C_W]$大小。而后将固定大小的特征图输入多层神经网络，输出物体类别和位置。RoI 池化使得处理任意大小的物体成为可能，此部分检测流程如图 7.22 所示。

在使用 Faster RCNN 进行物体检测的过程中需要首先使用 RPN 产生候选区域，并使用 RoI 池化和分类回归网络进行物体分类，因此也被称为是二阶模型。理论上二阶模型精度更高。选择一张图像进行检测测试，如图 7.23 所示。

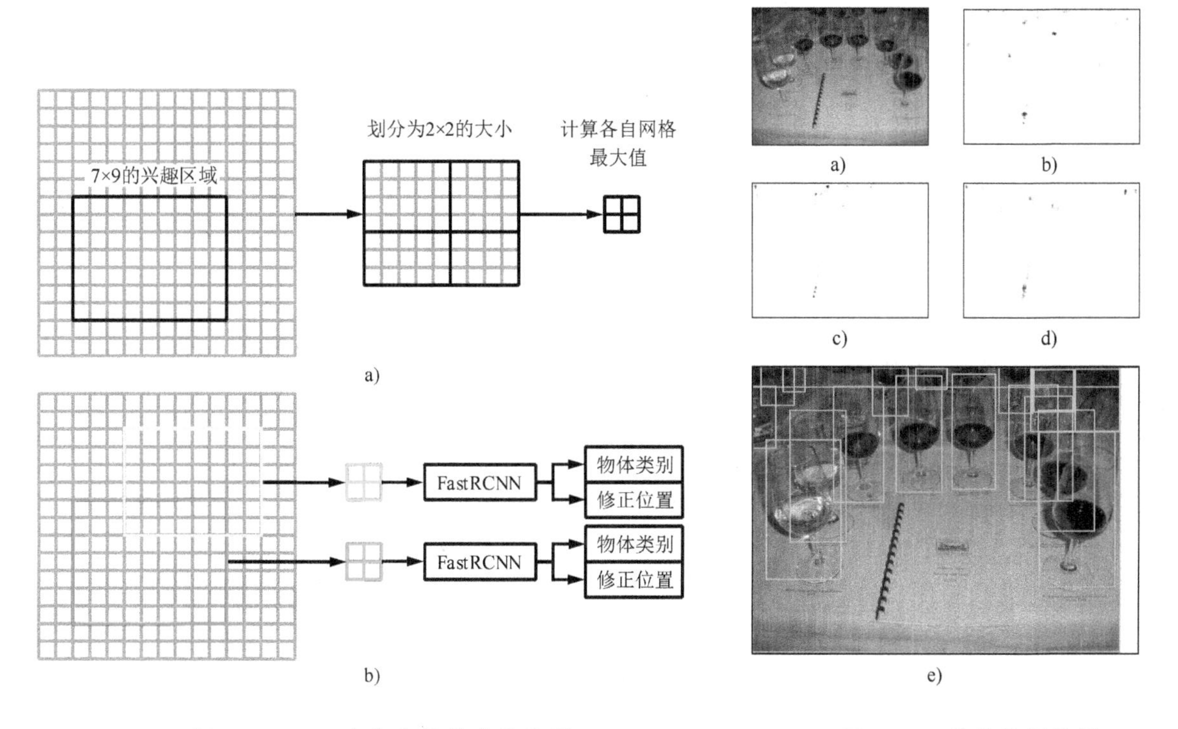

● 图 7.22　RoI 池化和物体分类流程
a）RoI 池化流程　b）不同物体分类并检测

● 图 7.23　物体检测结果
a）原始图像　b）~ d）不同 Anchor 置信度　e）检测结果

在图 7.23 中可以看到 Anchor 所对应的候选点（图 7.23b ~ 图 7.23d）是较为稀疏的（黑色），这意味着大部分位置均为非物体，不需要进行检测。而在第二级中仅需要较少量的计算即可完成物体检测工作。在 PyTorch 中提供了 Faster RCNN 的预训练模型，可以直接进行调用，见代码清单 7.9。

代码清单 7.9　PyTorch 中的 Faster RCNN 模型

```
from torchvision.models.detection import fasterrcnn_resnet50_fpn
rcnn = fasterrcnn_resnet50_fpn(pretrained=True)
rcnn.eval()
```

模型在**torchvision**库中，即 PyTorch 的计算视觉扩展库。代码清单 7.9 中演示的模型的主干模型是 50 层的残差网络，**torchvision** 中还提供了更多的主干网络选择。同时其提供了训练 API。在 Faster RCNN 中提出了三种训练策略：第一种为交替训练，在这种训练策略中首先训练 RPN，之后使用产生的候选区域训练分类模型（图 7.22 中的 Fast RCNN），经过分类模型调整后的网络再使用 RPN 调整，这样交替进行训练；第二种为近似联合训练，此部分 RPN 和分类模型看作一个整体，在正向计算的过程中候选区域是预先计算好的，而反向传播过程中 RPN 和分类模型损失函数进行相加，在此计算过程中忽略了候选框（实际上也是网络输出的一部分），但是速度提升了 25%~50%，精度与第一种方式是类似的；第三种方式将 RoI 池化中的候选区域坐标也使用网络预测的结果，因此结果并不是近似的。在 RPN 损失函数部分，会对负样本进行降采样使得二者比例接近 1。到此为止读者可以自行训练物体检测模型了。

7.2.4　用于一维时序数据、波形异常、信号检测

在本节中依然使用 STEAD 数据集进行说明。地震灾害中存在的地震的信号被称为压缩波（P 波）和剪切波（S 波），对两种信号进行检测可以有效地对地震灾害进行分析。而在其他的分析中，如隧道预警、滑坡预警中也会有相似的信号检测需求。信号异常检测实际上就是物体检测模型的一维情况，但是网络模型由于是处理一维的信号，因此需要使用一维的卷积。其他处理流程与物体检测是相同的。人工标注的数据如图 7.24 所示。

需要检测的波形如图 7.24 所示，包含了 P 波和 S 波。异常检测的网络模型可以以 YoloV3 的模型作为参考，依然是以降采样的方式对数据进行检测，但是仅有一层输出，降采样为固定长度。具体网络结构如图 7.25 所示。

在设计神经网络的过程中，输入的数据维度为 $\boldsymbol{x}\in\mathbb{R}^{N\times C\times T}$。其中，$N$、$C$、$T$ 分别为数据数量、通道数量（地震数据为 3 分量数据）和采样点数量。经过神经网络处理后进行了多次降采样，这里降采样 3 次，步长为 2，总步长为 8。在物体检测中有多个输出，包括位置和类别等。而一维数据检测中则要简化很多，其仅包括类别 y 和位置 r，删除了物体检测模型中的中心网格部分的预测。类别 $\boldsymbol{y}$ 预测包括三个：正常数据、压缩波和剪切波，因此其数据长度为 $\boldsymbol{y}\in\mathbb{R}^{N\times 3\times\frac{T}{8}}$。位置预测为具体的位置，由于进行了降采样，因此类别预测中代表了 8 个连续采样点的类型，而位置预测代表了具体采样点位置，这是回归问题。图 7.25 的 Block 为多层卷积神经网络的基础结构，可以自行进行修改。在编程中使用最简单的卷积神经网络即可。

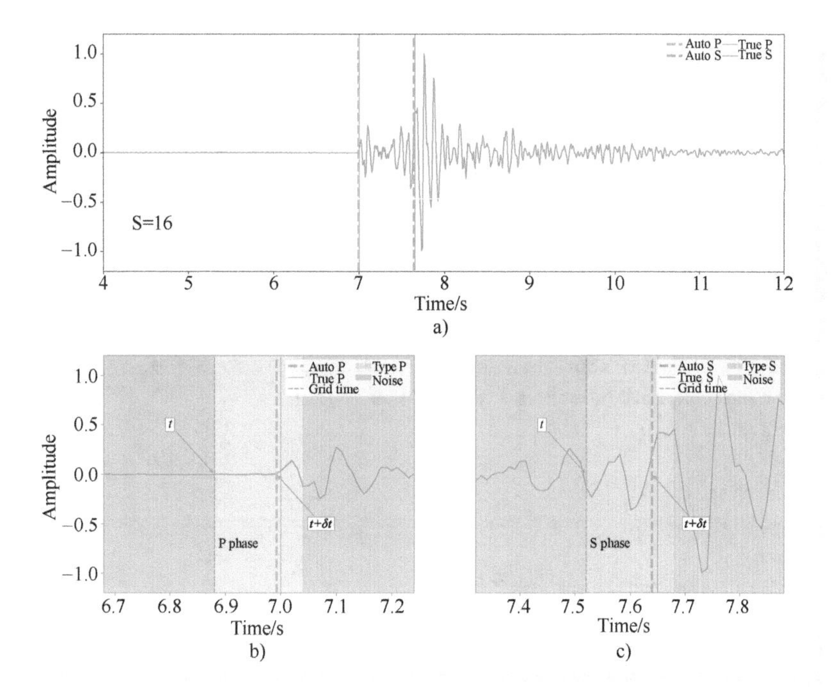

● 图 7.24　地震波形信号标注数据（见彩图）

a）原始波形　b）压缩波信号　c）剪切波信号

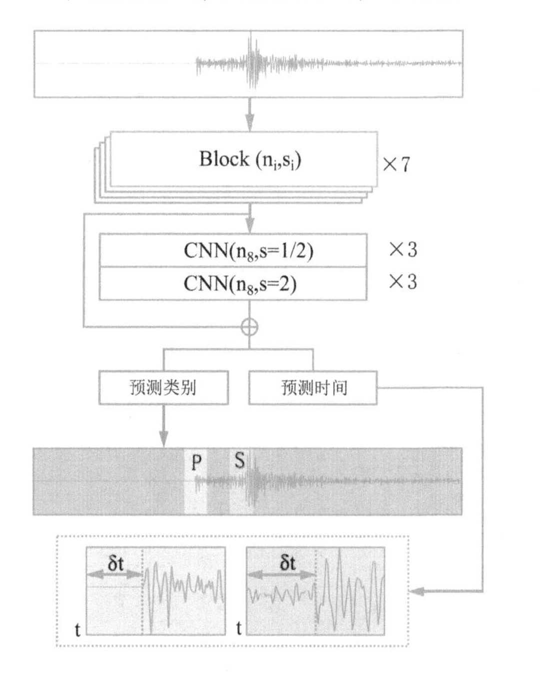

● 图 7.25　用于信号检测的网络结构

网络的基础结构由具备下采样功能的卷积和具备上采样的转置卷积构成。这里上采样也可以使用临近插值进行。见代码清单 7.10。

代码清单 7.10　一维卷积和上采样结构

```
class ConvBNReLU(nn.Module):# 标准的卷积层:Conv+BN+ReLU
    def __init__(self, nin, nout, ks, stride=1):
        super().__init__()
        pad = (ks-1)//2
        self.layers = nn.Sequential(
            nn.Conv1d(nin, nout, ks, stride, padding=pad), # 一维卷积
            nn.BatchNorm1d(nout), # 一维批标准化层
            nn.ReLU()
        )
    def forward(self, x):
        y = self.layers(x)
        return y
class Conv1dTrans(nn.Module):# 上采样+卷积
    def __init__(self, nin, nout, ks, stride):
        super().__init__()
        self.layers = nn.Sequential(
            nn.Upsample(scale_factor=stride, mode="nearest"),
            ConvBNReLU(nin, nout, ks, stride=1)
        )
    def forward(self, x):
        y = self.layers(x)
        return y
```

使用以上基础结构构建多层卷积神经网络进行训练，见代码清单 7.11。

代码清单 7.11　用于检测的神经网络结构

```
class Model(nn.Module):
    def __init__(self):
        super().__init__()
        self.n_stride = 8 # 总步长
        F = 16
        self.layers = nn.Sequential(
            ConvBNReLU(3, F* 2* * 0, 3, 2),
            ConvBNReLU(F* 2* * 0, F* 2* * 1, 3, 2),
            ConvBNReLU(F* 2* * 1, F* 2* * 1, 3, 1),
            ConvBNReLU(F* 2* * 1, F* 2* * 2, 3, 2),
            ConvBNReLU(F* 2* * 2, F* 2* * 2, 3, 1),
            ConvBNReLU(F* 2* * 2, F* 2* * 3, 3, 2),
            ConvBNReLU(F* 2* * 3, F* 2* * 3, 3, 1)
        )
        self.class_encoder = nn.Sequential(
```

```
            ConvBNReLU( F* 2* * 3, F* 2* * 3, 3, 2),
            ConvBNReLU( F* 2* * 3, F* 2* * 3, 3, 2),
            ConvBNReLU( F* 2* * 3, F* 2* * 3, 3, 2),
            Conv1dTrans(F* 2* * 3, F* 2* * 3, 3, 2),
            Conv1dTrans(F* 2* * 3, F* 2* * 3, 3, 2),
            Conv1dTrans(F* 2* * 3, F* 2* * 3, 3, 2),
        )# 本部分相当于 Yolo 中的上采样层,用于提取类别等信息
        self.cl = nn.Conv1d(F *  2 * *  3 * 2, 3, 1)
        self.tm = nn.Conv1d(F *  2 * *  3 * 2, 1, 1)

    def forward(self, x):
        x1 = self.layers(x)
        x2 = self.class_encoder(x1)
        x = torch.cat([x1, x2], dim=1)
        out_class = self.cl(x)
        out_time = self.tm(x)
        out_time = out_time.sigmoid() *  self.n_stride
        if self.training:
            return out_class, out_time
        else: # 如果是推断过程,则输入类别概率,使用 softmax
            out_class = F.softmax(out_class, dim=1)
            return out_class, out_time
```

以上模型在训练过程中使用的采样点数量为3072，64的整数倍，以防止降采样和上采样的过程中出现异常。在YoloV3中如果训练和推断图像分辨率不同，虽然可以运行，但是精度会有所降低。而在当前模型中可以发现，如果推断的数据长度为4096个采样点，模型依然可以进行推断，并且精度并未出现明显降低。这与网络感受野是有关的，Yolo模型中感受野大于输入图像的尺度，而卷积在计算过程中对多余的部分进行了补0，图像变大中可能导致感受野能感受的图形尺度发生变化，因此精度变低。而震相检测模型中，感受野小于波形尺度，因此训练更加充分，这使得补0不容易影响结果，因此在不同长度的检测中影响较小。

7.3 图像特征提取与分类问题

图像分类任务的传统流程是图像读取、图像特征工程到图像分类。这个处理流程在深度学习模型中卷积部分可以作为特征提取工具使用，因此对于图像处理任务，通常会输入原始图像数据进行处理，特征工程交由网络本身完成。其基本思路如图7.26所示。

第6章中迁移学习方法的思路便是使用其他模型所训练的结果输出作为特征向量，这个特征向量被认为包含了分类等信息。对于一般的分类问题使用深度神经网络（通常是卷积神经网络）来构建特征向量（表示向量）；之后基于特征向量构建分类模型或者直接使用特征向量进行分

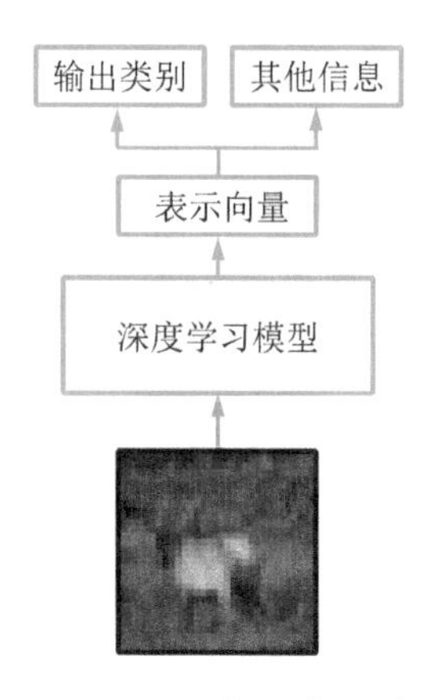

● 图 7.26　图像分类任务流程

类。通常构建特征的网络与分类的网络是一个整体。本节将介绍如何构建一个更深的网络层与不固定类别的分类问题。本节中使用的数据集为 CIFAR10。

CIFAR10 数据集

CIFAR10 数据集包含 60000 张 32×32RGB 彩色图像，总共有 10 个类，每个类 6000 幅图像。其中训练集 5 万张，测试集 1 万张。10 个类别分别是飞机、手机、鸟、猫、鹿、狗、青蛙、马、船、卡车。随机选择部分图像如图 7.27 所示。

● 图 7.27　CIFAR10 数据集示意图

在分类问题中最传统的损失函数是交叉熵。以 CIFAR10 为例，定义计算过程见式（7-1）：

$$
\begin{aligned}
\boldsymbol{v} &= \mathrm{Net}(\boldsymbol{x}) \\
\boldsymbol{y} &= \boldsymbol{v}\boldsymbol{W}+\boldsymbol{b} \\
\mathrm{loss} &= \mathrm{CrossEntropy}(\boldsymbol{y},\boldsymbol{d})
\end{aligned}
\tag{7-1}
$$

式中，Net 代表包含卷积、池化、全连接在内的多种神经网络结构，$\boldsymbol{v}$ 为长度为 2 的向量，$\boldsymbol{y}$ 为长度为 10 的向量（用于分类），$\boldsymbol{W}\in\mathbb{R}^{2\times10}$为矩阵，CrossEntropy 为交叉熵，$\boldsymbol{d}$ 为标签，见代码清单 7.12。

代码清单 7.12　交叉熵计算程序

```
class ImageClassify(nn.Module):
    def __init__(self):
        super().__init__()
        # DNN 输出长度为 2 的表示向量
        self.dnn = nn.Sequential(
            ConvBNReLU( 3, 16, 2),
            ConvBNReLU(16, 16, 1),
            ConvBNReLU(16, 32, 2),
            ConvBNReLU(32, 32, 1),
            ConvBNReLU(32, 64, 2),
            ConvBNReLU(64, 64, 1),
            nn.Flatten(),
            nn.Linear(4* 4* 64, 2),
        )
        # 在长度为 2 的表示向量基础上进行分类
        self.classify = nn.Linear(2, 10)
    def forward(self, x):
        h = self.dnn(x) # 提取特征向量
        y = self.classify(h)
        return y, h
```

在网络经过训练后 $\boldsymbol{v}$ 包含了用于分类的信息，如图 7.25 所示。

图 7.25 中不同类别的图像处于不同的角度上，对于某一类 K 来说，交叉熵对应的损失函数可以整理为式（7-2）的形式：

$$L=-\log\frac{\mathrm{e}^{y_K}}{\sum_{i=1}^{N}\mathrm{e}^{y_i}}=-\log\frac{\mathrm{e}^{|\boldsymbol{w}_K|\cdot|\boldsymbol{v}|\cdot\cos(\theta_K)}}{\sum_{i}^{N}\mathrm{e}^{|\boldsymbol{w}_i||\boldsymbol{v}_i|\cos(\theta_i)}}\tag{7-2}$$

由此可以看成损失函数由 $\boldsymbol{w}_K$、$\boldsymbol{v}$ 的夹角和向量长度共同决定。$\boldsymbol{w}_K$ 向量为不同类别中的分类边界，$\boldsymbol{\theta}$ 为向量夹角。以交叉熵作为损失函数最终使得不同类别之间是可分的但并未约束类内距离。如图 7.28 所示类内距离

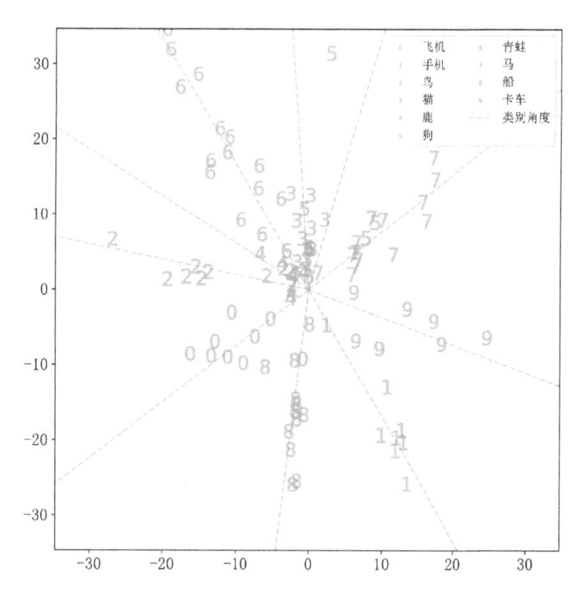

图 7.28　交叉熵作为损失函数所得向量结果

较大。为使得相同类别之间的数据分布方差更小、距离更近可以加入约束，称为中心损失，见式（7-3）：

$$L = \mathrm{CrossEntropy}(\boldsymbol{y},\boldsymbol{d}) + \alpha \sum_{i=1}^{N} \mathrm{Var}(\boldsymbol{v}_i) \tag{7-3}$$

以上损失函数需要配合交叉熵使用，中心损失见代码清单 7.13。

代码清单 7.13　中心损失函数实现

```
class CenterLoss(nn.Module):
    def __init__(self, n_feature, n_class, alpha=0.1):
        super().__init__()
        # 中心不需要求导,使用 buffer,而非 parameter
        self.register_buffer(
            "center", torch.zeros([n_class, n_feature]))
        # 指数加权滑动平均参数
        self.alpha = alpha
    def forward(self, h, d):
        """
        h: 表示向量
        d: 标签
        """
        # 获取每个类的均值
        batch_center = self.center[d]
        # 计算中心损失
        loss_center = (h - batch_center).square().mean()
        # 更新中心位置
        with torch.no_grad(): # 中心计算不需要梯度
            diff = torch.zeros_like(self.center)
            for k in d: # 统计每个类别中心变化量
                diff[k] = (h[d==k]-self.center[k]).mean(dim=0)
            # 更新中心位置
            self.center += self.alpha * diff
        return loss_center
```

加入中心损失后，类内空间聚集度更高，如图 7.29 所示（$\alpha=1.0$）。

实际在操作中，类别数量并不一定是固定的。以人脸识别为例，在训练过程中可能存在 4000 个类（此处仅为举例，并不代表实际类别数量），而在推断过程中的人可能并不在这 4000 个类别之中。这就引起了另外一个问题，如何以最小的代价完成任意类别数量的识别工作。首先以分类角度来看待神经网络，如图 7.30 所示。

从有向图可以看到，中间层的特征向量携带有足够的分类信息，这使得其可以直接用于分类。例如，使用交叉熵作为损失函数仅需对比不同向量之间的余弦距离即可。这相当于使用向量来表示一个图形，也相当于将一个图像进行特征提取后得到的特征向量。在非固定类别的分类工作中可以使用三元损失函数（Triplet Loss）作为损失函数，其形式为式（7-4）所示：

$$L=\max(|\boldsymbol{v}^a-\boldsymbol{v}^b|^2+\alpha-|\boldsymbol{v}^a-\boldsymbol{v}^c|^2,0) \tag{7-4}$$

式中，$\boldsymbol{v}^a\boldsymbol{v}^b$ 为相同类别样本，$\boldsymbol{v}^c$ 为不同类别，α 为常数。三元损失函数相比于交叉熵目的更加直观，使得相同类别向量距离更近，不同类别向量距离更远，这使得类间区分度更好，但收敛较慢，见代码清单 7.14。

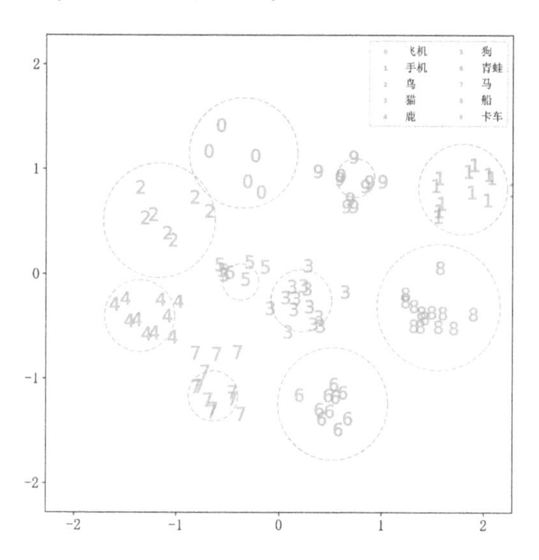

● 图 7.29　中心损失函数分类结果

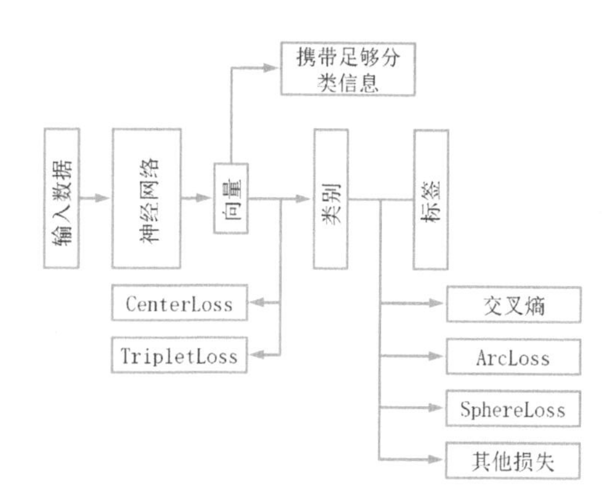

● 图 7.30　神经网络的某一层向量（人脸识别是最后一层）携带有分类所需的足够信息

代码清单 7.14　三元损失函数

```
class TripletLoss(nn.Module):
    def __init__(self, dist=0.5) -> None:
        super().__init__()
        # 计算间隔
        self.dist
    def forward(self, v1, v2, v3):
        """
        三元损失函数不需要标签
        样本数量为 3* batch_size
        """
        # v1、v2 相同类别,v3 不同
        loss = ((v1-v2)* * 2 + self.dist - (v1-v3)* * 2).sum(dim=1)
        # 小于 0 说明已经满足要求,损失函数变为 0
        loss = F.relu(loss).mean()
        return loss
```

在 PyTorch 中提供了封装好的函数：**torch.nn.TripletMarginLoss**。利用它可以方便地进行参数的构建。使用三元损失函数对 CIFAR 数据集进行训练，并将特征向量绘制到二维空间中，结果如图 7.31 所示。

三元损失函数使得类间距离更远，但相对而言其效果并不如之前的交叉熵和中心损失，因此相比较而言更加难以训练。

在分类过程中可以直接使用训练后的向量 $\boldsymbol{v}$ 距离作为分类依据，由此网络可以对任意数量（严格来说类别数量不是无限的，能够识别的类别数量与特征向量长度成正相关）的类别进行分类，而无须重新训练。这在人脸识别任务中是合适的。交叉熵+中心损失函数也能达到相同的效果，其比三元损失函数更快。使用深度神经网络所提取的人脸向量计算距离，其中前两个图使用不同背景的自拍，结果如图 7.32 所示。

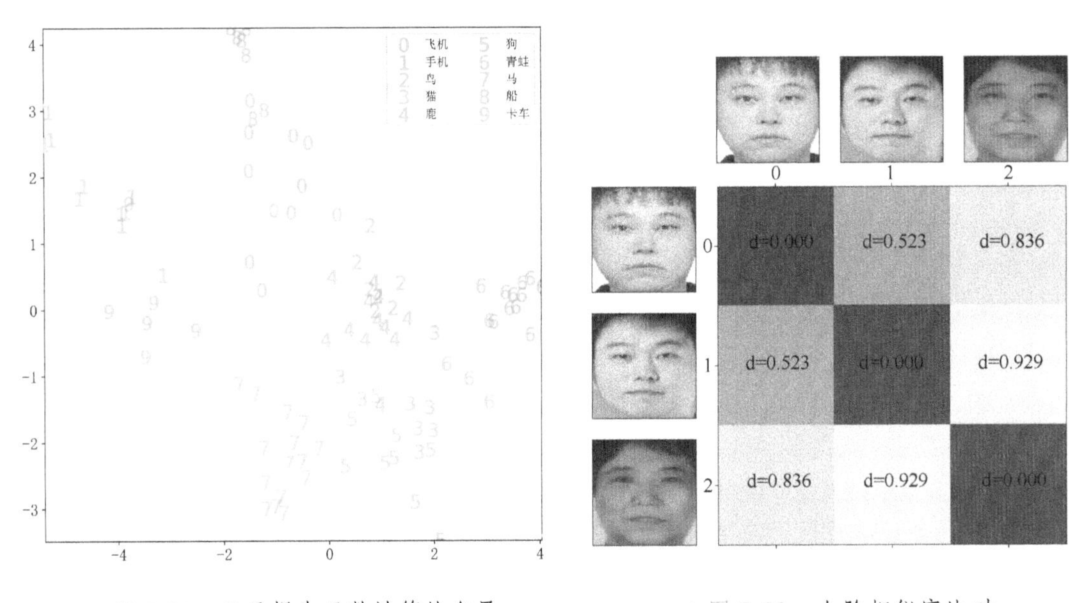

● 图 7.31　三元损失函数计算的向量

● 图 7.32　人脸相似度比对

可以看到，相同人脸的距离更小，而不同人脸的距离是较大的。此时可以使用向量相似度来进行对比。如果想获得更好的效果，可以在人脸向量的基础上构建一个单独用于分类的机器学习模型，这可以获得更高的精度。在人脸识别之前还包含一个前置步骤，即从任意大小的图像中寻找人脸位置，此时应当借助于物体检测模型完成。

7.4 对抗生成网络模型：图像生成与高频约束问题

在图像分析中经常遇到两个问题：第一，如何生成图像或者转换图像的风格；第二，均方误差适合于约束低频信息，如何对高频信息进行更加有效的约束。对抗生成网络为解决以上两个问题提供了思路。

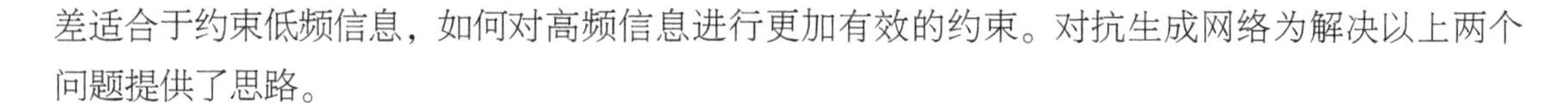

7.4.1 图像生成问题：GAN 和 ACGAN

对抗生成网络是一个非常强大的框架，其可以约束图像或文本的生成风格，使得生成的图像接近训练集中的图像风格。这里依然以人类认知过程进行说明，以对对抗生成网络进行更加细致的说明。以 CIFAR 数据集中的飞机类别为例，其中的图像如图 7.33 所示。

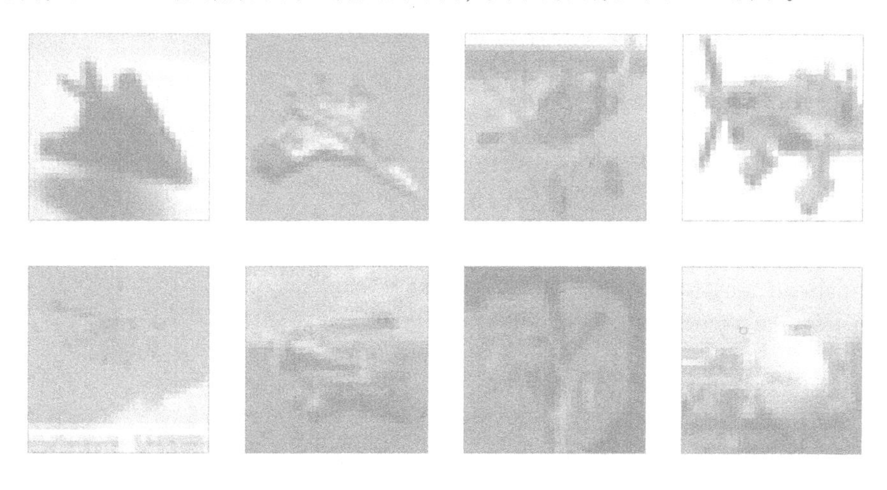

图 7.33 CIFAR 图像（彩色框是相同像素位置）

图 7.33 可以看到即使是同一类别的物体，在姿态上也是千差万别的。这导致同一个位置的像素（图 7.33 中彩色框）的预测值并不相同，因此如果使用均方误差作为约束并不合理。均方误差理想情况下对每个像素点的预测值均是相同的，如果是不同模型，会得到一个**平均**的结果。因此使用其作为损失函数会得到一个所有图像平均的结果，最终结果是生成的图像比较模糊。这里使用反卷积网络生成特定类别，见代码清单 7.15。

代码清单 7.15 用于图像生成的多层反卷积网络

```
class ImageGeneration(nn.Module):
    def __init__(self, nclass=10):
        super().__init__()
        # 将类别转换为向量
        self.emb = nn.Embedding(nclass, 64* 4* 4)
        # 构建生成模型:多层上采样+卷积
        self.layers = nn.Sequential(
            ConvBNReLU(64, 64, 1),
            ConvUpBNReLU(64, 32, 2),
```

```
            ConvBNReLU(32, 32, 1),
            ConvUpBNReLU(32, 16, 2),
            ConvBNReLU(16, 16, 1),
            ConvUpBNReLU(16, 8, 2),
            nn.Conv2d(8, 3, 1, 1),
            nn.Sigmoid() # 输出[0,1]区间
        )
    def forward(self, d):
        # 把类别信息进行编码
        h = self.emb(d)
        h = h.reshape([-1, 64, 4, 4])
        x = self.layers(h)
        return x
```

图像生成模型相当于将图像识别模型给“翻转”了过来。首先输入类别信息，用于约束生成图像的类别。再通过具备上采样功能的卷积神经网络将类别转换为图像。模型最后使用S函数进行约束，因为像素取值范围约束到了［0，1］区间，加入S函数后可以使得结果更加稳定。网络结构如图7.34所示。

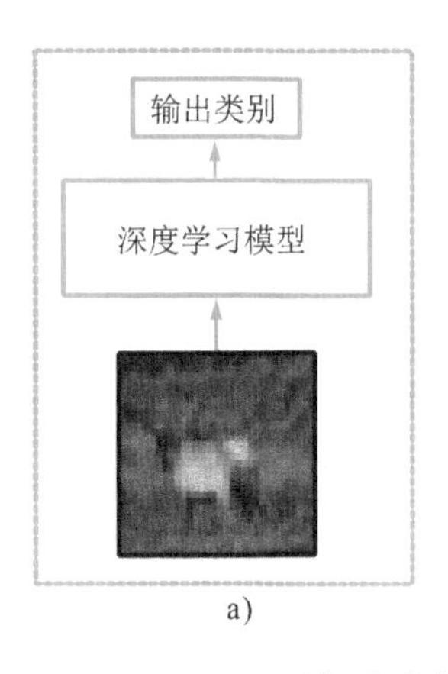

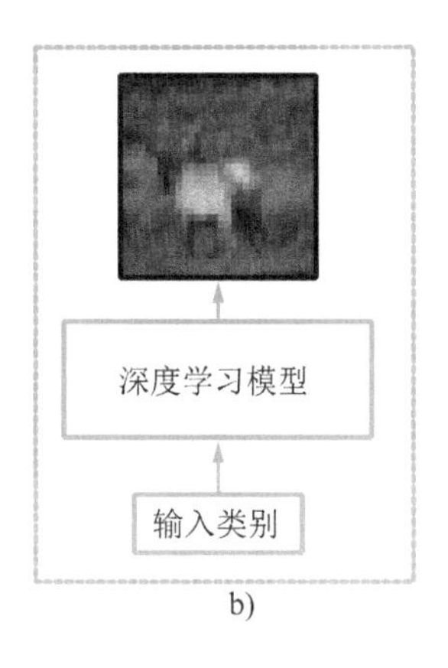

● 图7.34　图像分类模型与图像生成模型对比
a）图像分类模型　b）图像生成模型

使用图7.34b所示模型，并使用均方误差作为损失函数来生成图像，结果如图7.35所示。

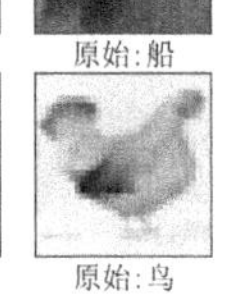

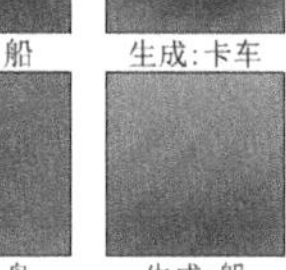

● 图7.35　多层反卷积神经网络生成图像（MSE约束）

通过图7.35可以看到在使用均方误差作为损失函数约束的结果中，每个像素倾向于得到一个平均的结果，因此最终得到的类别与真实类别图像存在明显差别。

当前这个结果经过人工的确认可以很简单地发现问题，即人可以通过视觉直观地感受到生成图像的问题，但是均方误差无法判别生成图像是否存在问题。再进一步研究人的认知过程：如何判断生成结果的好坏实际上也是基于“实际”数据的，人类看了较多的真实数据和机器生成的数据才能进行判断。这个调整的过程可以使用神经网络模拟，如图7.36所示。

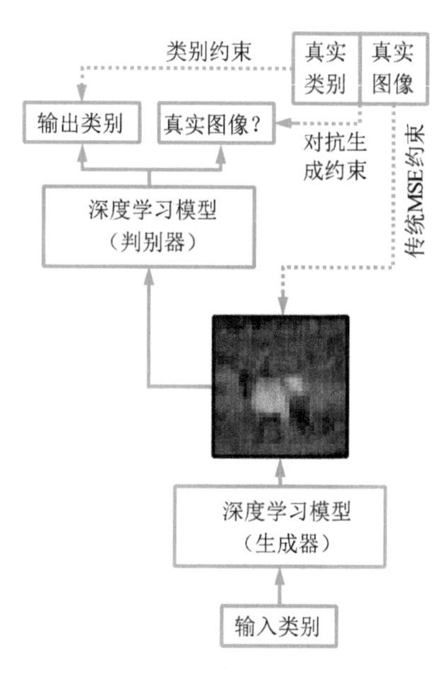

图7.36 对抗生成模型结构模拟人认知过程

图7.36展示了一个模拟人认知的过程，这种结构便是对抗生成网络（Generative Adversarial Network，GAN）。对抗生成模型在传统的约束，如均方误差（MSE）的基础上，加入了一个判别器，这个模型用于判别是真实的图像还是生成的图像。判别器需要真实图像和生成图像进行训练，其是一个二分类的神经网络，功能与人工判断过程类似。判别器是判断某一结果是否符合真实数据特征（所谓真实便是提供的训练数据），真实图像期望输出是1，生成图像期望输出是0。在对抗生成网络中，用于生成图像的模型称为**生成器**（Generator），用于判断图像是否是真实的模型称为**判别器**（Discriminator）。生成器可以用于生成某个图像或句子，判别器用于判别生成的结果是否符合真实数据的特征。现在对抗生成网络已经广泛地用于计算机图形学和自然语言处理任务中。

以CIFAR图像生成任务为例，在对抗生成网络中需要设计两个结构：生成器和判别器。生成器用于生成图像，因为图像是包含类别的，因此需要指定图像的标签，标签可以使用OneHot编码后的向量$\boldsymbol{v}_c$。考虑到神经网络中不存在任何随机性，即输入固定标签向量$\boldsymbol{v}_c$后所得的图形应当是唯一的，为使得图形结果可以不同，输入应当包含随机向量$\boldsymbol{v}_n$。由此生成不同风格的手写数字的生成器已经完备了。判别器用于判断图像是否是真实的，其目标为判别生成器输出是否符合真实数据分布，如果是真实的图片则输出真，否则输出假。在分类辅助对抗生成网络（Auxiliary Classifier GAN，ACGAN）中，判别器可以判断输出图形类别。总的网络结构如图7.37所示。

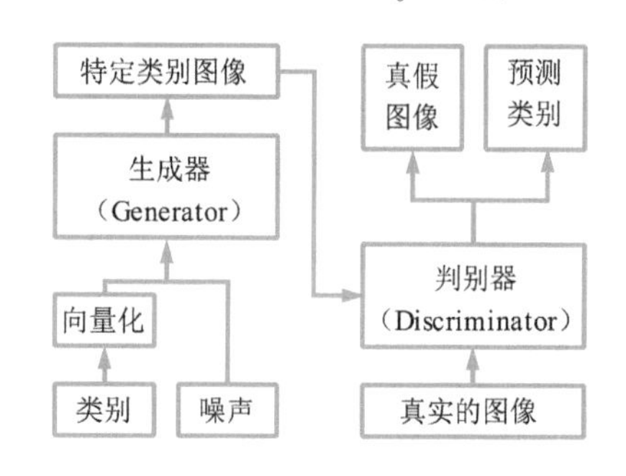

图7.37 类别辅助对抗生成网络结构

在训练过程中生成器和判别器应当交替进行迭代，假设判别器输出为 $p_d(\boldsymbol{x})$，其代表结果为真的概率，$\boldsymbol{x}$ 为真实图像，$\boldsymbol{p}_c$ 为不同类别的概率。由此优化函数为式（7-5）：

$$\begin{aligned} \text{loss}_D &= \log \frac{1}{p_d(\boldsymbol{x})} + \log\left(\frac{1}{1-p_d(G(\boldsymbol{z},\boldsymbol{c}))}\right) + l_c \\ \text{loss}_G &= \log\left(\frac{1}{p_d(G(\boldsymbol{z},\boldsymbol{c}))}\right) + l_c \end{aligned} \tag{7-5}$$

式中，$G(\cdot)$代表生成器，$\boldsymbol{z}$、$\boldsymbol{c}$ 分别代表噪声和类别向量，l_c 代表类别损失函数，通常其是交叉熵。损失函数 loss_D 用于约束生成图像与真实图像特征相似，如果生成图像与真实图像分布接近，那么损失函数较小，反之较大。loss_D 可以使用交叉熵来构建，也可以使用均方误差来构建。使用 loss_G 对判别器进行训练，其目标使得生成器预测接近 1。生成器和判别器的训练是交替进行的。由于生成器并未使用传统的均方误差作为损失函数，而是使用判别器直接判别生成图像是否符合真实图像分布，因此其结果通常与真实数据特征是接近的，而不是得到一个模糊的结果。生成器目标为给定标签和噪声后可以生成真实数据，判别器部分需要输出类别和真假，判别器结构见代码清单 7.16。

代码清单 7.16　判别器部分

```
class ImageClassify(nn.Module):
    def __init__(self):
        super().__init__()
        # DNN 输出长度为 2 的表示向量
        self.dnn = nn.Sequential(
            ConvBNReLU( 3, 16, 2),
            ConvBNReLU(16, 16, 1),
            ConvBNReLU(16, 32, 2),
            ConvBNReLU(32, 32, 1),
            ConvBNReLU(32, 64, 2),
            ConvBNReLU(64, 64, 1),
            nn.Flatten(),
            nn.Linear(4* 4* 64, 128),
        )
        # 在长度为 2 的表示向量基础上进行分类
        self.classify = nn.Linear(128, 10)
        self.ganout = nn.Linear(128, 1)
    def forward(self, x):
        h = self.dnn(x) # 用于提取特征
        y1 = self.classify(h) # 分类输出
        y2 = self.ganout(h)# 对抗生成输出
        return y1, y2
```

损失函数应当体现对抗过程，二者交替进行迭代，见代码清单 7.17。

代码清单 7.17　损失函数部分，对抗式交替迭代

```
# 定义生成器
gen = ImageGeneration()
gen.train()
# 定义判别器
dis = ImageClassify()
dis.train()
optim_gen = torch.optim.Adam(gen.parameters(), 1e-3, weight_decay=0.0)
optim_dis = torch.optim.Adam(dis.parameters(), 1e-3, weight_decay=0.0)
for epoch in range(n_epoch):
    for x, d in dataloader:
        # 训练判别器
        dis.zero_grad()
        # 生成随机数
        z = torch.randn([len(x), 100], device=device, dtype=torch.float32)
        # 生成图像
        fake = gen(d, z)
        # 生成图像输入到判别器中
        y1, y2 = dis(fake.detach())
        # 真实图像输入到判别器中
        y3, y4 = dis(x)
        # 生成图像判别接近 0
        loss1 = lossmse(y2, torch.zeros_like(y2))
        # 真实图像损失函数=类别损失+判别损失
        loss2 = lossce(y3, d) * 0.2 + lossmse(y4, torch.ones_like(y4))
        # 优化
        loss = loss1 + loss2
        loss.backward()
        optim_dis.step()
        optim_dis.zero_grad()
        optim_gen.zero_grad()

        # 训练判别器
        gen.zero_grad()
        z = torch.randn([len(x), 100], device=device, dtype=torch.float32)
        fake = gen(d, z)
        y1, y2 = dis(fake)
        # 损失=类别损失+判别损失
        loss = lossce(y1, d) * 0.2 + lossmse(y2, torch.ones_like(y2))
        loss.backward()
        optim_gen.step()
        optim_gen.zero_grad()
        optim_dis.zero_grad()
```

最终结果如图 7.38 所示。

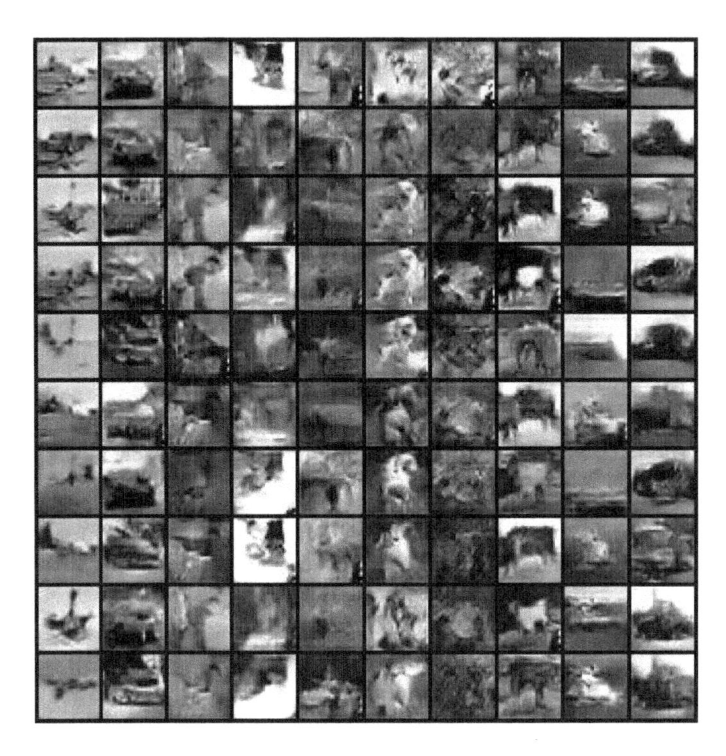

图 7.38　对抗生成网络生成的图像

可以看到对抗生成网络所得的图像各不相同，这是对抗生成网络约束的特点之一，即结果需要符合真实数据分布，而非得到一个固定的结果。如果在判别器中不加入标签也可以完成训练，这是传统的对抗生成网络结构。但是无类别约束的情况下所输出的图形十分混乱。这与前面描述类似，在神经网络构建过程中应当保证具有足够的信息，以帮助网络获得更好的结果。如果信息缺失则容易得到精度较低的结果。

到此为止一个最简单的对抗生成网络结构已经构建完成。本实例的主要目标是帮助读者了解基础的对抗生成网络结构。

7.4.2　基于对抗生成模型的超分辨率采样任务：SRGAN

超分辨率采样是计算机图形学中一个常见的任务，其主要目标在于将一幅低分辨率的图像转换为高分辨率的图像，这在前面的章节已经进行过阐述。但 7.1 节所描述的算法是基于均方误差约束的。均方误差可以约束图像的低频信息，这对于超分辨率采样等输出唯一的任务来说是可以接受的。本章将在均方误差约束的基础上加入对抗生成网络结构。

对抗生成网络结构中，需要生成器和判别器两种结构。由于是对于图像进行的处理，因此考虑使用卷积神经网络完成。以 SRGAN（Super-Resolution GAN）为基础对超分辨率采样的网络结构进行说明，这其中的基础结构可以自行构建，依托于神经网络强大的表达能力，不同神经网络结构在精度上差距较小，远不如不同损失函数对结果的影响。

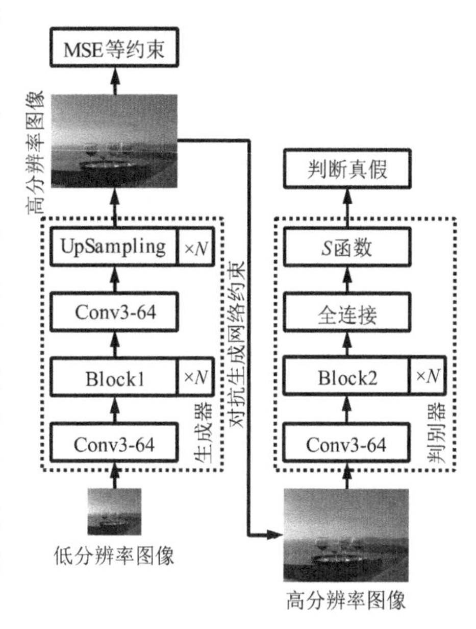

图 7.39　对抗生成网络超分辨率采样网络结构

如图 7.39 所示为超分辨率采样任务中的网络结构。这种网络结构生成器目标为将一个低分辨率图像通过卷积神经网络变为高分辨率图像。图 7.39 中的 Block1 可以使用多种卷积网络结构，SRGAN 文章中使用了多层残差网络结构。模型中的上采样方式为像素洗牌（Pixel Shuffle），以两倍的上采样为例，其进行的处理为将卷积神经网络通道数 C 变为原来的 4 倍，这样每个像素可以变为 4 个通道数为 C 的像素点，由此图形分辨率在长宽上均扩大了两倍。判别器部分使用了传统的多层卷积神经网络结构，图 7.39 中 Block2 为具有降采样功能的卷积神经网络，最终输出为二分类问题，即真实图像为真，生成图像为假。这里仅列出生成器部分，见代码清单 7.18。

代码清单 7.18　超分辨率采样生成器部分

```
class Generator(nn.Module):
    def __init__(self, scale_factor):
        upsample_block_num = int(math.log(scale_factor, 2))
        super(Generator, self).__init__()
        self.block1 = nn.Sequential(
            nn.Conv2d(3, 64, kernel_size=9, padding=4),
            nn.PReLU()
        )
        self.block2 = ResidualBlock(64)
        self.block3 = ResidualBlock(64)
        self.block4 = ResidualBlock(64)
        self.block5 = ResidualBlock(64)
        self.block6 = ResidualBlock(64)
        self.block7 = nn.Sequential(
            nn.Conv2d(64, 64, kernel_size=3, padding=1),
            nn.BatchNorm2d(64)
        )
        block8 = [UpsampleBLock(64, 2) for _ in range(upsample_block_num)]
```

```
        block8.append(nn.Conv2d(64, 3, kernel_size=9, padding=4))
        self.block8 = nn.Sequential(* block8)

    def forward(self, x):
        block1 = self.block1(x)
        block2 = self.block2(block1)
        block3 = self.block3(block2)
        block4 = self.block4(block3)
        block5 = self.block5(block4)
        block6 = self.block6(block5)
        block7 = self.block7(block6)
        block8 = self.block8(block1 + block7)
        return block8.sigmoid()
```

模型训练过程中使用传统的交替迭代的方式进行训练，生成器部分较为特殊，其包含 4 个部分，见式（7-6）：

$$\mathrm{loss}_G=-\lambda_1\log p_d(G(z))+\lambda_2 L\cdot G(z)+\lambda_2(\mathrm{VGG}(G(z))-\mathrm{VGG}(\boldsymbol{x}))^2+\lambda_3(G(z),\boldsymbol{x})^2 \tag{7-6}$$

式中，λ 代表不同损失函数的加权。这四个部分的约束是值得讨论的。$G(z)$ 代表从低分辨率图像 z 中生成的高分辨率图像。损失函数第一项是对抗生成的损失，权值可以设定为 1e-3，这里使用交叉熵作为对抗部分的损失函数。第二项为图像梯度或二阶导数约束，其目标是使得图像更加平滑，设定权值不宜过大，否则容易得到低精度的结果，本文中设定为 1e-7。第三项比较值得探讨，其是最小二乘约束，但是其目标不是使得像素之间的相似性更高，而是经过预训练的 VGG 网络使网络提取的特征图相似性较高，可以保证图像更高阶特征的相似性，本文选择为 1e-3。最后一项为传统的最小二乘约束，权值为 1。MSE 约束、梯度约束和对抗生成网络约束见代码清单 7. 19。

代码清单 7. 19　生成器三个损失数：梯度约束、MSE 约束和对抗部分

```
def tensor_size(t):
    return t.size()[1] * t.size()[2] * t.size()[3]
class TVLoss(nn.Module):
    """梯度损失,使得图像更加平滑"""
    def __init__(self):
        super(TVLoss, self).__init__()
    def forward(self, x):
        batch_size = x.size()[0]
        h_x = x.size()[2]
        w_x = x.size()[3]
        count_h = self.tensor_size(x[:, :, 1:, :])
        count_w = self.tensor_size(x[:, :, :, 1:])
        # 横向或者纵向梯度
        h_tv = ((x[:, :, 1:, :] - x[:, :, :h_x - 1, :])* * 2).sum()
        w_tv = ((x[:, :, :, 1:] - x[:, :, :, :w_x - 1])* * 2).sum()
        return (h_tv / count_h + w_tv / count_w) / batch_size
```

```python
class GeneratorLoss(nn.Module):
    def __init__(self):
        super(GeneratorLoss, self).__init__()
        # 预训练的 VGG 模型
        vgg = vgg16(pretrained=True)
        loss_network = nn.Sequential(
            * list(vgg.features)[:31]).eval()
        for param in loss_network.parameters():
            param.requires_grad = False# 模型不需要计算梯度
        self.loss_network = loss_network
        self.mse_loss = nn.MSELoss()
        self.tv_loss = TVLoss()

    def forward(self, out_images, target_images):
        # 提取高阶特征并计算损失函数
        perception_loss = self.mse_loss(
            self.loss_network(out_images),
            self.loss_network(target_images))
        # 图像像素之间要匹配
        image_loss = self.mse_loss(out_images, target_images)
        # 图像相对平滑
        tv_loss = self.tv_loss(out_images)
        return image_loss + 0.006 * perception_loss + 2e-8 * tv_loss
```

最终经过四种约束后，所得结果如图 7.40 所示。

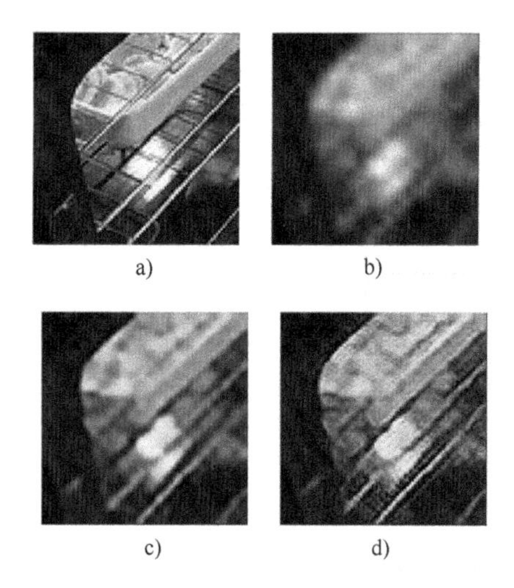

图 7.40　图像超分辨率采样（×4）的结果（见彩插）

a）原始图像　b）线性插值结果　c）最小二乘约束结果　d）对抗生成网络约束

可以看到，通过插值所得结果中图像是相对比较模糊的（图 7.40b）。而使用对抗生成网络所进行的超分辨率采样中，图像效果最好，恢复图像的细节较多。但超分辨率采样中细节较原始图像仍然是缺乏的，这是由于低分辨率图像本身就缺少信息，变为高分辨率图像后必然无法恢复所有信息，神经网络由于其他图像先验的辅助可以相对恢复更多细节。

7.4.3 对抗生成网络图像转换实践：Pix2Pix

在图像转换任务中，通常需要面对的一个问题是将一种形式的图形转换为另一种类型，如将简笔画图像转换为真实图像、街景图像等。这与之前通过标签转换为图像的任务是类似的，只不过输入的信息有所不同。这里使用的数据集为建筑物正面数据集（CMP Facade Dataset），即建筑物立面数据集。

CMP Facade Dataset

CMP Facade Dataset 包含了 606 张来自不同城市、不同风建筑的立面图像。图像中的类别已经人工进行标注。标注的类别总共 12 个，包括外观、脚线、飞檐、支柱、窗口、门、窗台、窗帘、阳台等，如图 7.41 所示。

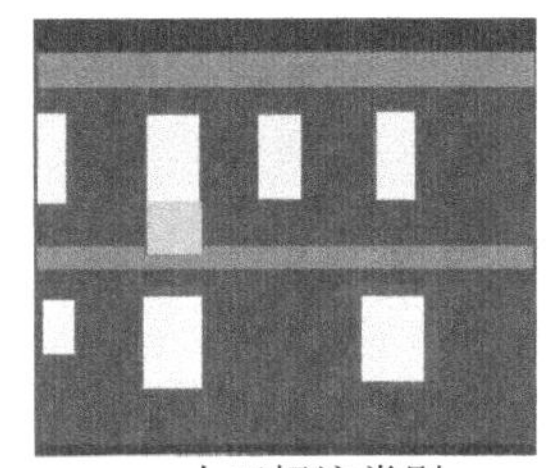
人工标注类别

真实图像

图 7.41 CMP Facade Dataset 示意图

此时在构建模型的过程中便可以考虑将输入图像转换为真实的图像了。由于输入和输出图像是相同的，因此可以考虑使用在前面章节所介绍的 U 型网络。网络结构在此并不重要，更重要的是如何有效地提供约束。

图像超分辨率采样任务中可以看到，虽然均方误差可以提供约束进行图像风格的转换。但是约束倾向于得到一个平均的结果，因此转换后的图像效果是“模糊”的，即得到的是“低频”的结果。如果想让图像更加清晰锐利，即恢复“高频”信息，可以借助对抗生成网络，判别器可以有效地区分真实图像和经过生成的“模糊”图像。这与之前的 SRGAN 思路是类似的。这里所设计的对抗生成网络结构如图 7.42 所示。

在 Pix2Pix 网格结构中，生成器负责由类别图像生成为真实图像。在实际操作中使用 UNet 作为生成器结构。在生成图像后使用常见的 L1、L2 作为损失函数约束低频信息。在判别器中，由于需要类别信息，因此要将生成图像与类别图像进行连接，并输入到判别器中。相比于传统的直接判断结果“真假”，这里使用 PatchGAN 的方式：判别器神经网络使用纯卷积神经网络，此时输出网格中可以判断原始图像**一部分区域**的“真假”，这与物体检测思路是类似的，即将图像分成 $N\times N$ 的网格进行真假判断。模型训练方式与图像生成模型是一样的。最终生成图像效果如图 7.43 所示。

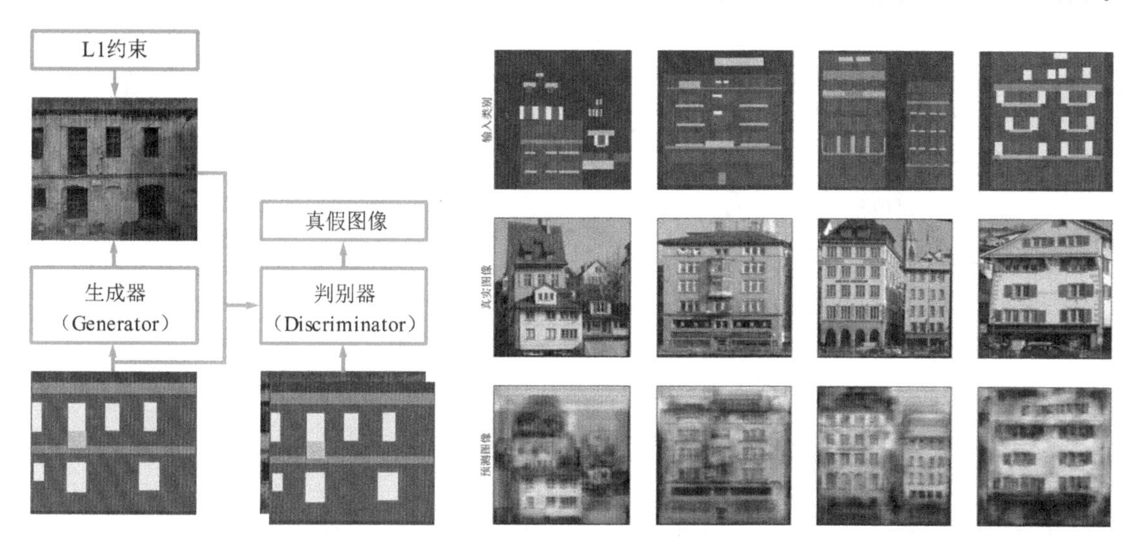

● 图 7.42 Pix2Pix 网格结构

● 图 7.43 Pix2Pix 网络输出效果

7.4.4 非成对的图形转换：CycleGAN

在之前的图像风格转换和图像生成中，需要的是成对的图像。即给定输入后需要有预期输出。而现实中，并非所有图像都是成对的，因此需要新的结构来解决这个问题，这便是 CycleGAN。在 CycleGAN 中，图像并不是成对给定的，而是独立的，如图 7.44 所示。

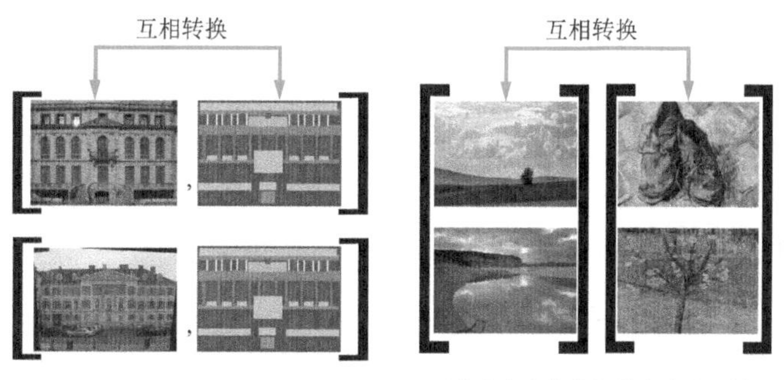

● 图 7.44 成对数据和非成对数据

在有成对数据的情况下，模型可以较为简单地构建，可以使用均方误差等作为损失函数，并通过对抗生成网络恢复高频信息。而对于非成对的图像，如 A 类和 B 类图像互相转换，定义 A 类数据为 $\boldsymbol{x}$，B 类数据为 $\boldsymbol{y}$，定义转换 $\boldsymbol{y}'=G_{AB}(\boldsymbol{x})$，$\boldsymbol{x}'=G_{BA}(\boldsymbol{y})$。这里转换的含义是将 A 类数据进行转换使其包含 B 类的特征，举例来说明，将相机拍摄的照片转换为凡·高的绘画风格，此时需要解决几个问题：如何约束转换后的数据使其依然保留原始数据特征；如何在转换后的数据中加入新数据的特征。这需要设计一个循环结构，如图 7.45 所示。

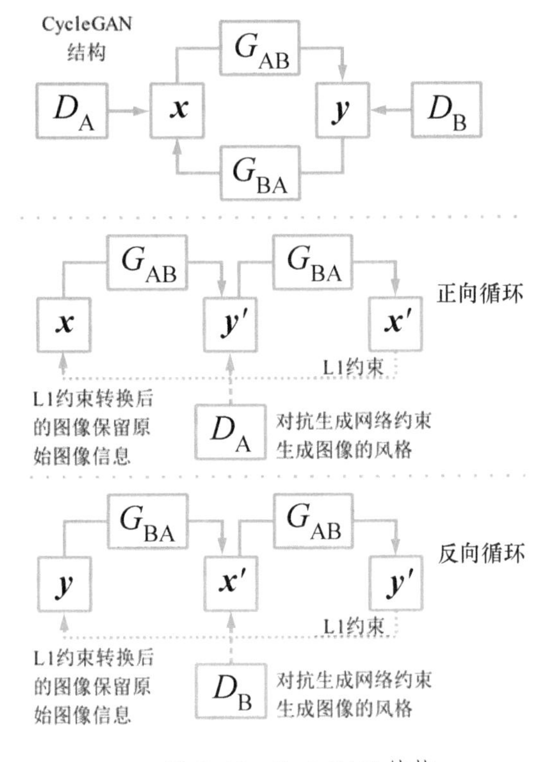

● 图 7.45　CycleGAN 结构

在构建 CycleGAN 的过程中为解决以上两个问题构建了一个循环式的结构：为解决图形包含原始图像的信息问题定义了两个生成器，其中的一个生成器 G_{AB} 的目标是将 A 类图像转换为 B 类图像，G_{BA} 是将 B 类图像转换为 A 类图像。一个图像可以通过两个生成器后转换为自身，即 $\boldsymbol{x}'=G_{BA}(G_{AB}(\boldsymbol{x}))$。此时可以使用绝对值（L1 Loss）作为损失函数来约束转换后的图像为原始图像 $l_1=\mathbb{E}(|\boldsymbol{x}'-\boldsymbol{x}|_1)$。通过自编码结构可以使得中间转换的图像 y' 包含原始图像的信息。之后需要图像融入 AB 类图像的风格，此时可以依赖于判别器来完成。判别器 D_B 以生成的 $\boldsymbol{y}'$ 和真实来自 B 类的图像作为输入，并使得生成图像 $\boldsymbol{y}'$ 的风格趋近于 B 类图像，此时便可以融入 B 类的信息了。对等的，在反向循环中，转为 $\boldsymbol{y}'=G_{AB}(G_{BA}(\boldsymbol{y}))$，并通过判别器 D_A 来对图像风格进行约束。这样在训练过程中并不需要图像是成对出现的。见代码清单 7.20。

代码清单 7.20　CycleGAN 训练过程

```
netG_A = # 定义生成器 A,用于 A 转 B 的风格
netG_B = # 定义生成器 B,用于 B 转 A 的风格
netD_A = # 定义判别器 A,用于判别 A 的风格
netD_B = # 定义判别器 B,用于判定 B 的风格
gan_Loss = nn.MSELoss() # 对抗生成网络可以选择 MSE 作为损失
#gan_Loss = nn.BCEWithLogitsLoss() # 也可以选择交叉熵作为损失
l1_loss = nn.L1Loss() # L1 损失
optim_G = torch.optim.Adam(# 加入两个生成模型的可训练参数
```

```
    itertools.chain(netG_A.parameters(), netG_B.parameters()),
    lr=1e-4)
optim_D = torch.optim.Adam(# 加入两个判别模型的可训练参数
    itertools.chain(netD_A.parameters(), netD_B.parameters()),
    lr=1e-4)
# 迭代过程
for step in ...
    # 训练判别器
    optim_D.zero_grad()
    # 生成器生成对应图像
    y_hat = netG_A(x_real) # G_A(x)
    x_hat = netG_B(y_real) # G_B(B)
    # 循环将生成图像输入回各自编码器
    x_rec = netG_B(y_hat) # G_B(G_A(A))
    y_rec = netG_A(x_hat) # G_A(G_B(B))
    # 判别器判定风格是否一致
    y_hat_fake = netD_B(y_hat.detach())
    y_hat_real = netD_B(y_real)
    x_hat_fake = netD_A(x_hat.detach())
    x_hat_real = netD_A(x_real)
    loss_D_A = gan_Loss(y_hat_real, torch.ones_like(y_hat_real)) + \
        gan_Loss(y_hat_fake, torch.zeros_like(y_hat_fake))
    loss_D_B = gan_Loss(x_hat_real, torch.ones_like(x_hat_real)) + \
        gan_Loss(x_hat_fake, torch.zeros_like(x_hat_fake))

    loss_D = loss_D_A + loss_D_B
    loss_D.backward()
    optim_D.step()
    optim_D.zero_grad()

    # 训练生成器
    # 对抗生成损失
    optim_G.zero_grad()
    x_hat_fake = netD_A(x_hat)
    loss_G_A = gan_Loss(x_hat_fake, torch.ones_like(x_hat_fake))
    y_hat_fake = netD_B(y_hat)
    loss_G_B = gan_Loss(y_hat_fake, torch.ones_like(y_hat_fake))
    # L1 损失用于约束图像
    loss_L1_A = l1_loss(x_rec, x_real)
    loss_L1_B = l1_loss(y_rec, y_real)

    loss_G = loss_G_A + loss_G_B + loss_L1_A + loss_L1_B
    loss_G.backward()
    optim_G.step()
    optim_G.zero_grad()
```

训练完成后对夏天的图像进行转换，如图 7.46 所示。

● 图 7.46 夏天转换为冬天

可以看到，对抗生成网络对于图像处理来说是非常重要的基础性技术，其可以有效地恢复图像的高频信息，使得图像更加接近真实情况。

7.5 变分自编码器

变分自编码器（Variational Autoencoders，VAE）属于无监督的机器学习模型。其与对抗生成网络相同，也被用于图像生成中。变分自编码器理论要更加复杂一些，本部分建议有余力的读者学习。

7.5.1 无监督机器学习与隐变量分析

无监督机器学习问题相比监督学习问题更难以理解，其目标在于挖掘数据隐藏的信息。一些书籍中将无监督机器学习模型称为描述型机器学习模型，但是这种称谓并不直观。简单来说，无监督机器学习模型是没有（或者有少量）人工标注的，此时数据仅有 x。而无监督机器学习的目标就在于挖掘其中的隐藏信息。无监督机器学习模型常见的类型有聚类算法、矩阵降维算法以及 7.1.2 节中的自编码器结构等。有监督和无监督模型均可以使用概率模型进行描述，而其中的生成模型建模方式可以用于聚类算法，见式（7-7）：

$$\begin{cases} p(d|x) & \text{判别模型} \\ p(x,d) & \text{生成模型} \end{cases} \tag{7-7}$$

为了更加方便地理解，这里列举一个抛硬币的例子：假设有 A、B、C 三枚硬币，定义一次随机试验的过程为首先选择硬币 A，如果 A 为正面抛硬币 B，否则抛硬币 C，记录硬币 B、C 的结果（以 1-0 表示）。重复进行多次试验得到 N 个样本 x_1，…，x_N。根据多次抛硬币的结果，求硬币 A、B、C 为正面的概率 a、b、c。在了解求解问题之前，首先来了解含有隐变量模型的建模问题。

为估计含有隐变量的概率模型，首先定义 x 为可观测变量，z 为隐变量。在抛硬币例子中可观测变量为最终抛硬币的结果，隐变量为得到这个结果是抛的硬币 B 还是抛的硬币 C。一般情况下需要使用极大似然估计来对概率进行计算，但数据中包含隐变量，因此可观测变量 x_i 的分布是联合概率分布 $p(x,z)$ 的边缘概率，见式（7-8）：

$$p(x_i) = \int_{-\infty}^{+\infty} p(x_i,z)\,\mathrm{d}z \tag{7-8}$$

极大似然估计要求求解样本概率分布的极大值，其中 x_i 代表第 i 个样本，见式（7-9）：

$$L = \sum_i \log p(x_i) \tag{7-9}$$

为求解需要，假设估计隐变量分布为 q 而真实隐变量分布为 p，在求解极值的基础上减去假设隐变量分布和真实隐变量分布的 KL 散度式，见式（7-10）：

$$LL_i = \log p(x_i) - D(q \| p) = \log p(x_i) - \int_{\mathbf{R}} q(z \mid x_i) \log \frac{q(z \mid x_i)}{p(z \mid x_i)}\mathrm{d}z \tag{7-10}$$

KL 散度记录为 D，当估计隐变量分布 q 和真实隐变量分布 p 相同时，KL 散度为 0，此时 $LL_i=L_i$，否则 $LL_i<L_i$，整理可以得到式（7-11）：

$$\begin{aligned} LL_i &= \int_{\mathbf{R}} q(z \mid x_i) \log p(x_i)\,\mathrm{d}z - \int_{\mathbf{R}} q(z \mid x_i) \log \frac{q(z \mid x_i)}{p(z \mid x_i)}\mathrm{d}z \\ &= \int_{\mathbf{R}} q(z \mid x_i) \log \frac{p(x_i)p(z \mid x_i)}{q(z \mid x_i)}\mathrm{d}z = \int_{\mathbf{R}} q(z \mid x_i) \log \frac{p(x_i,z)}{q(z \mid x_i)}\mathrm{d}z \end{aligned} \tag{7-11}$$

因为 $LL_i \leqslant L_i$，因此这称为证据下界（Evidence Lower BOund），记录为式（7-12）：

$$\mathrm{ELBO} = \int_{\mathbf{R}} q(z \mid x_i) \log \frac{p(x_i,z)}{q(z \mid x_i)}\mathrm{d}z \tag{7-12}$$

证据下界是无监督机器学习中的一个非常重要的概念，但对于初学者来说并不好理解。因此这里继续以抛硬币的例子来进行详细的讲解。

在求解含有隐变量的机器学习模型中经常用到的算法是 EM（Expectation Maximization）迭代。这分为两个步骤。

1）E 步（Expectation step），即估计隐变量 q 的分布。

2）M 步（Maximization step），即使得证据下界 ELBO 最大。

EM 算法迭代后最终会使得估计隐变量分布 q 与真实隐变量分布 p 相同，此时 KL 散度为 0，参考式（7-10），这意味着求解的证据下界最大值即是（7-9）所求的样本的极大似然估计值。

以硬币问题为例，可以使用 EM 算法迭代求解。首先是 E 步，估计隐变量的分布。此时假设 a、b、c 已知，需要求解估计的隐变量分布 q。记录 $q(z_0)$ 为估计抛硬币 B 的概率，$q(z_1)$ 为估计抛硬币为 c 的概率，这需要计算抛硬币结果 x_i 已知的情况下的条件分布。$p(z_0)$ 为真实情况抛硬

币为 B 的概率，由于本步 a、b、c 已知，所以 $p(z_0)=a;p(z_1)=(1-b)$。而 $p(x_i|z_0)$ 代表抛硬币为 B 的情况下得到 x_i 的概率，记录抛硬币正面为 1 反面为 0，那么 $p(x_i|z_0)=b^{x_i}(1-b)^{1-x_i}$，此时隐变量预测分布为式（7-13）：

$$q(z_0|x_i)=\frac{p(z_0)p(x_i|z_0)}{p(x)}=\frac{ab^{x_i}(1-b)^{1-x_i}}{ab^{x_i}(1-b)^{1-x_i}+(1-a)c^{x_i}(1-c)^{1-x_i}}=\gamma_i \tag{7-13}$$

之后是 M 步，在隐变量分布计算完成后，完成对 ELBO 的优化，对于单个样本而言，由于硬币为离散分布，因此积分可以变为求和，仅需要计算两种情况即可，见式（7-14）：

$$LL_i=q(z_0|x_i)\log\frac{p(z_0)p(x_i|z_0)}{q(z_0|x_i)}+q(z_1|x_i)\log\frac{p(z_1)p(x_i|z_1)}{q(z_1|x_i)} \tag{7-14}$$

ELBO 是对所有样本进行的计算，由此优化函数为式（7-15）：

$$LL_i=\sum_{i=1}^{n}\gamma_i\log\frac{ab^{x_i}(1-b)^{1-x_i}}{\gamma_i}+(1-\gamma_i)\log\frac{(1-a)c^{x_i}(1-c)^{1-x_i}}{1-\gamma_i} \tag{7-15}$$

使得证据下界对 a 求导为 0 可以计算，见式（7-16）：

$$\frac{\sum_i \gamma_i}{a}=\frac{N-\sum_i \gamma_i}{1-a} \tag{7-16}$$

因此 $a=\frac{\sum_i \gamma_i}{N}$，同样通过求导可以计算 $b=\frac{\sum_i \gamma_i x_i}{\sum_i \gamma_i}$、$c=\frac{\sum_i (1-\gamma_i)x_i}{\sum_i (1-\gamma_i)}$。通过 EM 迭代可以求解合理的 a、b、c 取值，在计算过程中需要估计隐变量分布，见代码清单 7.21。

代码清单 7.21　求解抛硬币问题

```
import numpy as np
# 制作 1000 个样本
data = []
# 给定真实概率
a_true = 0.3
b_true = 0.2
c_true = 0.8
for itr in range(1000):# 按描述抛掷硬币
    # 投掷 A 硬币
    A = np.random.random()
    if A < a_true:
        # 投掷硬币 B
        B = np.random.random()
        if B < b_true:
            data.append(1)
        else:
            data.append(0)
    else:
```

```
        #投掷硬币C
        C = np.random.random()
        if C < c_true:
            data.append(1)
        else:
            data.append(0)
data = np.array(data)
#开始迭代
a, b, c = 0.1, 0.4, 0.3#给定迭代初始值
for step in range(20):
    #E-step:估计隐变量分布
    m1 = a * b * * data * (1 - b) * * (1 - data)
    m2 = (1 - a) * c * * data * (1 - c) * * (1 - data)
    gamma = m1/(m1+m2)
    #M-step:计算真实概率
    a = np.mean(gamma)
    b = np.sum(gamma * data)/np.sum(gamma)
    c = np.sum((1 - gamma) * data)/np.sum(1 - gamma)
    print(f"a={a:.2f},b={b:.2f},c={c:.2f}")
```

以上程序请读者自行尝试。使用不同初始值计算出来的估计分布是不同的，这是因为隐变量估计算法通常是具有多解性的。

7.5.2 变分自编码器模型

自编码器结构是深度学习中常用的结构之一，变分自编码器与传统的自编码器结构有一定的相似，二者结构如图7.47所示。

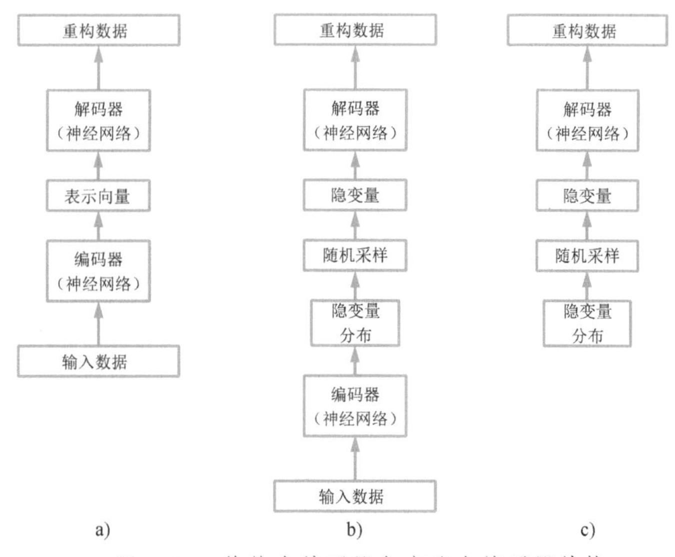

图7.47 传统自编码器与变分自编码器结构

a）传统的自编码器结构 b）变分自编码器结构 c）对抗生成网络生成器

变分自编码器与对抗生成网络类似，均是为了解决数据生成问题而生的。在自编码器结构中，通常需要一个输入数据，而且所生成的数据与输入的数据是相同的（图 7.47a）。而如果希望生成的数据中具有一定程度的不同，这需要输入随机向量并且模型能够学习生成图像的风格化特点，因此在后续研究中以随机化向量作为输入生成特定样本的对抗生成网络结构便产生了（图 7.47c）。变分自编码器同样以特定分布的随机样本作为输入，并且可以生成相应的图像（图 7.47b），从此方面来看其与对抗生成网络目标是相似的。但是变分自编码器不需要判别器，而是使用编码器来估计特定分布。总体结构与自编码器结构类似，但是中间传递向量为特定分布的随机向量。这里需要读者特别区分编码器、解码器、生成器和判别器。

接下来来详细地讲解变分自编码器的概率模型。假设样本为 $\boldsymbol{x}_i$，样本真实分布为 $p(\boldsymbol{x}_i)$。然后假设隐变量为 z，其真实分布为 $p(z|\boldsymbol{x}_i)$，估计分布为 $q(z|\boldsymbol{x}_i)$。此时根据前一节的讲解可以知道证据下界如式（7-17）：

$$\begin{aligned}\text{ELBO} &= \int_{\mathbb{R}} q(z \mid \boldsymbol{x}_i)\log\frac{p(\boldsymbol{x}_i, z)}{q(z \mid \boldsymbol{x}_i)}\mathrm{d}z = \mathbb{E}_q\left(\log\left(\frac{p(\boldsymbol{x}_i, z)}{q}\right)\right) \\ &= \mathbb{E}_q(p(\boldsymbol{x}_i \mid z)) - \mathbb{E}_q\left(\frac{q}{p}\right)\end{aligned} \tag{7-17}$$

需要注意的是 $\int_{\mathbb{R}} q(z \mid \boldsymbol{x}_i)f(z)\,\mathrm{d}z$ 代表了对函数 $f(z)$ 求关于分布 q 的均值，记为$\mathbb{E}_q(f(z))$。$\mathbb{E}_q(p(\boldsymbol{x}_i|z))$的估计较为复杂，但是可以使用蒙特卡洛方法对 z 进行抽样以对数值进行估计，即 $\mathbb{E}_q(p(\boldsymbol{x}_i|z)) \approx p(\boldsymbol{x}_i|z_k)$，此时模型可以修改为图 7.48 所示。

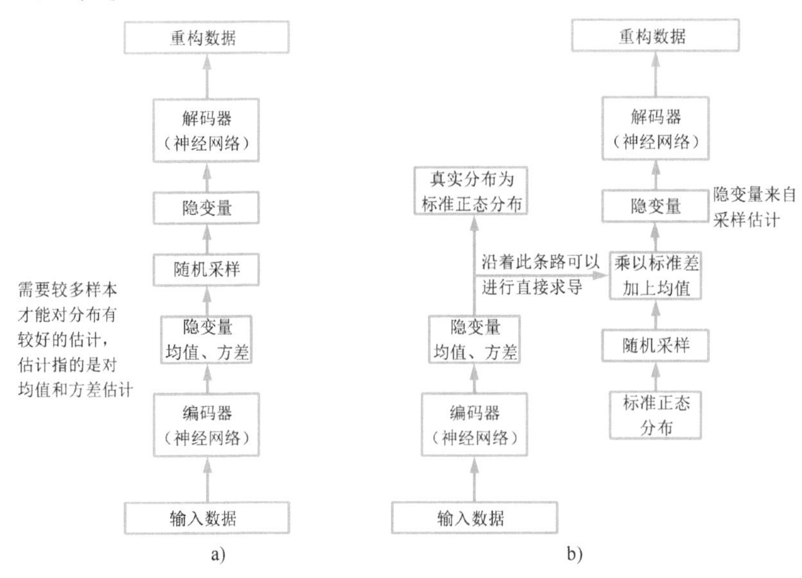

图 7.48 采样估计的变分自编码器

a）原始结构 b）采样结构

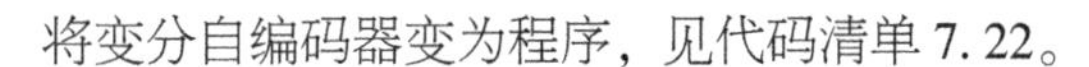

将变分自编码器变为程序，见代码清单 7.22。

代码清单 7.22　变分自编码器结构

```
class VAE(nn.Module):
    def __init__(self, latent_dim=2):
        super().__init__()
        # 输入图形大小为 32×32
        # DNN 输出长度为 2 的表示向量
        self.encoder = # 编码器
        # 构建生成模型:多层上采样+卷积
        self.decoder = # 解码器
        self.latent_dim = latent_dim
    def forward(self, x, z=None):
        if z == None:# 训练过程中仅有 x
            h = self.encoder(x)
            # 计算均值和方差对数,直接拟合方差有小于 0 的情况
            mu = h[:, :self.latent_dim, :, :]     # 均值
            logvar = h[:, self.latent_dim:, :, :] # log(方差)
            std = torch.exp(0.5 *  logvar)
            eps = torch.randn_like(std)
            # 对隐变量进行采样
            s = eps *  std + mu
            y = self.decoder(s)
            return y, s, mu, logvar
        else:        # 推断过程需要输入 z
            y = self.decoder(z)
            return y, z
```

修改后的变分自编码器结构可以更加容易求导。在此过程中的假设为隐变量分布为标准正态分布。编码器所得为隐变量均值和方差 $\boldsymbol{\mu}$、$\boldsymbol{\sigma}^2$，解码器从标准正态分布的数据中进行采样 $\boldsymbol{z}_N$，采样后 $\boldsymbol{z}=\boldsymbol{z}_N\boldsymbol{\sigma}+\boldsymbol{\mu}$ 为真实隐变量分布。如果想使得 ELBO 极大化，那么等价于 $=p(\boldsymbol{x}_i|\boldsymbol{z})-\mathbb{E}_q\left(\frac{q}{p}\right)$ 取得极大值。前一项值 $p(\boldsymbol{x}_i|\boldsymbol{z})$ 取得极大值意味着 $\text{loss}_1=|\boldsymbol{y}-\boldsymbol{d}|^2$ 取得极小值，其中 $\boldsymbol{d}$ 为真实数据，参考 2.3.2 极大似然估计小节。如果 $D=-\mathbb{E}_q\left(\log\frac{q}{p}\right)$ 取得极大值，下面来进行推演，之前假设真实分布为标准正态分布，即 $p\sim N(0,1)$，q 为模型估计分布 $q\sim N(\boldsymbol{\mu},\boldsymbol{\sigma})$，$\boldsymbol{\mu}$、$\boldsymbol{\sigma}$ 均由神经网络输出。将均值函数展开，并假设独立变量是独立分布的，$D=\sum_i\int_{-\infty}^{+\infty}\frac{1}{2\pi\sigma}\exp\left(-\frac{(z_k-\mu_i)}{2\sigma_i^2}\right)\log\frac{\exp-\frac{(z-\mu_i)}{2\sigma^2}}{\exp-z_k^2}\mathrm{d}z_k=-\sum_i(-2+2\mu_i^2+2\sigma_i^2-2\log(\sigma_i))$。如果想使得 D 取得极大值，则使

$loss_2=\sum_i(-1+2\mu_i^2+2\sigma_i^2-2\log(\sigma_i))$ 取得极小值即可。所以变分自编码器总的损失函数为式(7-18)：

$$loss=|y-d|^2+\lambda\sum_i(-2+2\mu_i^2+2\sigma_i^2-2\log(\sigma_i)) \tag{7-18}$$

损失函数前面的部分较容易编写，即为均方误差作为损失函数，后面的部分需要网络计算的均值和标准差，见代码清单 7.23。

代码清单 7.23　隐变量 KL 散度约束

```
class KLLoss(nn.Module):
    def __init__(self):
        super().__init__()
    def forward(self, mu, logvar):
        # 数据均值为 mu, logvar 为方差对数
        loss = torch.sum(
                -1-logvar + mu * *  2 + logvar.exp(), dim = 1
            ).mean()
        return loss
```

训练后，给定不同的隐向量，即可生成相应的图像了。以手写数例生成为例进行测试，如图 7.49 所示。

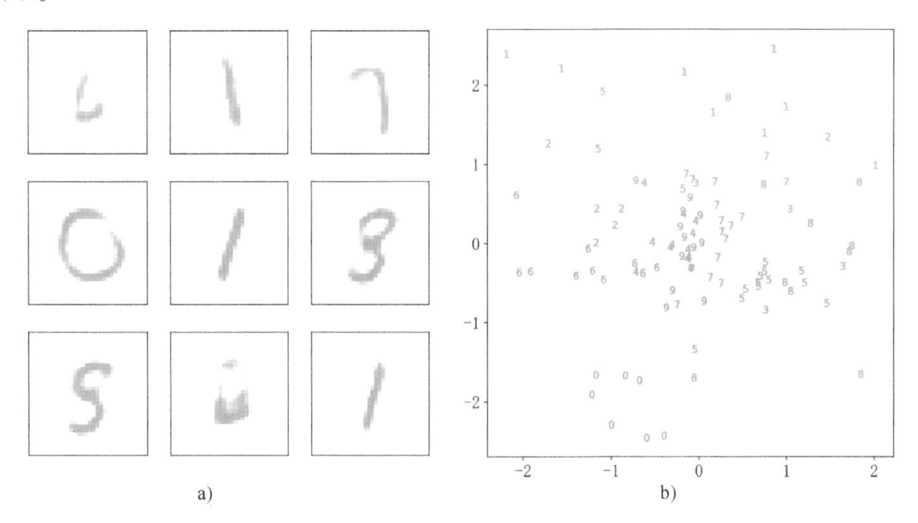

图 7.49　变分自编码器生成图像

a）生成图像　b）隐变量分布

可以看到自编码器所形成的图像是有所区别的，这方面与生成网络相同。同时可以看到的是图 7.49b 中相同类别的样本在空间中的位置相近。这是变分自编码器可以用于特征聚类的原因。其生成的图像并非是使用均方误差较为模糊的结果，而是与对抗生成网络类似的清晰锐利

的结果。

需要注意的是变分自编码器所得的结果不会使得 $D=\mathbb{E}_q\left(\log\frac{p}{q}\right)$ 完全等于 0，只是让模型去拟合一个正态分布。从损失函数来看，使得隐变量为一个标准正态分布，类似于对于模型加入的正则化。

7.6 总结

本节是深度神经网络在图形学中的应用举例。其中应用最为广泛也是最为成熟的方向是物体检测类应用，此部分希望读者能够自行构建模型并使用自己的数据集进行训练。对于人脸识别等图形学分类任务而言，模型较为简单，读者可以根据第 6 章的内容构建一个足够深的模型即可。对抗生成网络部分属于深度学习非常代表性的应用，其可以认为是从数据中提供的先验，在很多图像生成任务中均有使用。最后是变分自编码器，本部分读者可以先行阅读实践部分，而无监督数学基础部分可以配合实践进行理解。

自然语言和时序数据处理类应用

时序数据处理是工业应用的基础之一，自然语言处理则广泛地应用于智能音箱、智能客服等应用中。由于自然语言数据和时序数据具有一定的相似性，因此将其整合到同一章中，作为自然语言、时序数据处理应用章节。本章应用并不限于自然语言处理中常用的循环神经网络、Transformer，卷积神经网络也会在本章中使用。需要读者清楚的是工作中应当针对具体场景选择设计最佳结构，而非将网络结构绑定某一具体应用。本章中的内容包括：

1）单向循环神经网络完成文本生成。

2）时序数据分析。

3）序列到序列模型完成自然语言翻译。

4）注意力机制的引入和实现。

5）BERT 和 GPT 自然语言预训练模型。

本章内容依然使用 PyTorch 作为基础库。读者可以根据书中所附代码自行训练和推断。在了解基础的内容后读者可以将模型迁移到大部分时序、文本建模分析工作中。

8.1 单向模型与文本和时序数据预测问题

所谓单向模型就是输出数据 $\boldsymbol{y}_t$ 仅依赖于本个时间步及之前的输入 $[\boldsymbol{x}_1,\boldsymbol{x}_2,\cdots,\boldsymbol{x}_t]$。单向模型可以完成实时数据处理分析。以股票分析来说，如果想预测明天股票的信息，那么只能使用今天和以前的股票值，明后天股票信息是无法获得的，这便适合使用单向模型解决问题。单向模型使用条件概率可以描述为式（8-1）：

$$p(\boldsymbol{y}_t|\boldsymbol{x}_t,\boldsymbol{x}_{t-1},\cdots,\boldsymbol{x}_1) \tag{8-1}$$

本节将以文本和时序数据预测为例，对单向模型进行详细说明。

8.1.1 中文文本生成

自然语言生成是自然语言处理中常见的任务，其需要模型本身学习到更多的自然语言表达特点。本节实践以诗句生成作为例子，目标为输入第一个字符后可以生成一句完整的句子。本例是一个最简单的文本生成任务实例，但是建模思想在后续的自然语言翻译、对话等任务中均有体现。

模型的设计目标为输入第一个字符后可以连续输出多个字符并组成一句完整的句子。因此在准备数据的过程中应当进行时间偏移，即输入为一句诗而标签与当前诗句之间相差一个时间步。比如：

```
输入：三十八年过去，弹指一挥间！
标签：十八年过去，弹指一挥间！[E]
```

标签文本［E］为结束标志，这样训练过程中输入和标签数据是等长的。这方便了神经网络的处理，结束标签在推断过程中也会用到。对于文本生成任务来说，训练过程和推断过程并不太相同。训练过程需要将完整的输入标签进行输入，推断过程中仅有开始的第一个字符。

单向模型由于生成过程中仅能依赖于前文，因此无法使用双向循环神经网络，仅能使用传统的单向循环神经网络。对于文本生成任务来说，新的词需要结合之前的词汇进行生成。其用概率可以描述为 $p(\boldsymbol{x}_t|\boldsymbol{x}_{t-1},\cdots,\boldsymbol{x}_1)$，这种依赖关系也符合单向循环神经网络的模型特点。以上关系可以使用图 8.1 表示。

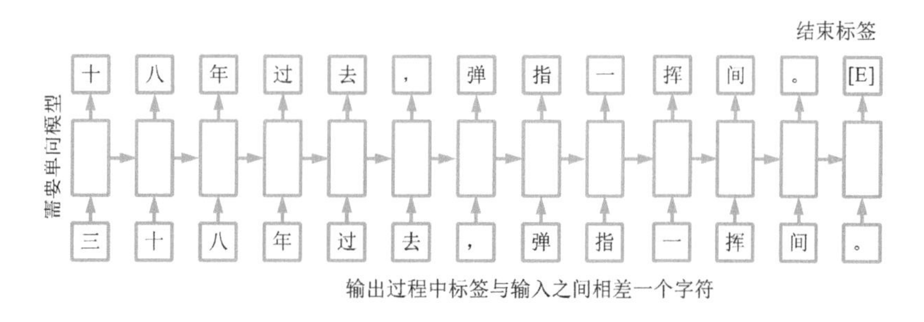

图 8.1　文本生成输入与标签

此时使用单向循环神经网络可以完美地处理文本生成任务中无后文的问题。可以看到每个新词 x_t 的生成都依赖于前面 $t-1$ 个字的信息，因此符合单向生成任务的要求。在本次文本生成模型中选择使用多层门控循环单元（GRU），见代码清单 8.1。

代码清单 8.1　文本生成任务模型训练代码

```
class TextGeneration(nn.Module):
    def __init__(self, n_word):
```

```
        super().__init__()
        self.n_word = n_word
        self.n_hidden = 512
        self.n_layer = 2
        # 文本向量化(Word Embedding)函数
        self.emb = nn.Embedding(self.n_word, self.n_hidden)
        # 循环神经网络主体(GRU 网络)
        self.rnn = nn.GRU(self.n_hidden, self.n_hidden, self.n_layer)
        # 定义输出(变为字符类别预测)
        self.out = nn.Linear(self.n_hidden, self.n_word)
    def forward(self, x):
        B, T = x.shape
        x = self.emb(x)
        # 定义初始状态向量
        h0 = torch.zeros(
            [self.rnn.num_layers, B, self.rnn.hidden_size], dtype=x.dtype)
        y, h0 = self.rnn(x, h0)
        y = self.out(y)
        return y
```

代码清单 8.1 为训练过程。在训练过程中需要给定完整的输入文本和标签，并使用交叉熵进行训练，见代码清单 8.2。

代码清单 8.2　训练过程示意代码

```
model = TextGeneration()
optim = torch.optim.Adam(model.parameters(), 1e-3)
lossfn = CrossEntropyLoss()
for step in # 迭代过程
    x, d = # 训练数据,x:[T, B], D[T, B]
    y = model(x)
    # y:[T,B,C]->[T,C,B]
    loss = lossfn(y.permute(0, 2, 1), d)
    # 梯度下降过程
```

文本生成任务中，需要将推断过程独立出来，这是因为文本生成项目中的推断过程十分具有代表性；另一方面是因为其训练过程与推断过程显著不同。在文本生成的推断过程中仅有第一个字符需要递归地进行解码，算法清单 8.1。

算法清单 8.1　文本生成预测流程

给定初始字符 y_0 和神经网络初始状态 $\boldsymbol{s}_0=0$，设定初始迭代步 $t=0$。

循环迭代：

　　将字符 y_t 进行向量化后得到向量 $\boldsymbol{v}_t$；

将 $\boldsymbol{v}_t$ 和 $\boldsymbol{s}_t$ 输入到神经网络中获得下一步输出 $\boldsymbol{p}_{t+1}$ 和下一步的状态 $\boldsymbol{s}_{t+1}$；

$\boldsymbol{p}_{t+1}$ 代表了所有 N 个字符的概率，根据概率 $\boldsymbol{p}_t$ 确定下一个字符 x_{t+1}；

如果 x_{t+1} 为结束标签［E］，那么终止迭代；

赋值 $t \leftarrow t+1$，如果 t 超过预订次数，那么终止迭代。

在文本生成推断的过程中，需要将神经网络生成的字符循环输入回神经网络中，因此需要在训练过程中安排样本与标签之间相差一个时间步。这个过程是无限循环的，因此需要设定终止条件，即遇到终止字符 E 即结束迭代，为防止网络无限输出，需要限定最大迭代次数。以上过程中的关键过程为根据概率 $\boldsymbol{p}_{t+1}$ 确定下一个字符 x_{t+1}，这称为“解码”。解码过程有几个策略可以选择，见算法清单 8.2。

算法清单 8.2　三种解码策略

解码策略 1–贪心解码

每次均选择概率最大的字符

解码策略 2–集束搜索

本策略的目标是使得整个解码序列概率最大化，即 $\boldsymbol{P}=p(y_1)\cdots p(y_T)$ 最大。但是进行完整的搜索是不可能的，因此每次迭代选择概率最大的 K 个序列。

确定概率最大的 K 个字符 y_1，y_2，…，y_K，并将每个字符循环输入回神经网络中，计算新的 $K \times N$ 个序列（K 个字符输入到神经网络中，每个字符会预测下一步中 N 个字符的概率）的概率 P。从 $K \times N$ 个序列中，选择概率最大的 K 个序列即可。

可以看到当 $K=1$ 时，集束搜索策略即贪心策略。随着 K 越大，计算代价也就越高。

解码策略 3–随机解码

本策略充分考虑了文本生成特点，每次迭代过程中均不会出现相同字符。下一个字符的确定则根据神经网络预测的概率随机给出。

使用随机解码策略并分别使用“自然语言”作为开头生成多句文本，见代码清单 8.3。

代码清单 8.3　随机方式进行解码

```
def to_word(p):
    # 将文本输出的概率解码为字符
    #wid = np.argmax(p) # 选择概率最大的词的 ID
    wid = np.random.choice(len(p), p=p)
    return id2word[wid]
```

生成结果如下。

```
自能怜宁足，焉老委家烦。
然乡万山远，家隐往娥山。
语惭吴上日，共莫拟依行。
言在应频到，游游归隐焚。
自生浔寒趣，分纳鬓层楼。
然姿知听鸟，芦海返疮开。
语饱生天外，今辰逗行馀。
言结兰草龕，鄂落宜无才。
```

可以看到，生成的文本虽然初始字符相同，但是解码出的语句并不相同。并且由于大部分训练诗句均是五言绝句，因此神经网络也学到了这个特点，即十个字后终止。如果每次均选择概率最大的字，即贪心解码的话，那么解码出的字符是相同的，结果如下。

```
自有东山客，无人不得知。
然来不可见，此去不堪知。
语有春风起，春风满夜深。
言有东山客，无人不得知。
自有东山客，无人不得知。
然来不可见，此去不堪知。
语有春风起，春风满夜深。
言有东山客，无人不得知。
```

解码过程中需要将状态向量循环输入回神经网络中，见代码清单 8.4。

代码清单 8.4　解码过程代码示意

```
class TextGeneration(nn.Module):
    def __init__()# 初始化部分与训练相同
    def forward(self, x, h0):
        x = self.emb(x) # 此时时间步仅有 1 个
        y, h0 = self.rnn(x, h0)
        y = self.out(y)
        y = torch.softmax(y, axis=2)
        return y, h0
h = torch.zeros([2, 1, model.n_hidden])
words = ["自"]
for i in range(15):# 最大解码 15 个字符
    w = torch.Tensor([[word2id[words[-1]]]]).long()
    p, h = model(w, h)# 将字符 ID 输入，h 输入获取输出
```

```
    p = p.detach().numpy()
    p = np.reshape(p, [-1])
    w = to_word(p)
    if w == "\n":# 这里使用\n 作为结束标签
        break
    words.append(w)
```

对于集束搜索（Beam Search）解码，需要在正向计算的过程中进行修改，将其写到 forward 函数中，见代码清单 8.5。

代码清单 8.5　集束搜索解码

```
def forward(self, x, beam_width=5, max_step=12):
    B = len(x)# 样本数量
    # 重复 beam_width 次
    x = x.unsqueeze(dim=0).repeat(1, beam_width)#[1, B* beam_width]
    # 给定初始向量
    h = torch.zeros([self.n_layer, B *  beam_width, self.n_hidden])
    # 计算概率的 log,防止乘法出现数值问题
    logp = torch.zeros([beam_width, B, 1])
    outputs = []
    # 解码至最大长度
    for t in range(max_step):
        x = self.emb(x)
        y, h = self.rnn(x, h)
        y = self.out(y)
        y = y.squeeze()
        # 计算当前词概率
        p = torch.softmax(y, axis=1)#[B* beam_width, W]
        p = p.reshape([beam_width, B, -1])#[B, BW, W]
        prob = logp + torch.log(p)
        # 选择概率最大的 K 个字符
        out = torch.topk(prob.permute(1, 0, 2).reshape(B, -1),
            dim=1, sorted=True, k=beam_width)
        logp = out.values.permute(1, 0).unsqueeze(2)
        # 解码出字符 ID
        x = out.indices.permute(1, 0).reshape([1, -1]) % self.n_word
        outputs.append(x.reshape([beam_width, B]))
    outputs = torch.stack(outputs, dim=0)#[max_step, beam_width, B]
    return outputs
```

集束搜索所得的序列可以认为是接近全局最优的，文章中的逗号和句号均是神经网络自行生成，由此可以看到循环神经网络强大的学习文本特征的能力。

8.1.2　时序数据（股票等）预测问题

通过前面的介绍，可以看到一个文本预测问题可以转换为通过前文的数据预测后文的任务。

而对于时序数据来说，也可以用同样的模型解决数据预测问题。不同点在于之前的时序数据预测每个时间步需要预测一个文字（分类），而时序数据（如股票）则是需要预测具体数值（回归）。二者在模型中的区别是损失函数有所不同。具体数据如图 8.2 所示。

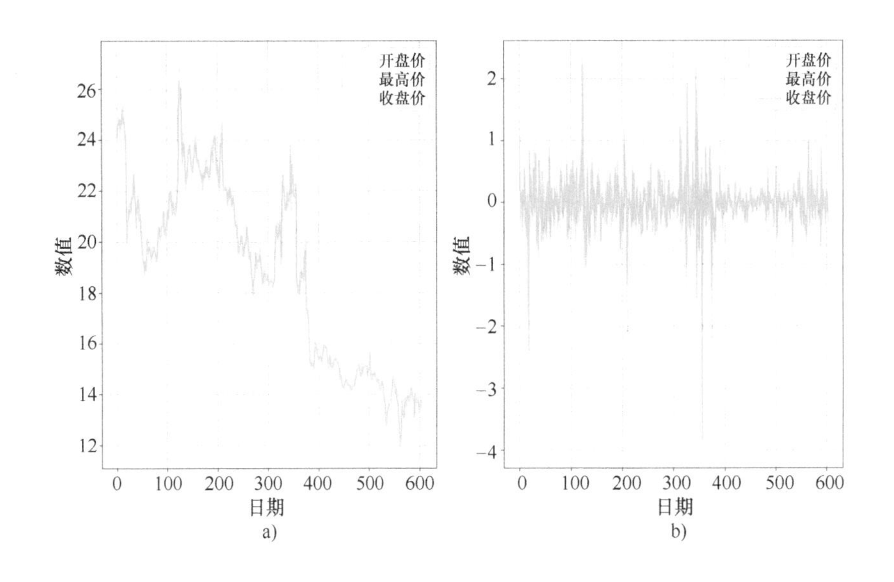

图 8.2　股票数据和增量数据示意（见彩插）
a）600848 股票数值　b）增量数据

如图 8.2 所示在股票数据中选择开盘价、收盘价和最高价作为三个特征来进行预测。有一些日期可能没有数据，为方便说明，在制作数据的过程中则忽略这些缺失数据。股票数据在处理过程中的问题是有的公司可能市值较高，如一直维持在 500 亿元附近。那么变动的特征所占整体比例是有限的。为了突出数据的变动特征，选择的特征构建方式为“差分”，即两日的数值直接相减，从而可以获得数值的“增量”特征，如图 8.2b 所示。这里需要说明的是深度神经网络并不是不需要进行特征构建，很多时候还是需要将数据处理到一个合理的区间。因为神经网络的预测范围通常是有限的。

这里需要考虑的一个问题是如何安排组织数据。可以仿照之前的文本数据预测的流程，使用前 N 天的数据预测第 $N+1$ 天的数值。对应不同的数据格式有多种选择。如果 N 的长度是固定的，可以使用全连接网络、卷积神经网络来解决问题。因为输入固定全连接系数矩阵无须改变。而如果 N 的数量不固定，那么最简单的解决思路依然是使用循环神经网络模型。见代码清单 8.6。

代码清单 8.6　使用循环神经网络预测股票

```
class Stock(nn.Module):
    """
    股票预测模型
    """
    def __init__(self):
        super().__init__()
        # 将 3 个特征转换为 32 个特征,相当于 Embedding
        self.input_layer = nn.Linear(3, 32)
        # 循环神经网络是单向模型
        self.rnn = nn.GRU(32, 32, 2, bidirectional=False)
        # 输出层依然是 3 个
        self.output_layer = nn.Linear(32, 3)
    def forward(self, x):
        T, B, C = x.shape
        x = self.input_layer(x)
        # 初始状态为 0
        h = torch.zeros([self.rnn.num_layers, B, 32], device=x.device)
        y, h = self.rnn(x, h)
        y = self.output_layer(y)
        return y
```

但是当前所构建的股票模型还存在一些问题。最关键的问题便是，股票从周一到周五实际上会表现出不同的特征。一个更加合理的模型应当可以加入时间特征。另外，股票公司还有类别属性，如科技、金融、制造等。这些信息均会对股票的预测产生影响。相比于前面的文本生成任务而言，在股票预测中需要加入更多的“信息”，以使得股票预测更加准确。此时网络结构如图 8.3 所示。

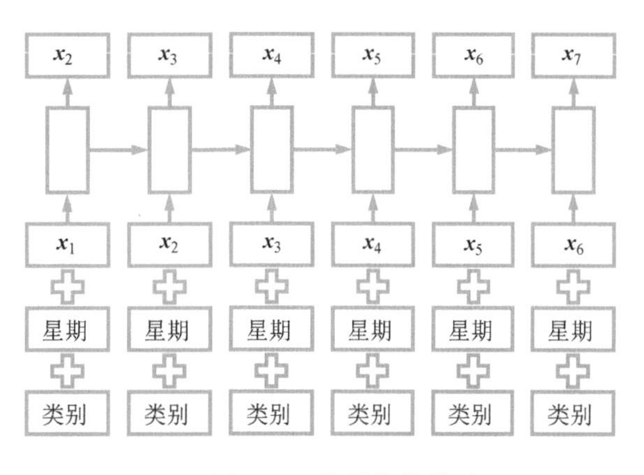

● 图 8.3　股票数据模型

在构建股票数据模型的过程中，不仅需要输入股票值数据 $\boldsymbol{x}_1$，$\boldsymbol{x}_2$，…，还需要星期和公司类别信息。不同信息的加入可以通过向量的连接和相加来融入。本次使用向量相加的形式来进行处理。深度学习中的向量都可以通过嵌入或者全连接层的方式来进行扩展。这样用于股票预测的模型见代码清单 8.7。

代码清单 8.7　改进的股票预测模型

```
class Stock(nn.Module):
    """
```

```
    股票预测改进模型
    """
    def __init__(self):
        super().__init__()
        n_class = 10 # 公司类别数量
        # 星期编码
        self.days_emb = nn.Embedding(7, 32)
        # 类别编码
        self.class_emb = nn.Embedding(n_class, 32)
        # 将 3 个特征转换为 32 个特征,相当于 Embedding
        self.input_layer = nn.Linear(3, 32)
        # 循环神经网络是单向模型
        self.rnn = nn.GRU(32, 32, 2, bidirectional=False)
        # 输出层依然是 3 个
        self.output_layer = nn.Linear(32, 3)
    def forward(self, x, days, class_):
        """
        x:股票数据值(float)[天数,样本数量,3 个值]->[T,B,C]
        days:星期(long)[T,B]
        class_:股票公司类别(long)[B]
        """
        T, B, C = x.shape
        x1 = self.input_layer(x) # 股票值编码
        x2 = self.days_emb(days) # 星期编码
        x3 = self.class_emb(class_) # 类别编码
        x3 = x3.unsqueeze(dim=0) # 所有时间步加入相同类别
        print(x1.shape, x2.shape, x3.shape)
        x = x1 + x2 + x3
        # 初始状态为 0
        h = torch.zeros([self.rnn.num_layers, B, 32], device=x.device)
        y, h = self.rnn(x, h)
        y = self.output_layer(y)
        return y
```

在构建损失函数的过程中由于是回归问题，可以使用均方误差作为损失函数。到此为止时序、文本数据预测的模型已经构建完毕了。可以发现深度学习模型的构建是相对简单的，在想加入更多信息的过程中可以通过对向量的连接、相加等方式进行。

8.1.3 单向卷积模型：因果卷积

深度神经网络中循环神经网络可以较为容易地构建单向模型，而卷积神经网络构建单向模型则需要对卷积的输入和输出进行处理，以在形式上满足仅能处理“前文”信息的形式。因果卷积格式如图 8.4 所示。

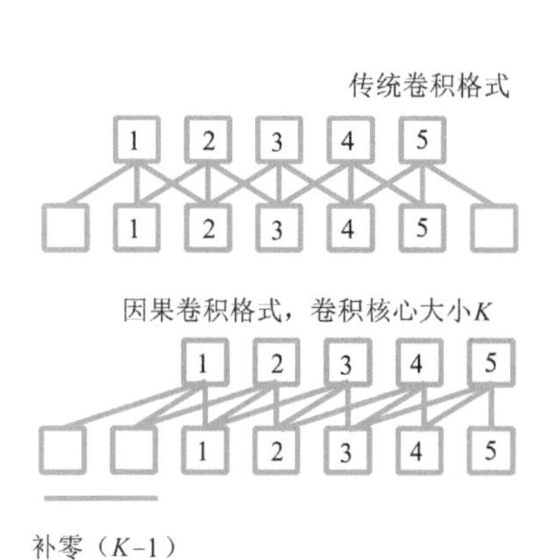

● 图 8.4 因果卷积格式

在构建因果卷积的过程中需要的便是使得卷积核心仅包含此时刻以及之前的信息，这可以通过在原始的数据之前添加 $K-1$ 个 0 来进行，其中 K 为卷积核心大小。此时输入与输出之间便可以认为仅包含前文的信息了。构建因果卷积格式见代码清单 8.8。

代码清单 8.8 因果卷积

```
import torch.nn.functional as F
class CausalCNN(nn.Module):
    def __init__(self, nin, nout, kernel_size=3) -> None:
        super().__init__()
        self.conv = nn.Conv1d(#定义普通一维卷积
            nin, nout, kernel_size, padding=0)
        self.pad = kernel_size - 1
    def forward(self, x):
        x = F.pad(x, [self.pad, 0]) # 在数据之前进行补 0
        y = self.conv(x)
        return y
```

在因果卷积的基础上构建一个单向的网络模型，见代码清单 8.9。

代码清单 8.9 因果卷积构建文本生成模型

```
class Model(nn.Module):
    def __init__(self, n_word):
        super().__init__()
        self.n_word = n_word
        self.n_hidden = 128
        self.n_layer = 2
        # 向量化函数
        self.emb = nn.Embedding(self.n_word, self.n_hidden)
        # 循环神经网络主体
```

```
        self.cnn = nn.Sequential(
            CausalCNN(self.n_hidden, self.n_hidden, 5),
            nn.BatchNorm1d(self.n_hidden),
            nn.ReLU(),
            CausalCNN(self.n_hidden, self.n_hidden, 5),
            nn.BatchNorm1d(self.n_hidden),
            nn.ReLU(),
            CausalCNN(self.n_hidden, self.n_hidden, 5),
            nn.BatchNorm1d(self.n_hidden),
            nn.ReLU(),
        )
        # 定义输出
        self.out = nn.Conv1d(self.n_hidden, self.n_word, 1)
    def forward(self, x):
        x = self.emb(x)#[T, B, C]
        x = x.permute(1, 2, 0)# 转换为[B,C,T]
        y = self.cnn(x)
        y = self.out(y)
        return y
```

因果卷积构建完成后便可以按照单向模型的方式进行数据预测了，这里使用贪心解码进行处理。

```
自有山中客，何人不可知。
然人不可见，不得见人间。
语来无处处，不得见人间。
言知一时去，不得一年心。
```

可以看到因果卷积也可以进行时序数据预测。卷积和循环二者虽然结构上有所差异，但是实际上均可以完成相似数据的处理工作。需要注意的是卷积网络受限于感受野，其能处理的前文是有限的。

8.2 基于循环网络的编码解码模型

在图像、信号处理部分已经对基于卷积神经网络的编码解码结构进行了讲解。编码解码结构在自然语言处理任务中也发挥着非常重要的作用。

8.2.1 基础编码解码结构

在本节中，依然使用诗句数据集，此时的任务不是给定初始字符，而是给定初始的一句话，并让模型预测下一句。此时编码解码结构中的目标在于：编码器，用于从初始句子中提取自然语言特征，并形成特征向量；解码器，用于将特征向量解码为下一句话。其结构如图 8.5 所示。

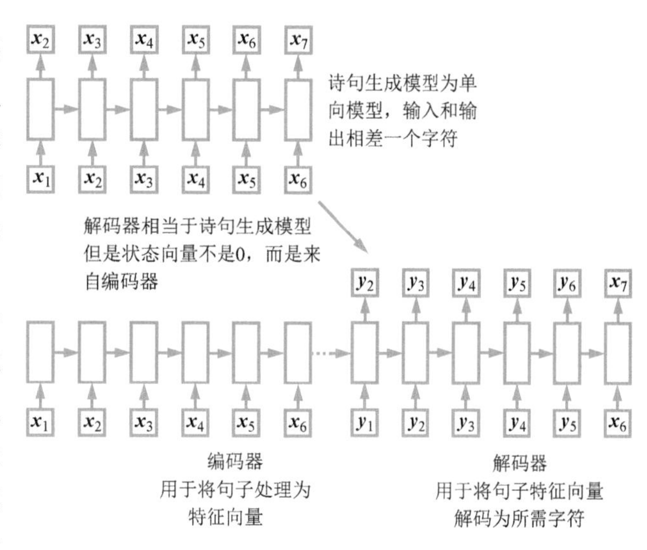

图 8.5 循环神经网络编码解码模型

编码器用于将输入的数据转换为特征向量，这里的特征向量便是循环神经网络的状态向量，其包含了输入全文的信息。而解码器则将状态向量解码为所需文字，这里与诗句生成模型是类似的，此时解码器初始状态为编码器输出。

需要特别注意的是编码解码模型在训练和推断过程中是不一样的。在训练过程中，编码器是有输入的，输入和标签之间相差一个字符。在推断过程中则需要循环地将预测输出输入回网络中，如图 8.6 所示。

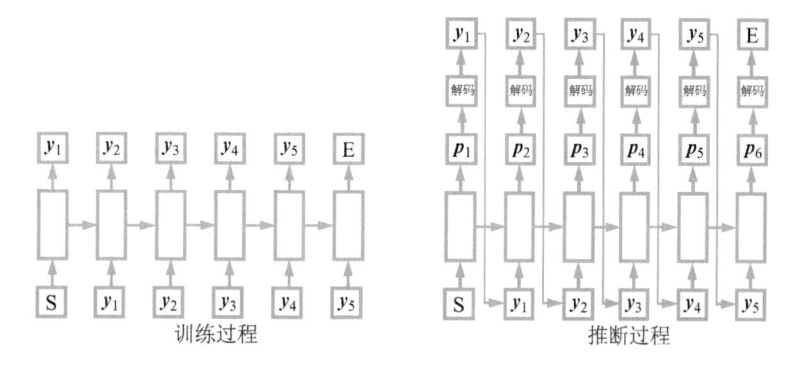

图 8.6 解码器的训练过程和推断过程

在解码器中，分为训练过程和推断过程两个完全不同的流程。在训练过程中编码器的输入和标签数据格式如下。

```
解码器输入：S 除凶报千古。
解码器标签：除凶报千古。E
```

训练中解码器输入的数据为：S+完整下文，其中 S 为开始标签。因为模型在预测过程中第一个字符通常是没有的，因此需要使用一个开始标签来替代。而在将输入数据输入到解码器中后，所对应的输出为：完整下文+E，其中 E 为结束标签。结束标签用于表示句子结束。这在解码过程中会用到，此与之前诗句生成任务是相似的。

解码器在推断过程中较为复杂。以贪心解码为例进行说明，首先需要知道的是推断过程中解码器的输入有编码器的状态向量和开始标签“S”。在将“S”输入到神经网络后，预测输出的是 W 个字符的概率 $\boldsymbol{p}$。而解码过程就是通过一定策略选出下一个字符，具体内容可以参考诗句生成部分。贪心解码即选择概率最高的那个字符，解码出字符后循环输入到神经网络中，继续解码接下来的字符。实际上如果没有结束字符这个过程会一直循环下去，此时结束标签的作用便显现出来了，在解码出结束标签后便可以终止迭代了。为了确保迭代不会无止境运行下去，可以在迭代超出固定步骤时停止迭代。

编码解码程序的编写相对简单，只要能够时刻清楚网络输入输出向量格式及其包含的信息即可，见代码清单 8.10。

代码清单 8.10　基于循环神经网络的编码解码结构

```
class Seq2Seq(nn.Module):
    def __init__(self, n_word):
        super().__init__()
        # 编码解码模型字符可能不同,但是诗句生成例子中是相同的
        # 但是为了程序通用性,这里使用不同的 Embedding
        self.encoder_emb = nn.Embedding(n_word, 128)
        self.decoder_emb = nn.Embedding(n_word, 128)
        # 编码器两层
        # 由于需要传递状态向量,因此是单向模型
        self.encoder = nn.GRU(128, 128, 2, bidirectional=False)
        # 严格来说编码器解码器可以是异构的,即编码器和解码器使用不同网络结构
        # 但是本实例需要传递相同的状态向量,因此需要使用相同的结构
        self.decoder = nn.GRU(128, 128, 2, bidirectional=False)
        # 输出预测字符
        self.output = nn.Linear(128, n_word)
    def forward(self, x, d1):
        T, B = d1.shape
        if self.training:# 是否是训练,通过 model.train()/.eval()调整
            xemb = self.encoder_emb(x)
            h0 = torch.zeros([2, B, 128], device=d1.device)
            # y 可以包含全文信息,状态向量同样可以
            y, hT = self.encoder(xemb, h0)
            # 将状态向量作为初始向量输入解码器中
            yemb = self.decoder_emb(d1)
            y, h = self.decoder(yemb, hT)
            # 转换为字符概率,训练过程中不需要 softmax 处理
            y = self.output(y)
        else:
            pass
        return y
```

以上便是训练代码，对于推断而言，需要循环进行迭代解码，这里使用贪心解码方式进行处理，见代码清单 8.11。

代码清单 8.11　推断过程部分代码

```
def forward(self, x, sid, eid):
    if self.training:# 是否是训练,通过 model.train()/.eval()调整
        pass
    else:
        xemb = self.encoder_emb(x)
        h0 = torch.zeros([2, 1, 128], device=x.device)
        # y 可以包含全文信息,状态向量同样可以
        y, hT = self.encoder(xemb, h0)
        # 将状态向量作为初始向量输入解码器中
        yid = torch.ones([1, 1]).long() *  sid
        outputs = []
        for step in range(10):# 最多迭代 10 步
        yemb = self.decoder_emb(yid)
        y, hT = self.decoder(yemb, hT)
        # 转换为字符概率,训练过程中不需要 softmax 处理
        y = self.output(y)
        yid = y.argmax(dim=2)
        if yid[0, 0].numel() == eid:break
        outputs.append(yid)
        outputs = torch.cat(outputs, dim=0)[:, 0]
    return outputs
```

在推断过程中每次输入一个字符，并解码至结束标签或者最大步长即可。

8.2.2　基于循环神经网络的编码解码结构中的文本补 0 问题

中文文本处理过程中一个关键问题是文本长度通常都是不相等的，这需要在较短的文本之后进行“补 0”以使得神经网络能够充分利用向量化计算形式进行加速。在处理中使用的方式为代码清单 8.12。

代码清单 8.12　数据补 0

```
from torch.nn.utils.rnn import pad_sequence

w1 = torch.tensor([1, 2, 3, 4, 5], dtype=torch.long)
w2 = torch.tensor([1, 2, 3, 4], dtype=torch.long)
w3 = torch.tensor([1, 2, 3], dtype=torch.long)
x_paded = pad_sequence([w1, w2, w3], padding_value=0) #Shape:[5, 3]
```

实际操作中，补 0 可能存在问题。以编码解码模型的编码器部分为例，如果进行补 0，那么实际上最终状态向量中较短的文本包含了文本本身内容和补 0 部分信息。因此在循环网络处理中

可以使用打包的方式，即真实记录每个文本长度。如图 8.7 所示。

在处理不等长数据中，分为三个步骤：第一步将数据长度从大到小进行排列；第二步将数据按时间步进行分割；第三步将按时间步排列的数据依次连接形成连续数据，此时记录为每个时间步的样本数量，即可依次输入神经网络中。以图中的数据来说，前三个时间步每个时间步输入三个样本，第四个时间步输入两个样本，第五个以后仅输入一个样本。这样循环神经网络仅计算有值部分的数据即可。这样处理的优势在于最终的循环神经网络状态向量不包含补零的部分。在 PyTorch 中为 Pack 方法，见代码清单 8.13。

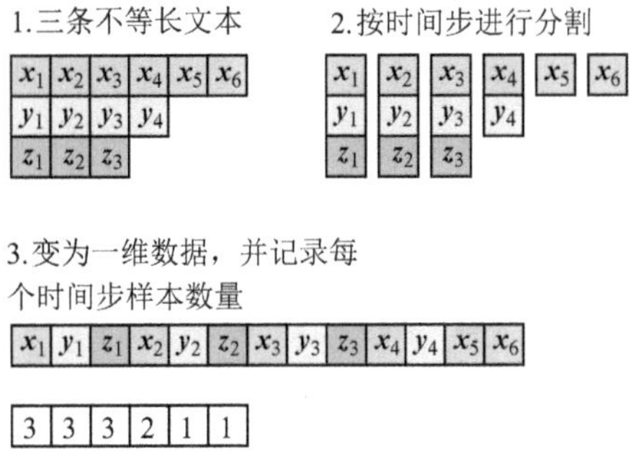

图 8.7　循环神经网络不等长数据处理方式

代码清单 8.13　不等长数据打包方式

```
from torch.nn.utils.rnn import pack_sequence
w1 = torch.tensor([1, 2, 3, 4, 5], dtype=torch.long)
w2 = torch.tensor([1, 2, 3, 4], dtype=torch.long)
w3 = torch.tensor([1, 2, 3], dtype=torch.long)
# 如果不是长度从大到小排列,需要设置 enforce_sorted
# 方法会自动从小到大进行排列
x_packed = pack_sequence([w3, w2, w1], enforce_sorted=False)
```

可以看到 Pack 和 Pad 方法均是为了处理不等长文本数据而设计的。二者可以互相转换，这可以依靠所提供的 API 来完成，见代码清单 8.14。

代码清单 8.14　Pad 和 Pack 互相转换

```
from torch.nn.utils.rnn import pad_packed_sequence, pack_padded_sequence
# 返回补零数据,并返回每个样本实际长度
x_unpacked, x_length = pad_packed_sequence(x_packed, padding_value=0)
# 返回打包数据,需要给定实际样本长度
x_packed = pack_padded_sequence(x_paded, lengths=x_length, enforce_sorted=False)
```

通过这种数据转换，编码器可以避免将补零部分的信息输入到解码器中。而在训练数据处理中可以使用这种方式进行处理，见代码清单 8.15。

代码清单 8.15　训练数据不等长处理

```
# 输入到编码器中的选择 Pack 方式
x1 = pack_sequence(x1, enforce_sorted=False)
# 作为编码器,补充为 0
d1 = pad_sequence(d1, padding_value=0)
```

```
# 作为标签的数据补充为-1
d2 = pad_sequence(d2, padding_value=-1)
```

在处理完成后因为文本向量化方法不支持打包数据，因此需要进行转换，见代码清单8.16。

代码清单8.16　不等长数据训练过程

```
def forward(self, x, d1):
    T, B = d1.shape
    if self.training:# 是否是训练,通过 model.train()/.eval()调整
        x_pad, x_len = pad_packed_sequence(x)
        # emb 无法使用 Pack 数据,可以转换为 Pad 数据,或者提取其中的 data
        xemb = self.encoder_emb(x_pad)
        # Emb 完成后再进行打包
        xemb = pack_padded_sequence(xemb, x_len, enforce_sorted=False)
        h0 = torch.zeros([2, B, 128], device=d1.device)
        # y 可以包含全文信息,状态向量同样可以
        y, hT = self.encoder(xemb, h0)
        # 将状态向量作为初始向量输入解码器中
        yemb = self.decoder_emb(d1)
        y, h = self.decoder(yemb, hT)
        # 转换为字符概率,训练过程中不需要 softmax 处理
        y = self.output(y)
    else:
        pass
    return y
```

在损失函数中，超出长度的部分也不应当计入损失函数，这是补“零”为“-1”的意义，即可以告知损失函数-1的部分直接进行忽略即可。参考代码清单8.17。

代码清单8.17　补零部分损失函数的处理

```
lossfn = nn.CrossEntropyLoss(ignore_index=-1) # 补零的地方是-1 不计入损失
```

到此为止，一个相对完整的编码解码模型便构建完毕了。接下来的问题是，如何更好地提升精度。

8.2.3　序列到序列模型中的注意力机制与自然语言翻译

在当前模型中如果仅仅依赖于状态向量传递信息，由于向量长度是有限的，因此可能很难保证更长文本处理中的精度（如翻译等）问题。这虽然可以通过增加向量长度来解决，但并非是一劳永逸的。因而需要在编码器和解码器之间构建更多的信息通道。考虑到编码器中每个时间步均有向量输出，而解码器中并未有效利用此部分信息。如果能够更加有效地利用此部分信息，可以更好地来进行自然语言处理工作。

在构建模型的过程中，固定长度的向量更容易处理。因此为充分使用编码器信息可以将编

码器的输出进行相加，在前面一直在强调，向量的加法、连接均可以保留向量的信息。向量连接难以根据解码器的输出进行调整，在实际建模中可以考虑对向量进行加权相加。这种加权机制便是“注意力机制”，即对于输入的某个时间步 y_t，与编码器输出 $\boldsymbol{h}_1$，$\boldsymbol{h}_2$，…，$\boldsymbol{h}_T$ 之间的加权关系。注意力机制结构如图 8.8 所示。

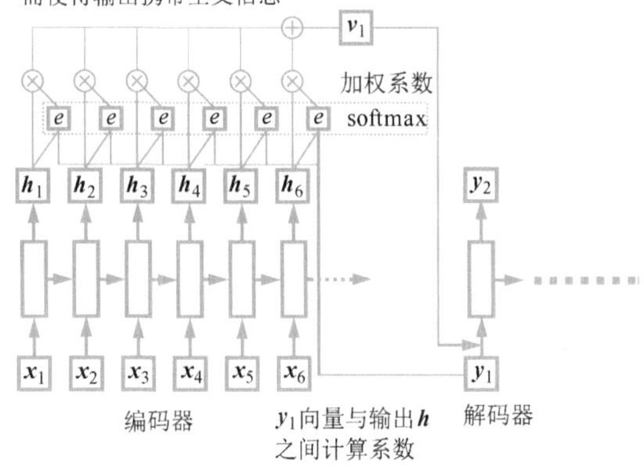

● 图 8.8　注意力机制结构

注意力机制的计算是解码器某一个时刻的输入 $\boldsymbol{y}_n$ 与编码器输出 $\boldsymbol{h}_1$，…，$\boldsymbol{h}_T$ 之间的相关性。其中 $\boldsymbol{y}_n$ 是文本向量化之后的结果，其需要与注意力机制所得的加权向量 $\boldsymbol{v}_n$ 进行连接，并输入到解码器中获取下一步的输出。在这个过程注意力代表了下一个时间步的输出与编码器所得特征之间的关联。这里使用不同于 Transformer 模型的另外一种注意力机制的计算方式，见式（8-2）：

$$
\begin{aligned}
e_{t,n} &= \boldsymbol{w}^1 \cdot \tanh(\boldsymbol{h}_t \cdot \boldsymbol{w}^2 + \boldsymbol{y}_n \cdot \boldsymbol{w}^3 + \boldsymbol{b}) \\
\hat{e}_{t,n} &= \frac{\exp(e_{t,n})}{\sum_{t=1}^{T} \exp(e_{t,n})} \\
\boldsymbol{v}_n &= \sum_{t=1}^{T} \hat{e}_{t,n} \cdot \boldsymbol{h}_t \\
\hat{\boldsymbol{y}}_n &= [\boldsymbol{y}_n, \boldsymbol{v}_n]
\end{aligned}
\tag{8-2}
$$

式中，$\hat{\boldsymbol{y}}_n$ 代表了编码器第 n 步的输出，$\boldsymbol{y}_n$ 代表了编码器第 n 步的输入，整个注意力机制就是将解码器向量通过加权的方式得到注意力向量 $\boldsymbol{v}_n$。这可以通过编程来实现，见代码清单 8.18。

代码清单 8.18　带有注意力机制的编码解码结构

```
class Encoder(nn.Module):
    def __init__(self, n_word):
        super().__init__()
        self.n_word = n_word
        self.n_hidden = 128
        self.n_layer = 2
        # 向量化函数
        self.emb = nn.Embedding(self.n_word, self.n_hidden)
        # 循环神经网络主体
        self.rnn = nn.GRU(self.n_hidden, self.n_hidden, self.n_layer)
```

```
        # 定义输出
    def forward(self, x, h0):
        x = self.emb(x)
        y, ht = self.rnn(x, h0)
        return y, ht

class DecoderWithAtt(nn.Module):
    """带注意力机制的解码器"""
    def __init__(self, n_words, n_hidden=128):
        super().__init__()
        self.n_hidden = n_hidden
        self.n_words = n_words
        # 解码器需要嵌入文本
        self.emb = nn.Embedding(n_words, n_hidden)
        # 注意力机制
        self.wa = nn.Linear(n_hidden* 2, n_hidden)
        self.va = nn.Linear(n_hidden, 1, False)
        # RNN 模型解码器输入需要字符嵌入向量+注意力向量
        self.gru = nn.GRU(n_hidden* 2, n_hidden, 2)
        # 将输出转换为字符数量
        self.out = nn.Linear(n_hidden, n_words)
        self.n_hidden = n_hidden
    def forward(self, decoder_inputs, state, encoder_outputs, mask):
        """
        decoder_inputs:解码器输入
        state:初始状态向量,具有注意力机制时可以为 0
        encoder_outputs:编码器输入
        mask:输入序列 pad 部分为-inf
        """
        # 训练过程中每次处理一个序列
        x = self.emb(decoder_inputs)
        T2, B, C = x.shape
        T1, B, C = encoder_outputs.shape
        h = state
        outputs = []
        for t2 in range(T2):
            xt = x[t2:t2+1]#[1, B, C]
            xr = xt.repeat(T1, 1, 1)#[T, B, C]
            xr = torch.cat([xr, encoder_outputs], dim=2)
            u = torch.tanh(self.wa(xr))
            e = self.va(u)# score
            # mask 处理,pad 部分 att 应该为 0
            e = e + mask.unsqueeze(2)
            # 文章公式 et = va *  tanh(yt* w1+xt* w2+b)
            score = F.softmax(e, dim=0) # [T, B, 1]
```

```
        # 注意力向量计算
        att_v = (encoder_outputs *  score).sum(
                0, keepdims=True)
        xt = torch.cat([xt, att_v], dim=2)
        y, h = self.gru(xt, h)
        outputs.append(y)
    # 最终输出
    outputs = torch.cat(outputs, dim=0)
    y = self.out(outputs)
    return y, h
```

为了方便将编码器和解码器分开进行编写。训练时需要将编码器向量（可以称为记忆）输入到解码器中，见代码清单 8.19。

代码清单 8.19　编码解码结构训练过程

```
train loop:
    encoder_output, h_encoder = encoder(x, h0)
    y, attention = decoder(d_input, h_decoder, encoder_output, s)
```

在解码中可以使用贪心解码方式，直到解码到截止字符为止，见代码清单 8.20。

代码清单 8.20　解码过程

```
h0 = torch.zeros(
    [2, 1, encoder.n_hidden]).to(device)
encdoer_output, h_encoder = encoder(x.to(device), h0)
# 解码器输入带开始标签的数据和编码器最终状态
h_decoder = torch.zeros(
    [2, 1, decoder.n_hidden]).to(device)
crr_word = "B"
for itr in range(50):
    x = torch.tensor([[word2id.get(crr_word, 0)]], dtype=torch.long)
    y, h_decoder = decoder(x.to(device), h_decoder, encdoer_output)
    pid = y.argmax(dim=2)
    pid = pid.cpu().numpy()[0, 0]
    crr_word = id2word.get(pid)
    if crr_word == "E":break
    outwords.append(crr_word)
```

这样编码解码模型可以完成自然语言翻译等相对复杂的工作了。翻译的注意力是可以可视化的，其代表了输入和输出之间的“关联”程度。一些人认为注意力机制存在着可解释性，如图 8.9 所示。

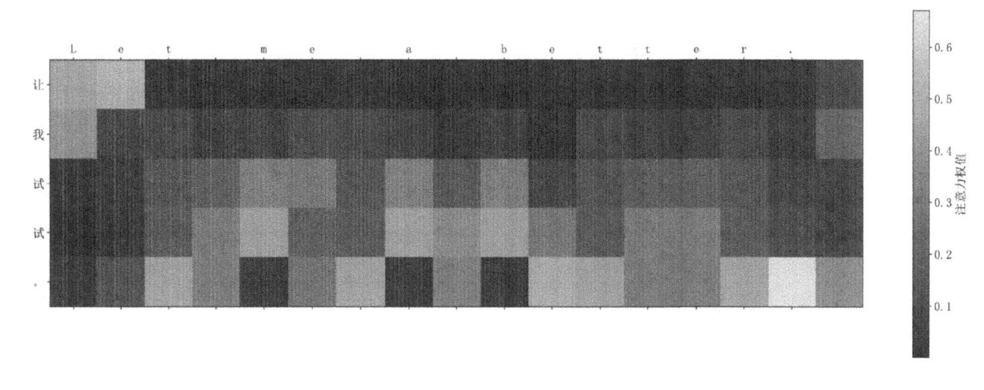

● 图8.9 注意力机制结果

8.3 基于Transformer模型的自然语言处理模型

Transformer模型作为RNN模型的改进，其更多的基于注意力机制，因此理论上精度会更高一些（实际精度需要针对具体任务进行测试）。循环神经网络可以方便地构建单向、双向，以及编码解码模型。而Transformer模型同样也可以构建上述结构。构建单向和双向模型需要对注意力进行处理，详见第5章。本节将会对编码解码结构，以及基于单向、双向的预训练模型进行讲解。

8.3.1 基于Transformer的序列到序列模型

Transformer模型之中的关键就在于注意力机制。总体处理逻辑上与基于循环神经网络的模型并无太大区别。序列到序列模型作为编码解码结构，编码器和解码器可以分开进行构建。首先是构建编码器。

编码器的输入是向量化后的文本，但是由于多头注意力机制并无法包含位置信息，因此需要将位置向量通过相加的形式加入到文本编码中（参考5.6.2节）。使用位置编码后，接下来便是构建Transformer模型了。首先构建的便是编码器，编码器中叠加了多层多头注意力机制，并包含层标准化层。其结构如图8.10所示。

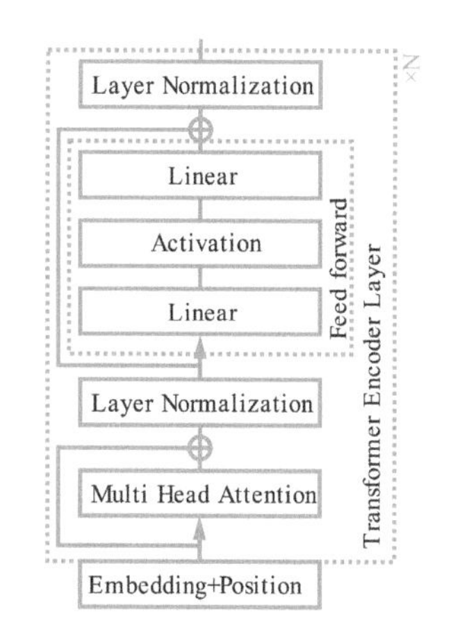

● 图8.10 Transformer编码器结构

如图8.10所示，Transformer编码器中包含了多个编码器层，每个编码器层中的核心结构为多头注意力机制。在输入到多头注意力机制之后加入了残差层和层标准化层。

接下来是由两层全连接网络所构建的简单前馈网络（Feed forward layer），前馈层由两个线性层组成，中间包含了激活函数，在论文中其被设置为了 ReLU。第一层全连接将特征数量扩展为2048，并通过第二层变换为原始维度。前馈网络后加入了残差层和层标准化层。前馈层可以用于非线性特征构建。前馈层层数 N 在论文中被设置为 6。编码器结构见代码清单 8.21。

代码清单 8.21　Transformer 模型中的编码器层

```
class TransformerEncoderLayer(nn.Module):
    """
    Transformer 模型编码器层
    """
    def __init__(self, d_model, nhead, dim_feedforward=2048, drop_out=0.1):
        super(TransformerEncoderLayer, self).__init__()
        # 模型中的自注意力层
        self.self_attn = nn.MultiheadAttention(d_model, nhead, dropout=drop_out)
        # 前馈层
        self.feed_forward = nn.Sequential(
            nn.Linear(d_model, dim_feedforward),
            nn.Linear(), # 线性层
            nn.Dropout(),
            nn.Linear(dim_feedforward, d_model)
        )
        # 两个层标准化层
        self.norm1 = nn.LayerNorm(d_model)
        self.norm2 = nn.LayerNorm(d_model)
        self.dropout1 = nn.Dropout(drop_out)
        self.dropout2 = nn.Dropout(drop_out)

    def forward(self, src, src_mask, src_key_padding_mask):
        """
        src:输入
        src_mask:注意力掩码
        src_key_padding_mask:数据补 0 掩码
        """
        # 注意力层输出
        src2 = self.self_attn(src, src, src, attn_mask=src_mask,
                              key_padding_mask=src_key_padding_mask)[0]
        src = src + self.dropout1(src2) # 残差层
        src = self.norm1(src) # 标准化层
        # 前馈层
        src2 = self.feed_forward(src)
        src = src + self.dropout1(src2) # 残差层
        src = self.norm2(src) # 标准化层
        return src
```

在构建编码器层的过程中，引入了三个 DropOut 层，以减轻过拟合问题。程序中的其他参数与论文是一致的。在构建解码器的过程中，需要将编码器所得向量输入到解码器中。此时传入注意力机制的为键值（Key）向量和值（Value）向量。其结构如图 8.11 所示。

Transformer 的解码器不同层处理数据略有不同。其中第一层的多头注意力机制与第二层有所不同。第一层注意力机制为带掩码的注意力，其为了屏蔽后文信息。第二层用于接收编码器输出向量。本质上来说，解码器应当是一个单向结构，见代码清单 8.22。

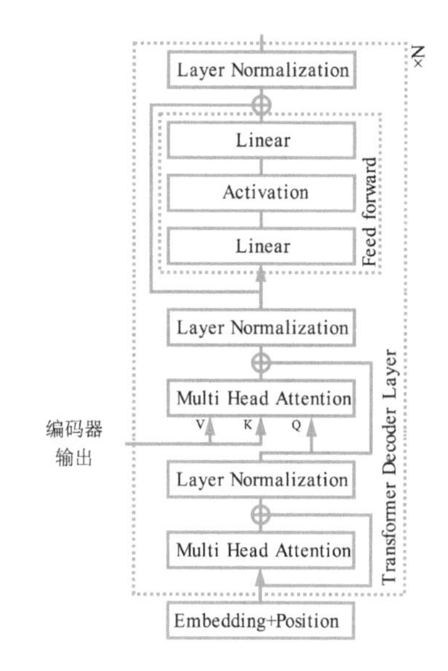

● 图 8.11 Transformer 解码器结构

代码清单 8.22 Transformer 中的解码器层

```
class TransformerDecoderLayer(nn.Module):
    """
    Transformer 解码器层
    """
    def __init__(self, d_model, nhead, dim_feedforward=2048, dropout=0.1):
        super(TransformerDecoderLayer, self).__init__()
        # 多头注意力机制,用于处理输入
        self.self_attn = nn.MultiheadAttention(d_model, nhead, dropout=dropout)
        # 多头注意力机制,用于输入编码信息
        self.multihead_attn = nn.MultiheadAttention(d_model, nhead, dropout=dropout)
        # 前馈层
        self.feed_forward = nn.Sequential(
            nn.Linear(d_model, dim_feedforward),
            nn.Linear(), # 线性层
            nn.Dropout(),
            nn.Linear(dim_feedforward, d_model)
        )
        self.norm1 = nn.LayerNorm(d_model)
        self.norm2 = nn.LayerNorm(d_model)
        self.norm3 = nn.LayerNorm(d_model)
        self.dropout1 = nn.Dropout(dropout)
        self.dropout2 = nn.Dropout(dropout)
        self.dropout3 = nn.Dropout(dropout)

    def forward(self, tgt, memory, tgt_mask, memory_mask,
            tgt_key_padding_mask, memory_key_padding_mask):
```

```
        # 本层用于处理输入信息
        # attn_mask 注意力掩码用于屏蔽后文信息
        tgt2 = self.self_attn(tgt, tgt, tgt, attn_mask=tgt_mask,
                              key_padding_mask=tgt_key_padding_mask)[0]
        tgt = tgt + self.dropout1(tgt2)# 残差层
        tgt = self.norm1(tgt) # 标准化
        # tgt 为解码器输入
        # memory 为编码器输出
        tgt2 = self.multihead_attn(tgt, memory, memory, attn_mask=memory_mask,
            key_padding_mask=memory_key_padding_mask)[0]
        tgt = tgt + self.dropout2(tgt2)
        tgt = self.norm2(tgt)
        tgt2 = self.linear2(self.dropout(self.activation(self.linear1(tgt))))
        tgt = tgt + self.dropout3(tgt2)
        tgt = self.norm3(tgt)
        return tgt
```

在完成单层的编码器和解码器构建后，接下来就是将编码器和解码器整合到一起了，见代码清单 8.23。

代码清单 8.23　Transformer 的编码器和解码器模型

```
class Transformer(nn.Module):
    """
    完整的 Transformer 模型
    编码器+解码器
    不包含文本向量化部分
    """
    def __init__(self, d_model, n_head=8, n_layer=6, drop_out=0.1):
        super(Transformer, self).__init__()
        self.encoder_layers = nn.ModuleList(
            [
             TransformerEncoderLayer(d_model, n_head, drop_out=drop_out) \
                 for i in range(n_layer)
            ] # 定义编码器
        )
        self.decoder_layers = nn.ModuleList(
            [
             TransformerDecoderLayer(d_model, n_head, drop_out=drop_out) \
                 for i in range(n_layer)
            ] # 定义多层解码器
        )
        self.norm1 = nn.LayerNorm(d_model)
        self.norm2 = nn.LayerNorm(d_model)
        self.d_model = d_model
        self.n_head = n_head
```

```
    def forward(self, src, tgt, src_mask, tgt_mask, \
        memory_mask, src_key_padding_mask, tgt_key_padding_mask, \
            memory_key_padding_mask):
        enc_out = src
        for enc_layer in self.encoder_layers:
            # src_mask 用于控制注意力处理前文还是后文信息
            # src_key_padding_mask 用于补零处理
            enc_out = enc_layer(enc_out, src_mask, src_key_padding_mask)
        enc_out = self.norm1(enc_out) # 编码器输出

        memory = enc_out # 输入到解码器的是编码器输出
        dec_out = tgt # 解码器输出
        for dec_layer in self.decoder_layers:
            # tgt_mask 用于控制输出仅包含前文信息
            # memory_mask 用于控制编码器和解码器之间交互,用于解码器第二个多头注意力
            # tgt_key_padding_mask 用于控制解码器之包含前文信息
            # memory_key_padding_mask 的作用如图 8.12 所示
            dec_out = dec_layer(dec_out, memory, tgt_mask, memory_mask, \
                tgt_key_padding_mask, memory_key_padding_mask)
        dec_out = self.norm2(dec_out)
        return dec_out
```

在 PyTorch 中可以直接调用提供的高层 API：**nn.Transformer** 。在编码解码模型中包含了大量的掩码。一部分为了处理数据补零问题，一部分为了处理前后文问题。掩码对于 Transformer 模型的构建是至关重要的。其中最为重要的有 5 个，如图 8.12 所示。

掩码包含三个部分。第一部分是补零掩码，这部分包含输入掩码和输出掩码。在数据处理过程中需要补零，而网络模型计算中应当消除这部分影响，因此加入了补零掩码。第二部分是注意力掩码。编码器中的注意力掩码因为包含全文信息，因此输入的每个时间步之间都是有关系的，因此是一个全为 0 的矩阵，全为 0 意味着不对注意力进行处理。解码器中的注意力掩码是需要屏蔽后文的，第 t 个时间步仅能包含 t 及之前的信息，因此是一个对角矩阵。在下三角部分为-∞，这意味着掩码

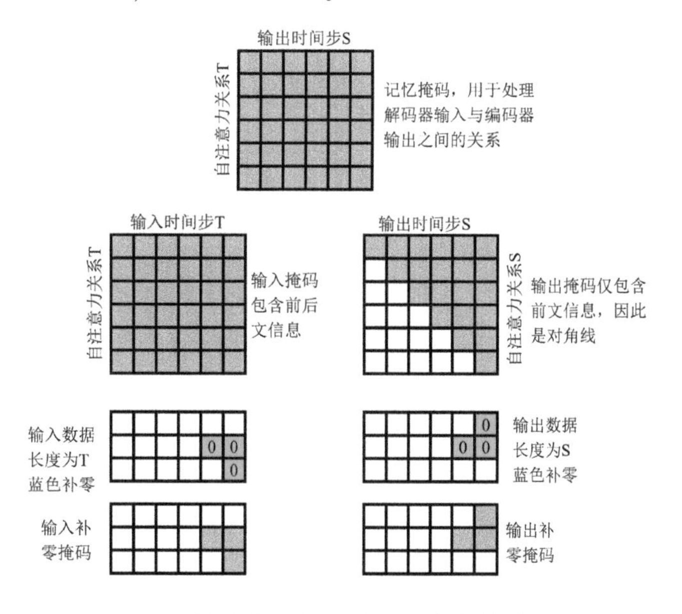

图 8.12 Transformer 中的掩码

对注意力 t 之后的部分进行了屏蔽。之所以给定 $-\infty$ 是因为计算注意力过程中是在 softmax 处理之间加上掩码，这样在 softmax 处理后掩码部分就恒定为 0 了。第三部分是编码器输入到解码器过程中的记忆掩码，其用于处理解码器在输出过程中包含多少解码器信息。如果没有特殊需求，第 t 个时间步应当是包含全部解码器信息的，因此也是一个全为 0 的矩阵。当然不应当包含输入补零部分，因此需要加入记忆补零掩码，其形式与输入补零掩码是相同的。

8.3.2 BERT 模型原理

BERT 模型结构与 Transformer 模型的编码器部分类似。其输出可以处理全局信息，这在循环神经网络中使用双向（Bidirectional）结构可以完成编码，这也是 BERT 名称的由来。BERT 模型使用 5.1.2、5.1.3 中所分割而成的子词而非完整的单词或者单个字母作为输入。

在对 BERT 模型预训练中包含两个任务：MLM 和 NSP。其中 MLM（Masked Language Model）预训练为对模型的输入随机处理为 Mask（在子词中为单独编码），比例为 15%。如果 Mask 一直被替换，那么由于微调过程中不会出现 Mask 从而会影响到模型效果。因此仅在 80% 情况会被替换为 Mask，另外 10% 会被替换为其他单词，还有 10% 不会被替换。模型预测输出为完整的句子，但是与自编码器不同，在损失函数中，仅计算被 Mask 替换的词。NSP（Next Sentence Prediction）为第二种预训练任务。很多任务中，如问答等都是理解两个句子之间的关系。两个输入的句子 AB 中，B 有 50% 概率是下一句，另外概率是从文章中选择的其他句子。其中构建一个类别用于预测 NSP，在子词中同样使用单独编码 [C]。预训练过程中的输入如图 8.13 所示。

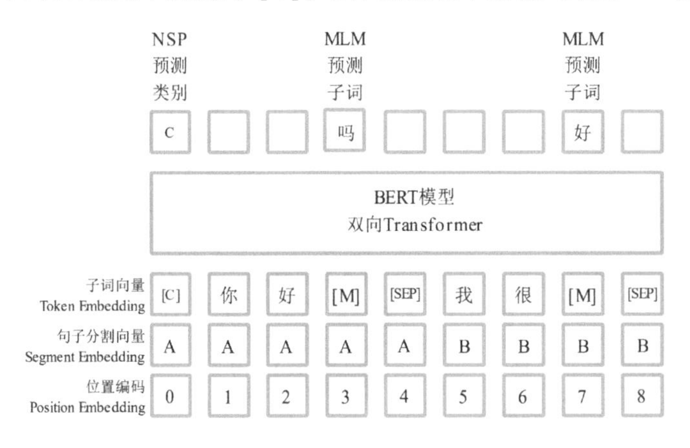

图 8.13 预训练过程

如图 8.13 所示，预训练过程中除了文本向量（Token Embedding，也可称词元向量）和位置向量外还应当加入句子分割向量，用于标注不同句子。[SEP] 用于分开两个句子。BERT 论文中使用的预训练语料为书籍数据（包含 8 亿词汇）和英文维基（25 亿单词）数据。训练中使用的

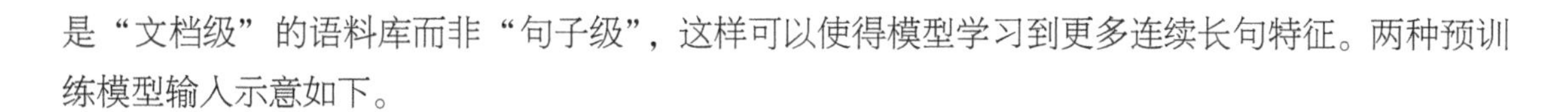

是“文档级”的语料库而非“句子级”，这样可以使得模型学习到更多连续长句特征。两种预训练模型输入示意如下。

MLM 预训练数据示意

无标签文本是：“今天天气不错”。

1.80%情况被替换为 Mask，如今天天［M］不错。

2.10%被替换为语料库中其他单词，如今天天人不错。

3.10%保持原有单词，如今天天气不错。

这样替换的原因是使得 Transformer 模型可以学习上下文表示，同时由于被替换的词较少，不会影响句子的理解。模型训练中仅需要预测被替换的词即可，这种方式相比于每个词均需要预测收敛速度要慢，但是效果提升要多一些。

NSP 预训练数据示意

输入：［C］你好［M］［SEP］我很［M］［S］

标签：真

输入：［C］你好［M］［SEP］［M］气不错［S］

标签：假

MLM 与 NSP 预训练是同时进行的，并且 MLM 英文处理应用于句子分割后的子词中。

在得到预训练模型后，可以使用具体自然语言处理任务进行微调，所能处理的任务如图 8.14所示。

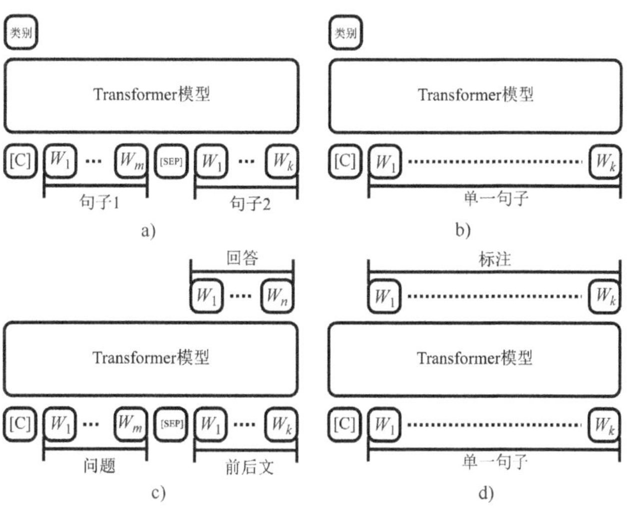

● 图 8.14　微调任务处理方式（修改自 BERT 论文）

a）用于句子对分类任务（如句子相似度）　b）用于单个句子分类任务（如检查句子是否符合语法）

c）用于问答任务　d）单个句子语素分类（如命名实体识别）

微调（Fine-tunning）过程中 BERT 模型中大部分参数都无须更改，仅需添加一个输出层即可。以句子分类任务为例，可以在输入文本后以［C］的输出代表类别，并使用类别进行调整即可。这里稍微困难的是问答任务，下面详细地对问答任务进行说明。首先明确问答任务指的是从给定的上下文中寻找问题的答案。

问答任务数据集 SQuAD

SQuAD（The Stanford Question Answering Dataset）是常用的问答数据集，其是根据前后文来进行问答任务的模型。

前后文：Construction is the process of constructing a building or infrastructure. Construction differs from manufacturing in that manufacturing typically involves mass production of similar items without a designated purchaser, while construction typically takes place on location for a known client. Construction as an industry comprises six to nine percent of the gross domestic product of developed countries. Construction starts with planning, ［citation needed］design, and financing and continues until the project is built and ready for use.

问题：What is the process of constructing a building or infrastructure?

答案：Construction.

在进行模型微调的过程中输入的数据为“问题”+“前后文”，其中问题作为第一句，前后文作为第二句。而模型预测输出如图 8.14c 所示。预测的输出有两个：第一个为输出的子词，第二个为问答语句开始和结束的标签。这样 BERT 模型主体部分保持不变，仅需对输出层进行修改即可。

8.3.3 GPT 模型原理

GPT 与 BERT 模型思路不同，其更加类似于 Transformer 模型的解码器部分，同时 GPT 使用单向的 Transformer 而非 BERT 的双向模型。GPT 模型目标在于构建一个通用的自然语言模型，不使用预训练即可得到良好的效果。其输入数据中可以包含前后文，而模型主要学习的内容也是前文信息。GPT 模型输入和标签如图 8.15 所示。

在学习到足够多的特征之后即使不通过微调也可以获得相对可以接受的效果。例如，GPT3 文章中所说的 Zero-Shot 推断工作，将任务描述语句“将中文翻译成英文”，再输入待翻译中文“天气”，模型便可以预测出需要输出的是“Weather”。这个过程中不需要重新对网络进行微调。另外可以通过给定一个（One-Shot）或者多个（Few-Shot）实例的方式对结果进行预测，例如，One-Shot：输入“天气→Weather”，接下来输入“你好”，之后便可以进行翻译输出。使用某文摘近 5 年的文章对模型进行预训练，输入“天空”或“春天”后，预测输出如下。

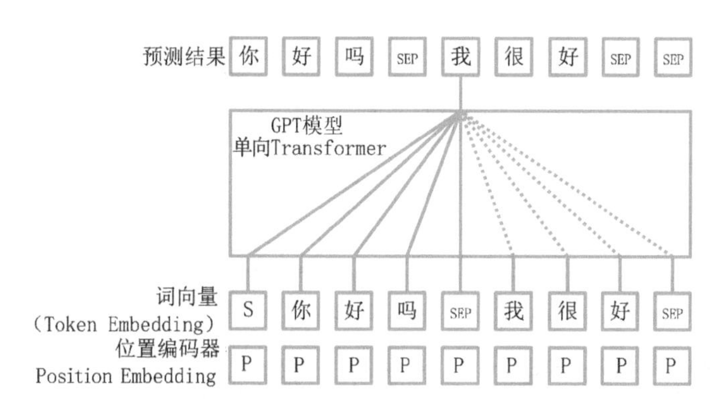

• 图 8.15　GPT 模型输入和标签

> GPT 以"天空"和"春天"为开头写的文本
>
> 天空中飘来一片雪下的雪，在夜色中，我们的心怦然跳跃。
>
> 春天的时候，我们的心情已经浸透了，我们的心情就会晴朗起来。

8.4 总结

目前深度学习模型在自然语言处理、时序数据分析中的模型与工程、科学等方向更加契合，很多智能控制、地理信息、自然观测等方面的数据均是时序数据。如今深度学习逐渐向传统行业下沉，了解、学习循环神经网络、Transformer 等时序数据处理模型是非常有必要的。相比于卷积神经网络模型，循环神经网络模型并不直观，而且网络结构更加复杂，因此一些读者在学习的过程中可能会遇到困难，在此建议读者结合原理图和编程实践来进行入门。

当前卷积神经网络、循环神经网络、Transformer 并非是泾渭分明的不同结构，而是互相交叉、融合的。我们可能在一个任务中同时使用多种模型，这在第 9 章的多模态数据处理中更加明显。

图像、信号、文本等跨模态转换

前面章节中均是单一类型数据，如图像、信号或文本等。随着深度学习网络的发展，图像、信号和文本混合问题也是需要面对的数据分析需求。这通常需要更加复杂的网络结构或者多种不同的网络联合进行处理。考虑到“人工智能”的目标便是模仿人的能力，而人本身是可以处理图像、音频等多种输入的，因此混合问题在人工智能研究中是十分重要的。增强学习在处理混合问题之外也提供了模仿人认知过程的手段。因此本章内容包括。

1）语音识别问题。

2）图像和文本转换问题。

3）增强学习问题。

9.1 语音识别问题

语音识别属于信号和文本混合问题。其处理逻辑较为简单，即将语音的波形信号转换为文本。在这个过程中难点在于波形信号的处理和损失函数的构建。

9.1.1 基于短时傅里叶变换和CTC模型的语音识别

在进行语音识别之前，首先来了解一下语音信号。通常来说，用于语音识别的信号是单声道的，本次使用的训练数据参数如下。

数据格式：wav。

通道数：1。

采样率：16kHz。

比特率：16bit。

数据总长度：30h。

选择其中的一个数据进行绘制如图 9.1 所示。

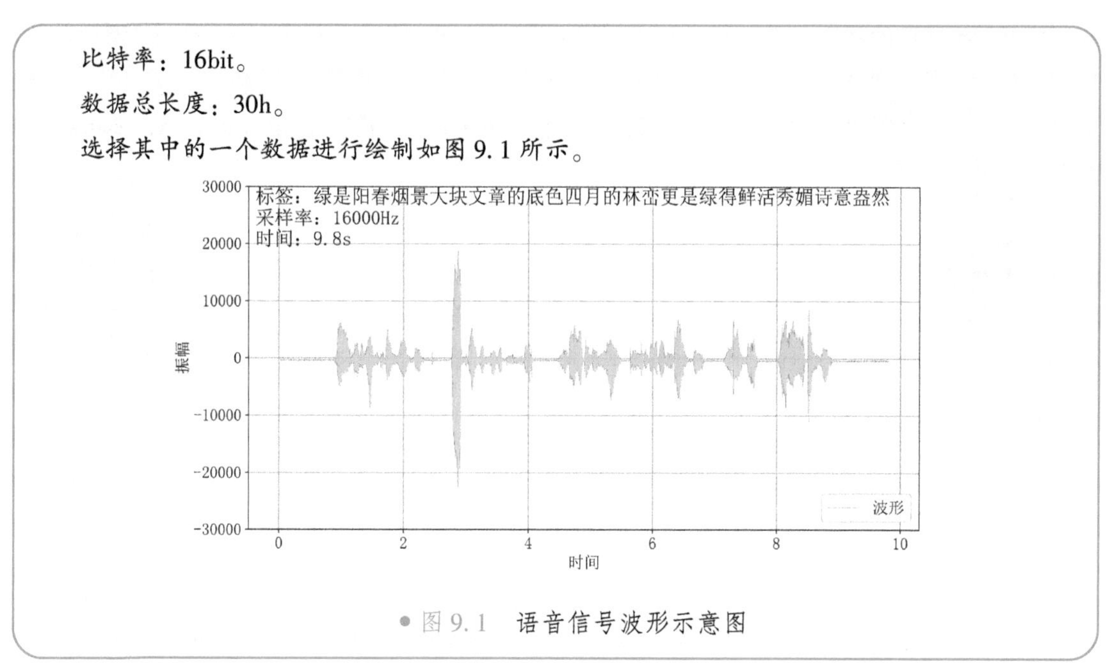

图 9.1 语音信号波形示意图

在语音识别模型中，一个较大的问题是波形的采样点数过多。以当前数据为例，1s 有 1.6 万个采样点，如果人说出一个词用时0.5s，那么需要有 8000 个采样点。使用卷积神经网络需要感受野大于 8000 才能有效地进行语音识别。而这通常需要较多的计算资源。因此可以人工对原始的数据进行处理，如每隔 256 个采样点选择一个 512 长度的时窗，并进行傅里叶变换，这样相当于将数据降采样了 256 倍，这种变换称为短时傅里叶变换（Short Time Fourier Transform，STFT）。经过短时傅里叶变换后的数据如图 9.2 所示。

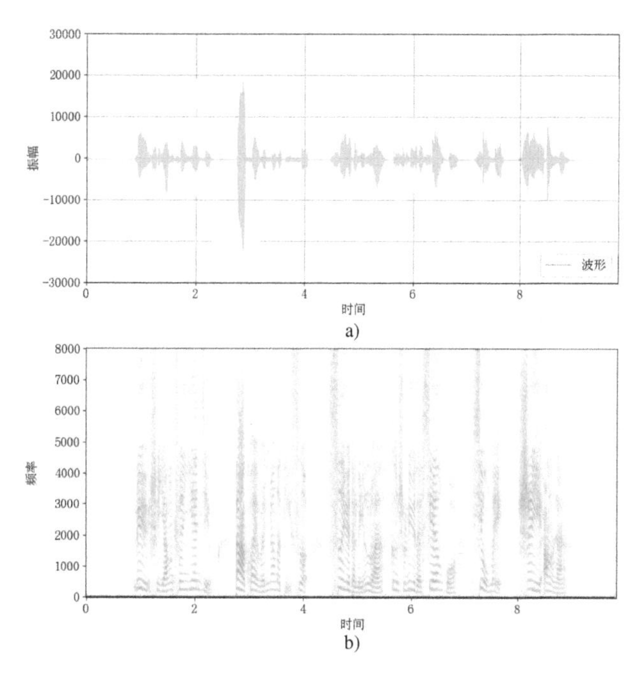

图 9.2 波形特征示意
a）原始波形 b）短时傅里叶变换频谱图

原始波形经过短时傅里叶变换（步长 256）处理后，信号长度由 15 万的采样点（时间步）变为了 600 个时间步。同时在频谱图上可以看到人在进行发音的过程中多个不同的频率发生明显地变化，这是数据处理的基础。此时可以较容易地使用深度神经网络进行处理。由于傅里叶变换后的数据为复数，而深度神经网络更加适合处理浮点数据，因此这里取复数的模并取 log 以减少数据的动态范围。短时傅里叶变换可以使用 PyTorch 的**torch.stft**，或者通过 scipy 的**scipy.signal.stft** 函数完成。见代码清单 9.1。

代码清单 9.1　短时傅里叶变换函数

```
# scipy 完成短时傅里叶变换
# f 为频率坐标,t 为时间坐标,z 为结果
f, t, z = scipy.signal.stft(x, 16000, nperseg=512, noverlap=256)
z = np.log(np.abs(z)+1)
# torch 的 API 完成变换
x_torch = torch.tensor(x, dtype=torch.float32)
# 变换后数据格式为[C, T, 2],分别代表复数实部和虚部
z_torch = torch.stft(
    x_torch, n_fft=512, hop_length=256, return_complex=False)
# 计算复数模,并取 log
z_torch = z_torch.square().sum(dim=2).sqrt().log()
```

变换后的数据可以输入到神经网络中进行训练。考虑到双向模型可以综合前后文信息，因此在语音识别中使用双向的循环神经网络处理，见代码清单 9.2。

代码清单 9.2　双向循环神经网络语音识别模型

```
class Speech(nn.Module):
    def __init__(self, n_word):
        super().__init__()
        self.n_word = n_word
        self.n_hidden = 128
        self.n_layer = 2
        # 直接处理 STFT 特征,不需要进行 Embedding
        # 循环神经网络主体,双向模型
        self.rnn = nn.GRU(
            257, self.n_hidden, self.n_layer, bidirectional=True)
        # 定义输出
        self.out = nn.Linear(self.n_hidden* 2, self.n_word)
    def forward(self, x):
        T, B, C = x.shape
        h0 = torch.zeros([self.rnn.num_layers* 2, B, self.n_hidden])
        y, h0 = self.rnn(x, h0)
        y = self.out(y)
        return y
```

语音识别流程中，由于人工制作了波形特征并得到了特征向量，因此可以直接输入到循环神经网络中进行处理。接下来便是构建损失函数了，之前的算法中使用的损失函数为交叉熵损失，这需要输入和输出之间的时间步是相同的。而显然 STFT 频谱时间步是多于文本字符数量

的。此时无法使用交叉熵作为损失函数，需要首先完成“对齐”，即使得文本长度与输出时间步相同。这可以使用 CTC（Connectionist Temporal Classification）模型来解决问题。

假设输出文本是“你好吗”，而输出有 4 个时间步，那么所谓的“对齐”即是将文本进行扩展以满足 4 个时间步长度。此时引入一个新的“空白”标签，记录为-。如果“你”与“好吗”之间有一个间隔，那么空白标签可以填充其中，即“你-好吗”；如果“好”字的发音较长，那么可能出现两个好，即“你好好吗”。由此，能够组成“你好吗”句式的有 7 种情况。

-你好吗	你-好吗	你好-吗	你好吗-
你你好吗	你好好吗	你好吗吗	

由于神经网络每个时间步均会输出字符概率，那么取得“-你好吗”序列的概率为 $p_1=p(-)p(你)p(好)p(吗)$。CTC 模型中的损失函数，即是计算所有能够组成“你好吗”字符的序列概率，四个输出时间步的概率为 $p=p_1+\cdots+p_7$，并使得其取得极大值。在时间步较多的情况下，计算所有可能的概率之和几乎是不可能的事情。因此可以考虑使用动态规划算法解决问题。在设计中可以看到，第一个字符必定是“你”或者“-”，而结束字符必定是“-”或者“吗”。假设有 T 个时间步，那么计算过程如图 9.3 所示。

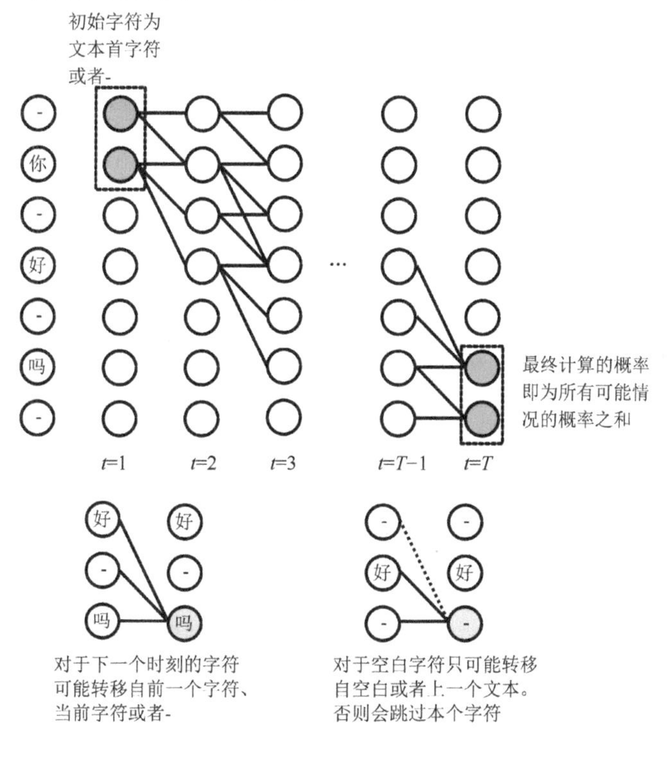

● 图 9.3　CTC 损失示意图

CTC 损失的计算是一个动态规划的过程。假设 $p_t^{w_k}$ 代表第 t 个时间步输出文本标签第 k 个词的概率。第一个时间步起始仅有“-”或“你”，即 $p_1^{w_-}$，$p_1^{w_你}$，此部分概率可以通过 softmax 来计算。在第二个时间步的计算中，“你”字可能转移自第一个时间步的“你”，此时组成序列“你你”，或者转移自第一个时间步的“-”，组成“-你”，此时总的概率为 $p_2^{w_你}(p_1^{w_-}+p_1^{w_你})$。假设第 t 个时间步的“吗”字，其可能转移自“好”“-”“吗”三个字符，此时能到达此节点的概率为 $p_t^{w_吗}(p_{t-1}^{w_好}+p_{t-1}^{w_吗}+p_{t-1}^{w_-})$。如果第 t 个字符为“-”，那么其可能转移自“-”或“好”，能到达此节点的概率为 $p_t^{w_-}(p_{t-1}^{w_好}+p_{t-1}^{w_-})$。如果标签中本身有重复字符，如“今天天气”，那么在标签中“天-天”中必须包含一个或者多个“-”。在有了损失函数后便可以进行深度神经网络模型的训练了。见代码清单 9.3。

代码清单 9.3　CTCLoss 损失函数

```
# CTCLoss,blank 索引为最后一个标签
lossfn = nn.CTCLoss(blank=n_word)
# 需要计算 logsoftmax

for x,d,nx,nd in dataloader:
    # 数据含义为:x:STFT 为频谱,[T,B,C];d 为标签,[B, S];nx,nd 为未补 0 数据长度
    y = model(x)
    m = logsoftmax(y) # 方便进行计算
    loss = lossfn(m, d, nx, nd)
```

在解码过程中可以使用“贪心解码”方式进行，去除其中的重复字符和“-”即可。而如果使用集束搜索方式进行解码，则需要逐个时间步进行处理。例如，第一个时间步输出 5000 个词的概率，从中选择概率最大的 K 个；第二个时间步从 K 个现有序列和新时间步的字符组成的新的所有可能的文本序列中选择其中概率最大的 K 个；依次进行解码即可。这种方式解码计算代价较高，因此实际操作中可以使用贪心解码进行，所得结果如下。

```
标签：绿是阳春烟景大块文章的底色四月的林峦更是绿得鲜活秀媚诗意盎然
预测：绿十阳春烟景大块文章的底色四月的林峦更是绿的鲜活秀媚诗盎然
```

以上中文语音识别的精度是可以接受的。这里需要注意的是文本处理中有两种模型可以解决问题：单向模型和双向模型。单向模型代表性的为单向循环神经网络，其缺少后文信息，但是在计算过程中的优势是速度较快，可以实时进行输出。而双向模型，即在本节中的模型，需要人工判断何时句子结束，并将完整的句子语音输入到模型中进行识别，这可以通过声音音量进行检测，并且无法实时进行输出。读者可以观察自己手机输入法中的语音识别并猜测使用的模型。

9.1.2 卷积神经网络直接处理原始波形进行语音识别

之前说到，在进行语音识别中的关键问题是如何有效地处理波形特征。使用 STFT 变换的一个原因就是 STFT 可以减少需要处理的时间步长度。这可以通过在卷积神经网络中加入降采样来完成，见代码清单 9.4。

代码清单 9.4　卷积和循环融合结构做语音识别

```
class ResBlock(nn.Module):
    # 残差结构,更容易收敛
    def __init__(self, nin):
        super().__init__()
        self.layers = nn.Sequential(
            ConvBNReLU(nin, nin//2, 1, 1),
            ConvBNReLU(nin//2, nin, 1, 5),
        )
    def forward(self, x):
        y = self.layers(x)
        return y + x

class SpeechCNN(nn.Module):
    def __init__(self, n_word):
        super().__init__()
        base = 8
        # 卷积神经网络部分
        self.cnn = nn.Sequential(
            ConvBNReLU(1, base* 1, 1, 5),
            nn.Conv1d(base* 1, base* 2, 5, 2, padding=2),
            ResBlock(base* 2),
            # 重复多次,特征逐级增加
            nn.Conv1d(base* 9, base* 10, 5, 2, padding=2),
            ResBlock(base* 10),
        )
        self.rnn = nn.GRU(base* 10, 128, 2, bidirectional=False)
        self.out = nn.Linear(128, n_word)
        self.base = base
    def forward(self, x):
        T, B, C = x.shape
        x = x.permute(1, 2, 0)#[T, B, C]->[B, C, T]
        f = self.cnn(x)
        f = f.permute(2, 0, 1)#[B, C, T]->[T, B, C]
        h0 = torch.zeros([self.base* 10* 2, B, 128])
        y, h0 = self.rnn(f, h0)
        y = self.out(y)
        return y
```

加入多层卷积后，模型可以直接处理原始波形数据，并且加入降采样后可以认为是通过卷积所提取的频谱。本个模型由于可训练参数更多，因此需要更多的数据用于训练。而模型的损失函数部分依然使用 CTC 损失。需要注意的是，降采样不能太多，否则输入时间步小于标签长度是无法使用 CTC 损失函数的。如果在模型中不包含循环结构也是可以的，但是由于循环神经网络更加适合处理前后文，如果去掉，精度会有所降低。建议读者将循环网络部分去掉重新训练来测试精度变化。

9.1.3 使用编码解码（Seq2Seq）模型完成语音识别

在 8.2 节中编码解码模型可以用于文本到文本的任务，其中编码器的目标为将输入文本进行处理得到表示向量，解码器目标为将得到的表示向量解码为所需文本序列。这里会发现编码解码模型的另外一个非常大的优势便是由模型本身可以完成“对齐”工作，而不需要使用 CTC 模型来完成对齐，因此损失函数可以直接使用交叉熵。而由于深度学习模型优秀的通用性，在解码器部分可以无须修改，仅需要修改编码器部分以用于处理 STFT 频谱，见代码清单 9.5。

代码清单 9.5　编码解码模型做语音识别

```
class Seq2Seq(nn.Module):
    def __init__(self, n_word):
        super().__init__()
        # 编码器中由于处理 STFT 波形,因此不需要 Embedding
        # 解码器中需要 Embedding
        self.decoder_emb = nn.Embedding(n_word, 128)
        # 其他部分是一致的
        self.encoder = nn.GRU(128, 128, 2, bidirectional=False)
        self.decoder = nn.GRU(128, 128, 2, bidirectional=False)
        # 输出预测字符
        self.output = nn.Linear(128, n_word)
```

可以发现，在进行语音识别中，可以对之前的模型进行稍加修改即可完成相应的任务。这也是深度学习模型通用性和便捷性所在。优秀的通用性使得我们可以更加关注问题本身，而不必被不同模型间的适用性所困扰。

9.2 图像文本混合任务

在很多机器学习任务中，图像文本混合任务是非常常见的，如识别图像中的文本（光学字符识别，Optical Character Recognition，OCR）、图像生成等。

9.2.1 光学字符识别任务

光学字符识别是一类非常常见的机器学习应用。早期的模型中可以使用字符分割算法将图像中的字符独立出来，并使用支持向量机（SVM）等模型进行文本分类。这意味着文本识别可能需要经历两个流程：第一从任意大小的图像中寻找字符，并确定字符位置；第二将已知位置的字符分割出来，并进行识别。虽然现已有 STN-OCR 等端到端模型（即模型以原始图像作为输入直接获取识别文本）解决 OCR 问题。但为了更好地理解深度学习模型联合使用问题，本节将 OCR 任务进行拆分。

对于文本位置检测，在深度学习方法流行之前，便有了很多的方法手段，如使用边缘检测、聚类等方式对文本位置进行检测分析。传统方法容易受到图像光照、噪声等影响，而基于深度学习方法的文本检测则表现出了比传统方法更好的性能。在文本检测中大量借鉴了物体检测、图像语义分割中的算法，因此可以认为是图像分析算法的延伸。本次使用物体检测类方法进行文本检测，其中网络结构如图 9.4 所示。

文本检测网络中特征提取网络为传统的多层卷积神经网络，而后经历多次降采样提取不同尺度特征，再经过反卷积（或者上采样）将所得高层特征与浅层网络连接，此时网络输出的总的降采样次数为 4。输出有三个部分，第一个为得分（Score）；第二个为 RBOX；第三个为 QUAD。其中得分用于标注文本位置，这相当于物体检测中的中心网格；RBOX 或者 QUAD 为字符位置回归，这相当于物体检测中的位置校正，二者功能相同取其一即可。由于文本可能存在倾斜等问题，因此标注方式如图 9.5 所示。

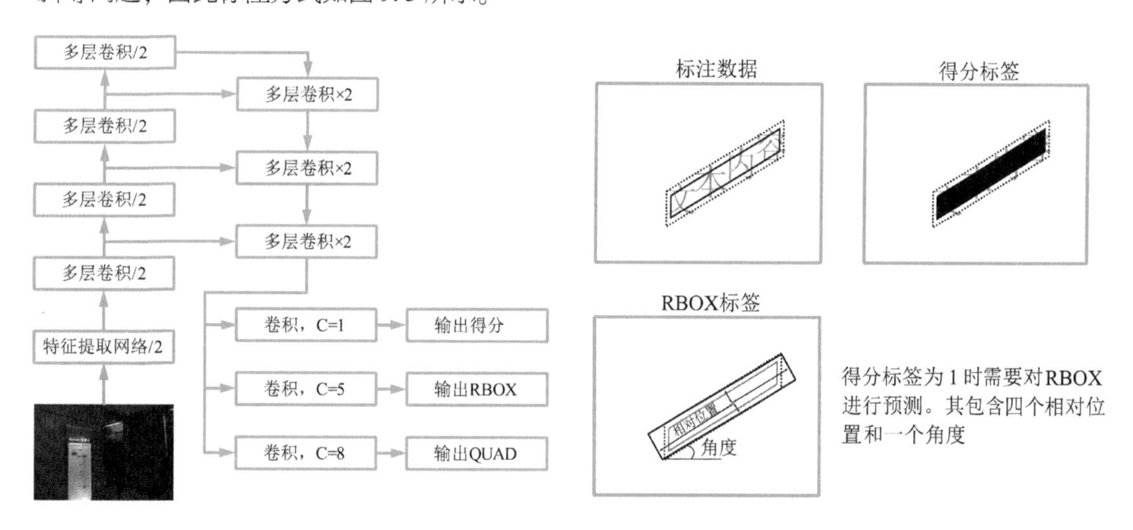

图 9.4　文本检测网络结构　　　图 9.5　文本检测标签示意

文本检测标签中得分标签与物体检测标签有所不同，其在文本区域缩小后的所有像素点均进行标注（见得分标签）。而 RBOX 标签中，则由每个网格点输出四个位置，分别为四个边框位置和一个角度信息。这样便可以进行训练，并完成文本检测工作了。最终检测效果如图 9.6 所示。

图 9.6 图片文本位置检测效果

对于 OCR 任务来说，当前仅能完成文本位置的检测，而对于文本内容分类这需要第二级模型进行处理，这便是文本识别模型。其所需要处理的为文本检测所检测到的字符，如图 9.7 所示。

图 9.7 文本识别数据集

图 9.7 为文本识别数据集，由于在之前已经对文本位置进行了检测，因此当前数据中仅包含裁切出的单行文本。在识别过程中将图像约束到相同高度 128，而由于图像文本长度并不相同导致图像的宽度也各不相同，此时数据为 $\boldsymbol{x} \in \mathbb{R}^{N\times3\times128\times T}$，其中 T 代表了横向像素数。在构建深度学习模型之前，可以研究一下数据的特征：数据横向像素数不固定，并且文本数量也是不同的，这与语音识别是十分类似的，语音数据同样也是音频长度不同并且字符数量不同。因此可以考虑借用语音识别的模型解决问题。这里使用 CRNN 来进行语音识别，即卷积和循环网络融合结构，

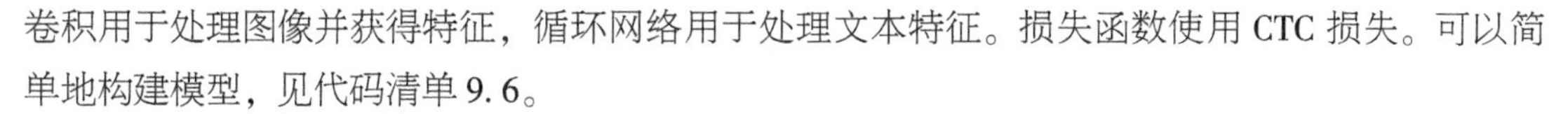
卷积用于处理图像并获得特征，循环网络用于处理文本特征。损失函数使用 CTC 损失。可以简单地构建模型，见代码清单 9.6。

代码清单 9.6　文本识别

```
class ConvBNReLU(nn.Module):
    def __init__(self, nin, nout, stride, ks):
        super().__init__()
        # 图像中为二维卷积
        self.layers = nn.Sequential(
            nn.Conv2d(nin, nout, ks, stride=stride, padding=(ks-1)//2),
            nn.BatchNorm2d(nout),
            nn.LeakyReLU(),
        )
    def forward(self, x):
        x = self.layers(x)
        return x

class TextReco(nn.Module):
    def __init__(self, n_words):
        super().__init__()
        # 卷积神经网络处理图像,降采样后高度为 1 像素
        self.cnn = nn.Sequential(             # 卷积后图像大小
            ConvBNReLU( 3, 8, [2, 1], 3), #[B, 8, 64, T]
            ConvBNReLU( 8, 16, [2, 1], 3), #[B, 16, 32, T]
            ConvBNReLU( 16, 32, [2, 1], 3), #[B, 32, 16, T]
            ConvBNReLU( 32, 64, [2, 1], 3), #[B, 64, 8, T]
            ConvBNReLU( 64, 128, [2, 1], 3), #[B, 128, 4, T]
            ConvBNReLU(128, 256, [2, 1], 3), #[B, 256, 2, T]
            ConvBNReLU(256, 256, [2, 1], 3), #[B, 256, 1, T]
        )
        # 循环网络
        self.rnn = nn.GRU(256, 256, 2, bidirectional=True)
        self.out = nn.Linear(512, n_words)
    def forward(self, x):
        B, C, W, T = x.shape
        x = self.cnn(x) #[B, 256, 1, T]
        print(x.shape)
        x = x.squeeze().permute(2, 0, 1)
        h0 = torch.zeros([4, B, 256], device=x.device)
        y, hT = self.rnn(x, h0)
        y = self.out(y)
        return y
```

代码清单中对图像高度进行了降采样而宽度 T 并未进行，这是因为如果宽度也进行降采样，时间步可能短于文本长度。需要注意的是图像降采样后高度为 1，如果是两个像素的处理后无法

转换为一维连续数据结构，同时感受野也可能存在问题，如图9.8所示。

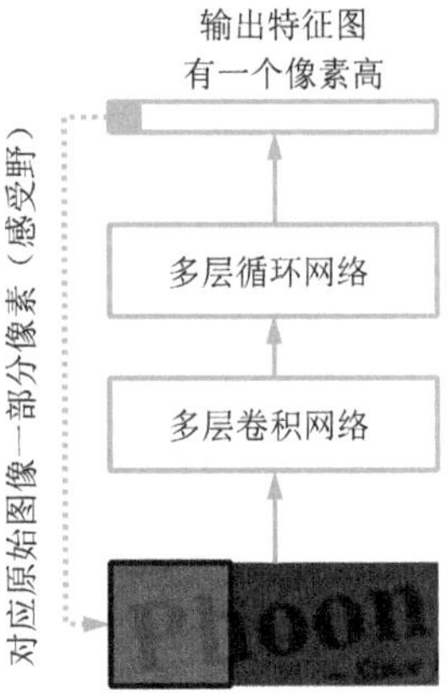

输出特征图
有一个像素高
多层循环网络
多层卷积网络
对应原始图像一部分像素（感受野）

● 图9.8　文本识别网络结构

文本识别模型按语音识别模型训练流程进行。虽然深度学习模型可以完成端到端的OCR工作，即单一模型解决文本位置检测和识别工作。但是使用以上二阶流程鲁棒性更好，同时可以方便地替换为其他的网络结构，如文本检测中可以使用CTPN等，而识别中也可以使用带注意力的序列到序列模型解决问题。

在机器学习建模过程中如果任务过于复杂，可以考虑将一个复杂的整体任务拆分为多个互相独立的机器学习模型，使用分而治之的思想解决问题。

9.2.2 图像标题生成

图像标题生成是将图像转换为说明文本。图像和文本处理问题是深度学习中的常见问题，而将二者结合起来则需要更加复杂的网络结构。在本节中涉及预训练模型、注意力机制、编码解码结构等多方面深度学习技术手段。是非常具有代表性的深度学习项目。在了解具体任务之前，首先来看下数据，如图9.9所示。

1. A map, tealight candles, and wine on a countertop.
2. Candles are next to a glass of water set on a map.
3. A map, wine glass, candles, and wine bottle on a table.
4. A class of wine on a map with candles in back.
5. A glass is sitting on top of a map

描术文本

对应图像

● 图9.9　图像标题生成数据示意

可以看到，数据中包含了图像和所对应的描述文本。这需要构建编码解码模型解决问题：其中编码器用于从数据中提取表示向量，向量中包含物体类别等信息；解码器用于从表示向量中构建描述文本。下面分别为编码器和解码器部分进行讲解。

编码器部分由于需要处理图像，因此以卷积神经网络为基础。完全重新训练模型需要较多的训练样本，并且不容易训练。因此这里使用Faster RCNN的卷积神经网络作为基础。即使用Faster RCNN中的预训练模型作为编码器部分。在最简单的实现中可以不包含自底向上的注意力机制，Faster RCNN主干网络经过自适应池化处理后（即步长和窗口大小根据输入和输出维度确定），变为固定的大小（如14×14），其格式为 $\boldsymbol{v}\in\mathbb{R}^{C\times14\times14}$，其中C为处理后的特征数量（如2048）。定义特征向量 $\boldsymbol{v}_{i,j}=\boldsymbol{v}[:,i,j]$，其可以代表图像每个固定区域的特征。在BUTDA（Bottom Up and Top Down Attention）模型中，所谓的自底向上的注意力指的是Faster RCNN会对候选区域进行预测，而模型可以选择类别置信度大于某个阈值的所有区域，再进行平均池化得到特征向量，这可以避免背景特征干扰。这种直接对特征进行筛选可以被称为Hard attention，而之前介绍的通过网络计算的加权方式为Soft attention。

解码器部分主要用于处理文本。在此部分使用基于注意力机制的循环神经网络模型。在模型中可以构建两层 LSTM 模型，其中第一层模型用于处理输入数据，第二层用于融入注意力机制信息。其结构如图 9.10 所示。

图 9.10 为单步计算中的输入和输出。第一层网络的输入包含三个部分，上一个时间步模型第二层的输出向量 $\boldsymbol{y}_{t-1}$、图像特征向量均值 $\boldsymbol{v}=\frac{1}{K}\sum_{i=1}^{K}\boldsymbol{v}_i$（用于处理整张图像信息），以及本步输入文本向量（Embedding 后）。输入到第一层网络之后与图像的特征向量一起计算注意力机制，并输入到第二层网络中输出文本向量 $\boldsymbol{y}_t$。通过解码将文本向量转换为词的概率 p_i 并进行训练和解码即可。

训练过程与 8.2 节所介绍的编码解码结构是一样的，读者可以参考之前的章节。训练完成后所得结果如图 9.11 所示。

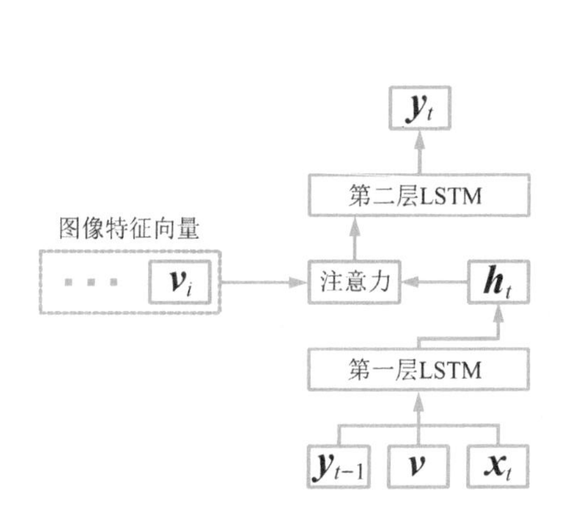

图 9.10　图像标题生成解码器部分

文本内容：
a plastic container filled with different types of food
a plastic container filled with different types of foods
a plastic container filled with food next to a container of food

图 9.11　图像文本转换结果

在解码过程中选择集束搜索解码方式，并最终选择概率最大的三个序列。从结果可以看到，文本内容可以很好地描述图片的情况。

9.2.3　文本到图像自动合成

前面的任务中介绍了从图像转换为文本的方法，其可以看作是带注意力的编码解码模型的修改。而如果将文本转换为图像则需要更加复杂的处理流程。因为图像数据不仅需要包含文本中的信息，还需要转换成的图像与真实图像相近，这需要配合对抗生成网络使用。由于需要处理文本、图像及约束图像分布，因此需要包含三个结构：第一为编码器，编码器可以处理文本并形成所需特征；第二为解码器，解码器将编码器所得特征编码为所需图像；第三为判别器，判别器目标为约束生成图像分布与真实图像接近。本节使用 AttGAN 作为例子进行说明，其结构如图 9.12 所示。

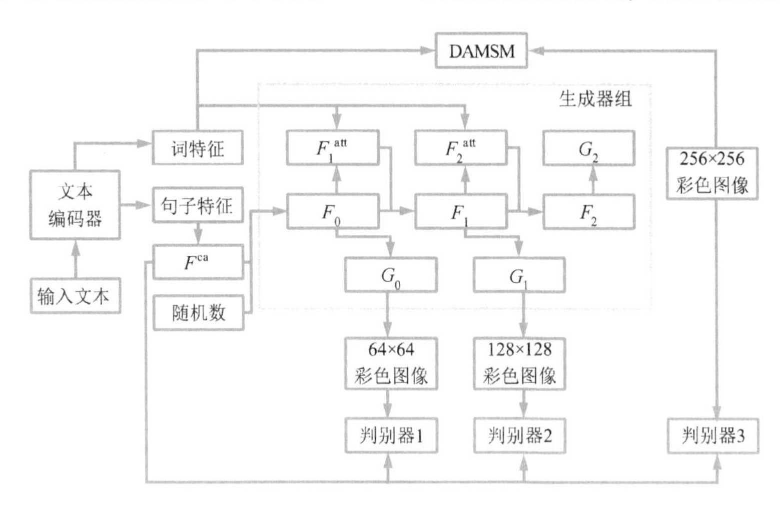

● 图 9.12　AttGAN 网络结构

AttGAN 结构较为复杂。结构中最左边的部分是用于对文本进行编码的编码器。其目标是从文本中提取特征，因此考虑使用循环神经网络作为基本处理单元。在将文本 $\boldsymbol{x}_1$，$\boldsymbol{x}_2$，…，$\boldsymbol{x}_T$ 输入到循环神经网络后，获取输出 $\boldsymbol{s}=\boldsymbol{s}_1$，…，$\boldsymbol{s}_T$ 称为词特征，而最后一个时间步的状态向量可以认为包含了全文的信息，称为句子特征$\bar{\boldsymbol{s}}$。由此文本数据被转换为两种向量：用于表示每个词的词特征向量；用于表示整个句子特征向量。句子特征向量通过类似于变分自编码器中的条件增强器F^{ca}变为特征向量。其计算方式为式（9-1）：

$$\boldsymbol{c}=\boldsymbol{n}\circ\boldsymbol{\sigma}+\boldsymbol{\mu} \tag{9-1}$$

式中，$\boldsymbol{n}\sim N(0,1)$ 为标准正态分布随机数，均值和方差的计算通过全连接网络来估计 $\boldsymbol{\sigma}=\exp(\bar{s}\cdot\boldsymbol{w}+\boldsymbol{b})$；$\boldsymbol{\mu}=\bar{s}\cdot\boldsymbol{w}+\boldsymbol{b}$。

在将句子向量 $\boldsymbol{s}$ 编码为 c 后，结合标准正态分布随机数 $\boldsymbol{z}\sim N(0,1)$ 可以使用F_0 生成图像特征 $\boldsymbol{h}^0\in\mathbb{R}^{B\times C\times 64\times 64}$，其可以代表图像特征，之后在经过单层卷积神经网络 G_0 变为 64×64 大小的彩色图像 $\boldsymbol{img}_0$。此时生成的图像包含整个句子的特征。为了使得生成的图像包含更具体的词的特征，需要使用注意力机制F^{att}将前一层的图像特征向量 $\boldsymbol{h}^0$ 与词向量 $\boldsymbol{w}$ 计算注意力机制。并经过卷积、转置卷积结构F_1 生成特征 $\boldsymbol{h}^1$，进而通过 G_1 生成图像 $\boldsymbol{img}_1\in\mathbb{R}^{B\times 3\times 128\times 128}$。再通过第三级的$F^{att}$，$F_2$，$G_2$ 生成图像 $\boldsymbol{img}_2\in\mathbb{R}^{B\times 3\times 256\times 256}$。这样形成了三级图像生成结构，每级结构依次生成更高分辨率的图像。

在判别器部分使用三个判别器，用于约束生成图像分布。判别器结构为传统的卷积神经网络。在判别器生成的最后一层特征中，需要融入矩阵特征向量 $\boldsymbol{c}$，结合图像特征生成真假的判断。

在构建损失函数的过程中应当考虑约束生成的图像与文本是相似的，但是图像和文本无法直接对比。因此使用深度注意力多模态相似度模型（Deep Attentional Multimodal Simiarity Model，DAMSM），来约束图像和文本两种模态数据的相似性。其计算方式如图9.13所示。

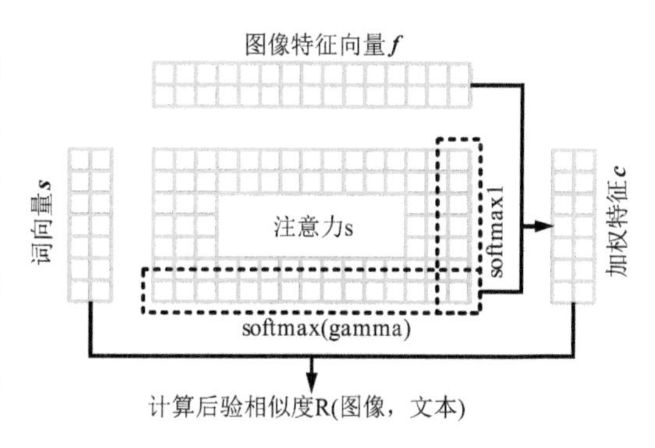

图9.13 基于注意力的文本图像相似度计算

在文本编码器中获取了词向量 $\boldsymbol{s}\in\mathbb{R}^{T\times C}$，而图像向量则由深度学习预训练模型给出（可以使用多层卷积网络），那么经过卷积网络计算后所得特征为 $\boldsymbol{f}\in\mathbb{R}^{H\cdot W,C}$。之后可以计算注意力机制 $\boldsymbol{a}=\boldsymbol{s}\cdot\boldsymbol{f}\in\mathbb{R}^{T\times HW}$，对于矩阵 $\boldsymbol{a}$ 进行 softmax 处理 $\boldsymbol{a}'=\dfrac{\exp(\boldsymbol{a}_{i,j})}{\sum_k\exp(\boldsymbol{a}_{k,j})}$，而后再次进行 softmax 处理 $\boldsymbol{a}''=\dfrac{\exp(\gamma_1 a'_{i,j})}{\sum_k\exp(\gamma_1 a'_{i,k})}$。使用注意力机制对图像特征向量进行加权：$\boldsymbol{c}_i=\sum_j a''_{i,j}\boldsymbol{f}_j$，此时衡量两个向量相似度使用余弦相似度 $R(\boldsymbol{s}_i,\boldsymbol{c}_i)=\dfrac{\boldsymbol{s}_i\cdot\boldsymbol{c}_i}{|\boldsymbol{s}_i|\cdot|\boldsymbol{c}_i|}$。而文本 D 和图像 Q 的相似度可以记录为式（9-2）：

$$R(Q,D)=\log\Big(\sum_i\exp(\gamma_2 R(\boldsymbol{s}_i,\boldsymbol{c}_i))\Big) \tag{9-2}$$

对于有 N 个样本的一批样本来说，第 i 张图像到文本后验相似度概率为式（9-3）：

$$P(D_i\mid Q_i)=\frac{\exp(\gamma_3 R(Q_i,D_i))}{\sum_k^N\exp(\gamma_3 R(Q_i,D_k))} \tag{9-3}$$

此时损失函数定义为式（9-4）：

$$L_1^w=-\sum_i^M\log P(D_i\mid Q_i) \tag{9-4}$$

可以以同样的方式来计算文本到图像的相似度，见式（9-5）：

$$L_2^w=-\sum_i^M\log P(Q_i\mid D_i) \tag{9-5}$$

式中，$P(Q_i\mid D_i)=\dfrac{\exp(\gamma_3 R(Q_i,D_i))}{\sum_k^N\exp(\gamma_3 R(Q_k,D_i))}$，对于句子向量 $\bar{s}$ 和图像向量 $\bar{\boldsymbol{f}}=\mathbb{E}(\boldsymbol{f})$，相似度也可以进行以上计算，此时 $R(Q,D)=\dfrac{\bar{v}\cdot\bar{\boldsymbol{f}}}{|\bar{v}|\cdot|\bar{\boldsymbol{f}}|}$，可以计算 L_1^s，L_2^s，而最终的 RASMS 为四个损失函数之和。γ_1，γ_2，γ_3 为常数，分别为5，5，10。最终以“the red bird has black eyes”为输入文本生成

的图像，见图 9.14。

图 9.14　三级网络图像生成结果（见彩插）

9.2.4 自然科学应用：深度学习层析成像技术

目前层析成像方法（Tomography）被广泛地应用于医疗、城市监测等领域。层析成像方法通过震动信号或者光电信号的走时对地下速度、人体速度结构信息进行成像，以无损的方式观察介质内部的情况。层析成像原理如图 9.15 所示。

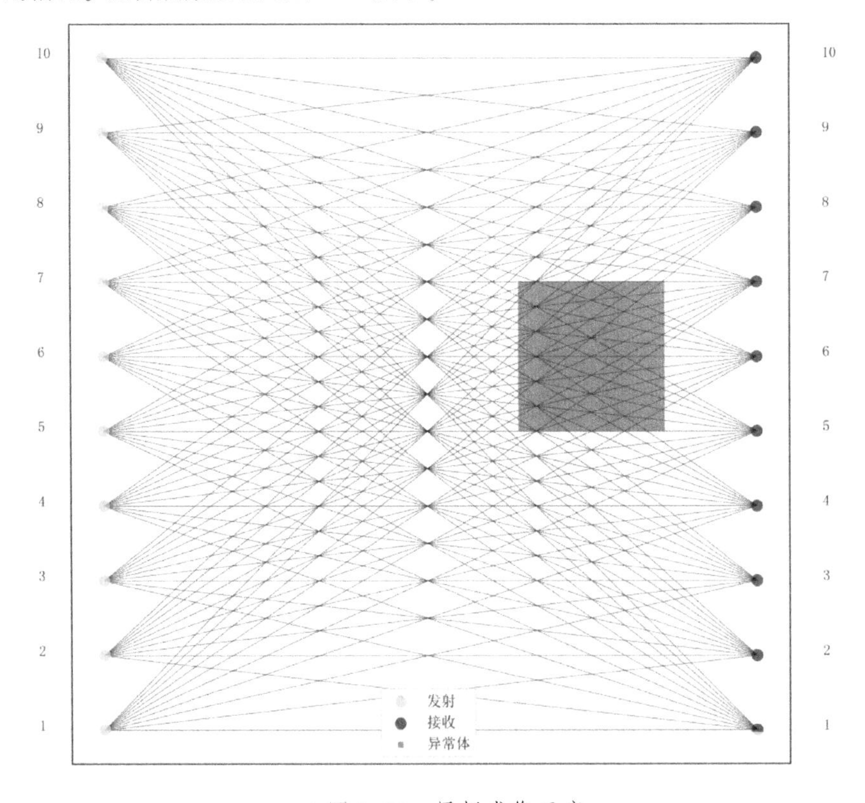

图 9.15　层析成像示意

在对物体内部进行观测的过程中，通常难以在物体内部安装观测设备，这需要一些技术从外部对其进行观测，而层析成像技术便是其中的方法之一。层析成像技术是从源（图9.15彩色点）发射一系列射线信号（严格来说是波场），并被感受器（图9.15灰点）所接收。由于发射的时间是可控的，而接收到信号的时间也是可知的，此时信号从源开始发射到感受器的走时时间便可以直接由观测得到。如果在传播路径上存在一个低速体（如从1号源发射到8号感受器接收），那么其传播时间必然会比常规时间要短一些。通过观察多个源和感受器所接收到的时间差，是可以对空间内的低速体形态来进行估计的。常规的层析成像方法可以使用梯度下降法、拉东变换等技术手段解决。而深度学习方法则为层析成像提供了更多思路。即直接以接收到信号的走时差作为输入并以空间速度结构作为输出，这相当于直接使用深度学习模型拟合了贝叶斯函数，因此计算效率更高，可以避免传统迭代算法中容易出现的局部极小值问题。

用于深度学习模型以观测到的信号走时为输入 $\boldsymbol{x}^{\text{obs}}$，空间中信号传播速度为 $\boldsymbol{v}\in\mathbb{R}^{N\times N}$，空间中每个网格点的速度均是有所不同的。其中单个源发射由不同的感受器所接收形成的走时数据为一帧，其格式为 $\boldsymbol{x}_t\in\mathbb{R}^{N\times N}$，在没有观测值的网格点取值为0，其他网格点为观测走时；不同源构成不同帧，走时数据结构为三维矩阵 $\boldsymbol{x}\in\mathbb{R}^{T\times N\times N}$，其中 T 为源的个数。为处理三维走时矩阵 $\boldsymbol{x}$，使用了卷积神经网络对其进行处理，处理过程中，不同帧的卷积神经网络的权值是共享的。在处理图像数据后，可以使用循环神经网络对不同帧的信息进行计算汇总，之后通过卷积神经网络直接输出走时。神经网络的结构如图9.16所示。

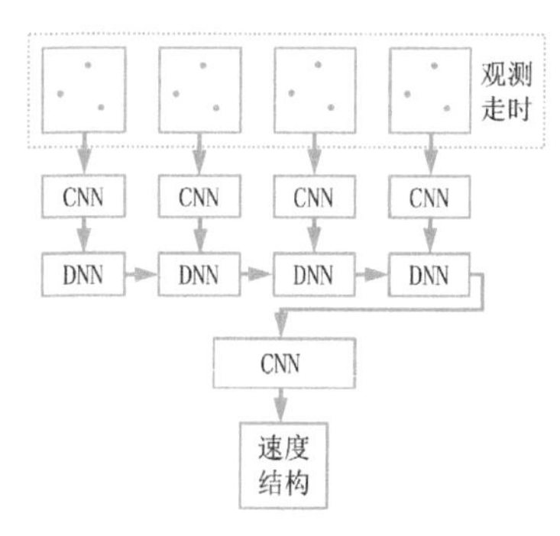

图9.16　用于层析成像的网络结构

实际上循环神经网络的每个时间步依然是一个图像，此种网络结构可以使用ConvLSTM，即将传统的处理时序数据的全连接结构替换为卷积，见代码清单9.7。

代码清单9.7　ConvLSTM函数构建

```
class ConvLSTMCell(nn.Module):
    def __init__(self, input_dim, hidden_dim, kernel_size):
        """
        定义初始化部分
        """
        super(ConvLSTMCell, self).__init__()
        self.input_dim = input_dim
        self.hidden_dim = hidden_dim
        self.kernel_size = kernel_size
        # 定义卷积层
        self.conv = nn.Conv2d(in_channels=self.input_dim + self.hidden_dim,
```

```
                                    out_channels=4 * self.hidden_dim,
                                    kernel_size=self.kernel_size,
                                    padding=(kernel_size-1)//2)

    def forward(self, x, hc):
        # x:[B, C, H, W]
        # 单步计算函数
        h, c = hc# 状态向量和记忆向量
        x = torch.cat([x, c], dim=1)
        y = self.conv(x)
        # 分割为四个部分
        g1, g2, g3, o = torch.split(y, self.hidden_dim, dim=1)
        o = torch.tanh(o)
        c_next = g1.sigmoid() * c + g2.sigmoid() * o
        h_next = o * torch.tanh(c_next)
        return h_next, c_next
```

ConvLSTM 可以处理时序图像数据。在自然科学中的数据通常都是十分复杂的，这需要读者能够根据数据特征构建合适的网络模型。

9.3 强化学习

强化学习（Reinforcement Learning）与对抗生成网络一样属于神经网络在损失函数的层面做的优化。其设计目标在于使用深度神经网络设计出适应“环境”的系统。强化学习包含的内容非常丰富，本节将对其中的 DQN（Deep Q-Learning）方法进行讲解。在讲解 DQN 的过程中需要明确一些概念，首先是“环境”和“智能体”（Agent），可以假设环境是某款游戏而智能体是游戏玩家，玩家通过不断与游戏进行交互，在此过程中学习游戏玩法，并最终在游戏中获得高分的过程就是强化学习。在玩游戏的某一时刻 t，此时游戏中的状态是可观测的，其可以记录为向量 $\boldsymbol{s}_t$，此刻玩家采取动作 $\boldsymbol{a}_t$ 后可以获得回报 r_t，实际上玩游戏不仅仅是想此刻的收益最大化，更期望的是整体的收益最大，此时可以定义动作值函数 Q，见式（9-6）：

$$Q(\boldsymbol{s}_t,\boldsymbol{a}_t)=\max\sum_{i=t}^{\infty}\gamma^{i-t}r_i \tag{9-6}$$

其代表了在状态 $\boldsymbol{s}_t$ 的情况下采取动作 $\boldsymbol{a}_t$ 可能的最优累积收益，其中 γ 代表折扣因子（discount factor），是随着时间增加单次操作预期收益的衰减，这代表了某个时刻 t 所进行的操作对于未来的收益，显然距离当前时刻越远，预期收益越低。可以观察到，这个收益是对未来无穷时刻的累积，动作值 Q 应当符合式（9-7）：

$$Q'(\boldsymbol{s}_t,\boldsymbol{a}_t)=r_t+\gamma Q(\boldsymbol{s}_{t+1},\boldsymbol{a}_{t+1}) \tag{9-7}$$

而 DQN 的目标为获得动作值函数 Q，即获得任意状态下所能获得的累积收益，如果想对 Q

值进行估计需要使用梯度下降法，如式（9-8）：

$$\Delta Q=Q'-Q=(r_t+\gamma Q(\boldsymbol{s}_{t+1},\boldsymbol{a}_{t+1})-Q(\boldsymbol{s}_t,\boldsymbol{a}_t)) \tag{9-8}$$

在以上算法中，需要的条件策略 π 是已知的，即在状态$\boldsymbol{s}_{t+1}$的情况下所采取的动作$\boldsymbol{a}_{t+1}$可以记录为 $\pi(\boldsymbol{a}_t|\boldsymbol{s}_t)=p(\boldsymbol{a}_t|\boldsymbol{s}_t)$，称为策略函数。但通常情况下这个策略是未知的，因此采用的迭代方式为式（9-9）：

$$\Delta Q=(r_t+\gamma Q(\boldsymbol{s}_{t+1},b)-Q(\boldsymbol{s}_t,\boldsymbol{a}_t)) \tag{9-9}$$

此时的动作 b 应当能使得值函数最大 $b=\arg\max\limits_{b\in A(s_{t+1})}Q(\boldsymbol{s}_{t+1},b)$，其中 $A(\boldsymbol{s}_{t+1})$代表了状态 $\boldsymbol{s}_{t+1}$情况下所能采取的动作。选择动作的过程中使用了 ε-greedy 策略：考虑到初始状态动作值函数 Q 是随机的，其无法有效地进行策略选择，因此加入探索的成分，即在迭代过程中一部分时间步随机从所有可能的动作中进行选择，见式（9-10）：

$$b=\begin{cases}\text{随机选择 } A(\boldsymbol{s}_{t+1}),\text{当}\xi_{t+1}<\varepsilon\text{ 时}\\ \arg\max\limits_{b\in A(s_{t+1})}Q(\boldsymbol{s}_{t+1},b),\text{当}\xi_{t+1}\geqslant\varepsilon\text{ 时}\end{cases} \tag{9-10}$$

式中，$\varepsilon\in(0,1)$为固定的取值，ξ_{t+1}为每次迭代过程中所产生的 0~1 区间均匀分布的随机数。这样可以使得模型具备一定的探索性。实际中 Q 值的优化计算仅基于当前时间步 t 和下一个时间步 $t+1$，这是一个马尔可夫过程，因此 DQN 网络中引入了“回放记忆”（Replay memory），用以实现批学习。由此优化过程就明确了，见算法清单 9.1。

算法清单 9.1　DQN 模型训练

初始化记忆 D，其容量固定为 N
初始化动作值函数 Q，即深度神经网络初始化
迭代开始：
　迭代 $t=1$，T：
　　使用 ε-greedy 方式选择动作 b
　　在环境中执行动作 b，获得收益r_t 和新的状态$\boldsymbol{s}_{t+1}$
　　将（$\boldsymbol{s}_t$，b，r_t，$\boldsymbol{s}_{t+1}$）存储于记忆 D 中
　　随机从记忆 D 中选择$(\boldsymbol{s}_i,b,r_i,\boldsymbol{s}_{i+1})$，使得估计值 Q'与真实值接近

$$Q'=\begin{cases}r_i,\text{如果游戏已终止}\\ r_i+\gamma,\max\limits_a Q(\boldsymbol{s}_{i+1},a)\end{cases}$$

　　执行梯度下降法使用损失函数 $\text{loss}=(Q'-Q(\boldsymbol{s}_i,b))^2$

由于每次更新过程中均使用贪心算法选择最大的奖励，因此 DQN 最终容易得到一个比预期更大的值。Double DQN 模型中使用两个模型，一个模型 Q 用于计算拟合值函数，其可训练参数

为 $\boldsymbol{w}$，一个模型Q^D 用于计算最优动作，其可训练参数为 $\boldsymbol{w}^D$。在训练过程中 $\boldsymbol{w}^D$ 的值与 $\boldsymbol{w}$ 更新存在延迟。其算法如算法清单 9.2。

算法清单 9.2　Double DQN 算法

初始化记忆 D，其容量固定为 N

初始化动作值函数 Q 和Q^D，即深度神经网络初始化

设置更新间隔 τ

迭代开始：

　　迭代 $t=1$，T：

　　　　使用 ε-greedy 方式选择动作 b，值函数计算使用Q

　　　　在环境中执行动作 b，获得收益r_t 和新的状态$\boldsymbol{s}_{t+1}$

　　　　将$(\boldsymbol{s}_t,b,r_t,\boldsymbol{s}_{t+1})$存储于记忆 D 中

　　　　随机从记忆 D 中选择$(\boldsymbol{s}_i,b,r_i,\boldsymbol{s}_{i+1})$使得估计值 Q'与真实值接近

$$Q'=\begin{cases} r_i,\text{如果游戏已终止} \\ r_i+\gamma, Q^D(\boldsymbol{s}_{i+1},\operatorname*{argmax}_a Q(\boldsymbol{s}_{i+1})) \end{cases}$$

　　　　执行梯度下降法使用损失函数 $\text{loss}=(Q'-Q(\boldsymbol{s}_i,b))^2$

　　　　如果 $t\%\tau==0$，赋值 $\boldsymbol{w}^D\leftarrow\boldsymbol{w}$

在测试过程中使用 OpenAI 的 GYM 库来完成。GYM 是一个用于强化学习的标准 API，其包含了用于强化学习训练的多种环境，使用雅达利游戏进行测试。安装好环境后可以直接进行调用，见代码清单 9.8。

代码清单 9.8　GYM 调用游戏

```
import gym
env = gym.make("Enduro-v4", render_mode="human")
```

调用游戏后接下来便是构建深度学习模型了。深度学习模型以图像作为输入，输出神经元数量与控制参数个数相同，以当前游戏为例，包含了 18 种状态，那么模型输出有 18 个神经元用于预测。在构建模型过程中使用普通的卷积神经网络结构即可，其用于游戏图像。在增强学习中称为智能体（Agent）。接下来便是通过迭代策略对模型进行训练了，见代码清单 9.9。

代码清单 9.9　Double DQN 训练过程

```
memory_buffer # 用于存储数据的结构
for t in range(MAX_STEP):# 开始迭代
    # 选择动作
    if t < START:# 当未到开始步数之前使用随机采样
```

```
        # 从数据中随机选择一个动作
        action = np.random.randint(0, num_actions)
    else:
        # epsilon greedy 探索方式
        sample = np.random.random()
        if sample > threshold: # 如果大于阈值则选择最优动作
            with torch.no_grad():
                obs = torch.tensor(
                    obs, dtype=torch.float32).unsqueeze(0) / 255.0
                action = Q(obs)[0].argmax().cpu().numpy()
        else:
            action = np.random.randint(0, num_actions)
    # 运行一步获取:观测图像、奖励、是否完成
    obs_new, reward, done, info = env.step(action)
    # 将数据存储在记忆中
    memory_buffer.store(obs, obs_new, action, reward, done)

    # 使用 DQN 算法描述进行迭代
    # 从数据中进行采样:新旧状态、动作、奖励、是否结束
    obs_t, obs_new_t, act_t, rwd_t, done_t = memory_buffer.sample(batch_size)
    # 计算 Q 值
    q_values = Q(obs_t)
    # 获取相应动作的值函数
    q_value = q_values.gather(1, act_t.unsqueeze(1)).squeeze()
    act_new = Q(obs_new_t).detach().argmax(1)
    q_target_new = Q_D(obs_new_t).gather(1, act_new).squeeze()
    q_target = rwd_t + gamma *  q_target_new
    loss = torch.square(q_target-q_value)
    # 迭代步骤

    if t % UPDATE == 0: # 更新模型权值
        Q_D.load_state_dict(Q.state_dict())
```

以上代码是训练过程的示意，其中的 memory_buffer 用于存储记忆，用于神经网络训练。

9.4 图神经网络

在卷积神经网络中处理的数据是均匀采样的，如图像是100×100像素，那么像素与像素之间的物理距离是一致的，但是有些时候这种采样并非是均匀的，如图 9. 17 所示。

如图 9. 17a 所示图像数据是均匀采样的，而图 9. 17b 所示的数据则是非均匀采样的。这使传

统的卷积、循环等网络结构难以处理类似的数据类型。而图神经网络则是为了解决以上问题而产生的。图神经网络有多种结构，本节中将会对其中的网络结构进行讲解。图神经网络的建模依然离不开“表示向量”及其所能包含的信息。而“图”神经网络，为了描述各个节点之间的信息，引入了“图”。这部分内容请读者参阅“图算法”相关书籍，本节中仅会对与图神经网络高度相关的概念进行讲解。

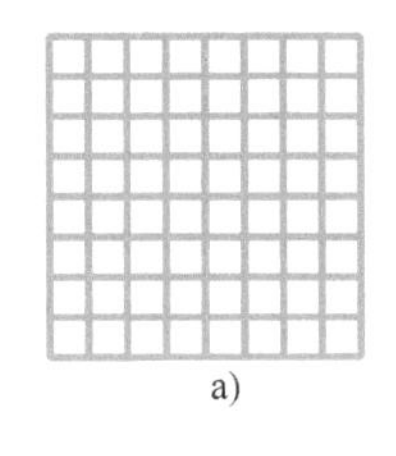

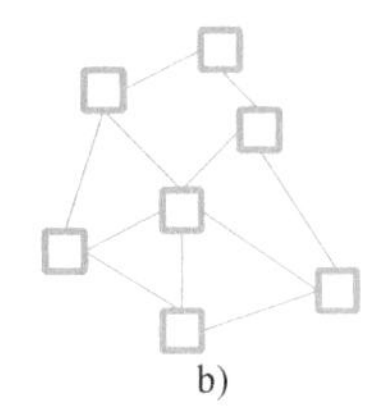

图 9.17　网格数据

a）均匀网格数据　b）非均匀网格数据

9.4.1　图及其相关概念

在讲解图之前需要对图的相关数学符号进行讲解，首先看图 9.18。

在图的结构中有一些基础概念：节点（Node），假如其是图像，就代表了一个像素，第 i 个节点写为 v_i；边（Edge），其代表了两个节点之间的关系，对于 i，j 节点的边 e_{ij}，类似于在卷积中两个相邻的像素之间的加权关系；邻接矩阵（Adjacency Matrix），表示为 $\boldsymbol{A}$，其中的 $A_{ij}=e_{ij}$；对于每个节点 v_i，其特征向量为 $\boldsymbol{h}_{v_i}$。为更方便表示数据，还需要其他的数学符号：$G(V,E)$ 为计算图；V 为节点集合；E 为边的集合；$N(v_i)$ 为节点 v_i 的邻居，即图中与 v_i 直接相连的量。

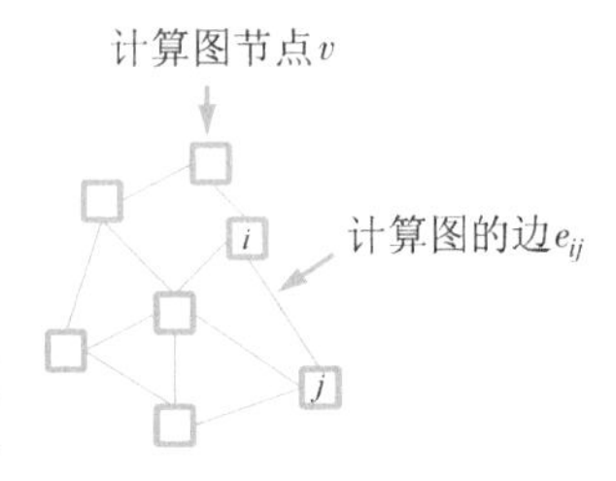

图 9.18　图结构示意

以上便是图的一些基础概念了，可以看到“图”的关键在于节点，以及如何处理节点间的关系。而图神经网络设计过程中则着重于处理这种关系。

9.4.2　空间域图卷积神经网络

空间域图卷积神经网络目标是直接处理图中节点之间的关系。其名称中的“卷积”则意味着其整体结构与卷积神经网络是类似的，如图 9.19 所示。

图 9.19a 中为传统的卷积神经网络，如果想计算新的节点层特征，那么需要综合周围 9 个点的特征向量（卷积滤波器为矩形）并进行加权。并且由于采样点是均匀的，滤波器可以在全图范围内共享，其在图像的每个局部均是相同的。而图神经网络使用矩形滤波器显然无法在图的每个局部均适用。再考虑到卷积神经网络实际上就是将不同节点的特征向量进行全连接层后再进行相加，同样的图神经网络也可以借鉴这种思路来解决问题。在具体介绍神经网络之前，首先来对数据集进行介绍，图神经网络测试中使用 Cora 数据集。

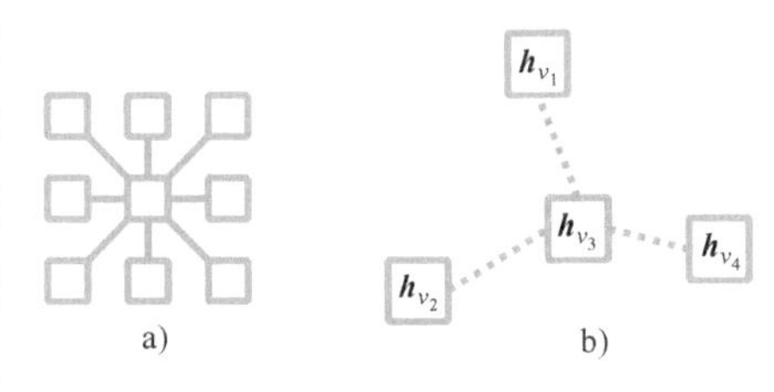

图 9.19　图卷积网络单个节点示意

a）传统卷积神经网络　b）图卷积结构

Cora 数据集

Cora 数据集是科研引文数据集。科研引文数据集包含了 2708 篇文章，即图中有 2708 个节点。每篇文章至少引用其他的一篇论文，总共有 5249 条引用信息，即有 5249 条边。每篇文章包含一个特征向量，向量长度为 1433，代表了 1433 个词是否出现。1433 个词来自于文章去除出现频率小于 10 的词和不带有实际含义的词。这些文章属于 7 个类。这些信息包含在两个文件中，cora.cites 记录了论文之间的互相引用，cora.content 记录了文章中 1433 个词是否出现，并且记录了文章的类别。

本节中以代表性的图注意力模型（Graph Attention Networks，GAT）进行说明。图神经网络假设有 N 个节点，每个节点 i 都有表示向量 $\boldsymbol{h}_i \in \mathbb{R}^{C_1}$，节点对应的输出记录为 $\boldsymbol{y}_i \in \mathbb{R}^{C_2}$。为解决模型权值在全局范围内的贡献问题，使用加权机制来获得特征，见式（9-11）：

$$\alpha_{i,j} = \frac{\exp(\text{LeakyRelu}(\boldsymbol{v} \cdot [\boldsymbol{h}_i \cdot \boldsymbol{w}, \boldsymbol{h}_j \cdot \boldsymbol{w}]))}{\sum_{k \in N_i} \exp(\text{LeakyRelu}(\boldsymbol{v} \cdot [\boldsymbol{h}_i \cdot \boldsymbol{w}, \boldsymbol{h}_k \cdot \boldsymbol{w}]))} \tag{9-11}$$

注意力机制由当前节点及相邻节点特征向量来计算特征值，其中 $\boldsymbol{w} \in \mathbb{R}^{C_1 \times C_2}$，$\boldsymbol{v} \in \mathbb{R}^{2C_2}$ 为可训练参数，$[\cdot]$ 为连接操作。特征计算则是邻居节点特征向量的加权相加，如式（9-12）：

$$\boldsymbol{y}_i^k = f\left(\sum_j \alpha_{i,j}^k \boldsymbol{h}_j \cdot \boldsymbol{w}^k\right) \tag{9-12}$$

式中，$f(\cdot)$ 为激活函数。GAT 论文中模仿多头注意力机制，设计了 K 个 $\boldsymbol{w}^k$，$\boldsymbol{v}^k$，$\boldsymbol{y}_i^k$ 代表第 k 个注意力所得的向量，最终需要将每个注意力机制所得的向量进行连接。在网络中间层输出的特征可以是注意力特征的连接 $\boldsymbol{h}_i' = [\boldsymbol{y}_i^1, \cdots, \boldsymbol{y}_i^K]$。而最后一层中可以选择将特征取平均 $\boldsymbol{h}_i' = \frac{1}{K}\sum_{m=1}^{K} \boldsymbol{y}_i^m$。可以看到图神经网络 GAT 主要是注意力机制的拓展。GAT 模型在计算每个节点的过程中权值是共享的，这与卷积神经网络类似，因此其不依赖于全局结构。图注意力机制见代码清单 9.10。

代码清单 9.10　GAT 网络层

```
class GraphAttentionLayer(nn.Module):
    """
    GAT 中的图注意力层
    """
    def __init__(self, nin, nout):
        super().__init__()
        self.nin = nin
        self.nout = nout
        # 注意力机制层
        self.w = nn.Parameter(torch.normal([nin, nout]))
```

```
        self.v = nn.Parameter(torch.normal([2* nout, 1]))
        self.leakyrelu = nn.LeakyReLU(0.2) #斜率为论文中数值

    def forward(self, h, adj):
        """
        h:[节点数 N,特征数]
        adj:邻接矩阵[N, N]
        """
        hw = h @  self.w
        hw1 = hw @  self.v[:self.nout] #[N, 1]
        hw2 = hw @  self.v[self.nout:] #[N, 1]
        eij = hw1 + hw2.T #[N, N]
        # 注意力掩码,去除不相邻的矩阵
        mask = -9e15* torch.ones_like(eij)
        attention = torch.where(adj > 0, eij, mask)
        attention = F.softmax(attention, dim=1) # 注意力机制
        hout = attention @  hw
        return hout
```

图注意力机制实现较为简单，但是在节点较多时临接矩阵需要较大的存储空间，可以考虑使用稀疏矩阵进行处理。对文本进行分类后精度为82%。可以使用注意力机制将各文档之间的关系绘制成图 9.20。

图 9.20　分类过程中的注意力结构（见彩插）

基于注意力的 Transformer 模型本身就是“图”结构的一种，不过注意力机制的构建综合了实际的数据之间的关系图。

9.4.3　谱域图卷积神经网络

在讲解卷积神经网络的过程中使用了“频谱”的概念。假设一段离散信号为$[\boldsymbol{x}_1,\cdots,\boldsymbol{x}_T]$，那么离散傅里叶变换实际上可以写为矩阵相乘的形式，参考前面的章节 $\boldsymbol{X}=\boldsymbol{w}^F\boldsymbol{x}$，而如果想将频谱变为原始信号，那么可以乘以逆矩阵 $\boldsymbol{x}=\boldsymbol{w}^{-F}\boldsymbol{X}$。如果想进行滤波处理那么可以在频率域矩阵 $\boldsymbol{X}$ 的基础上乘以滤波器 $\boldsymbol{f}\circ\boldsymbol{X}$。由此滤波过程为 $\boldsymbol{y}=\boldsymbol{w}^{-F}\boldsymbol{f}\boldsymbol{w}^F\boldsymbol{x}$。

同样的也可以对临接矩阵进行类似的变换，得到正变换和逆变换矩阵，从而形成图傅里叶变换。图傅里叶变换是对临接矩阵 $\boldsymbol{A}$ 进行的处理。临接矩阵 $\boldsymbol{A}$ 是任意两个节点间的权值，如果

有 N 个节点，那么 $\boldsymbol{A}\in\mathbb{R}^{N\times N}$，度矩阵 $\boldsymbol{D}$ 为对角矩阵，对角线上元素为 $D_{i,i}=\sum_{j=1}^{N}A_{i,j}$，归一化的拉普拉斯矩阵定义为 $\boldsymbol{L}=\boldsymbol{I}-\boldsymbol{D}^{-\frac{1}{2}}\boldsymbol{A}\,\boldsymbol{D}^{-\frac{1}{2}}$。举例来说，如图 9.21 所示。

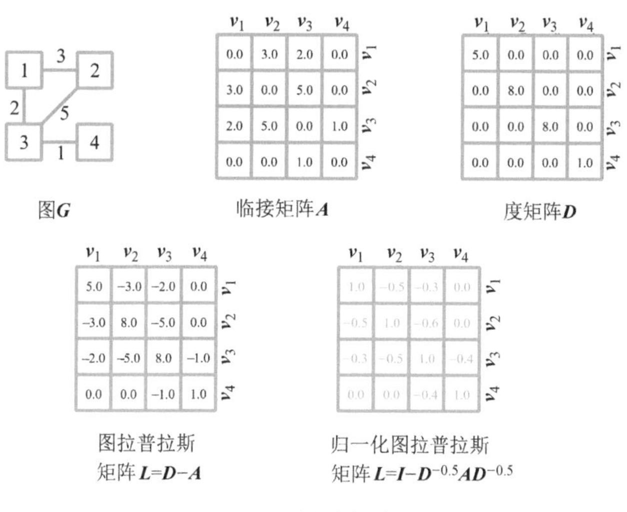

● 图 9.21　图拉普拉斯矩阵示意

在图神经网络中拉普拉斯矩阵就扮演了滤波器的工作。将拉普拉斯矩阵进行特征值分解可以得到 $\boldsymbol{L}=\boldsymbol{U}\boldsymbol{\Lambda}\boldsymbol{U}^{\mathrm{T}}$。此时 $\boldsymbol{U}^{\mathrm{T}}$ 就相当于傅里叶变换的矩阵，图中节点的值 $\boldsymbol{x}_i$ 便可以认为是采样点。如果将滤波器记录为 $\boldsymbol{g}$，滤波器与计算图具有相同结构，那么频域变换为：$\boldsymbol{X}=\boldsymbol{U}^{\mathrm{T}}\boldsymbol{x}$；$\boldsymbol{G}=\boldsymbol{U}^{\mathrm{T}}\boldsymbol{g}$。滤波为频谱进行的乘法 $\boldsymbol{G}\circ\boldsymbol{X}$。频谱变换完后需要进行反变换以变为时间域，此时 $\boldsymbol{y}=\boldsymbol{x}*_G\boldsymbol{g}=\boldsymbol{U}(\boldsymbol{U}^{\mathrm{T}}\boldsymbol{g}\circ\boldsymbol{U}^{\mathrm{T}}\boldsymbol{x})$。其中 $*_G$ 为图卷积神经网络符号。定义 $\boldsymbol{g}_\theta=\mathrm{diag}(\boldsymbol{U}^{\mathrm{T}}\boldsymbol{g})$，那么 $\boldsymbol{x}*_G\boldsymbol{g}_\theta=\boldsymbol{U}\boldsymbol{g}_\theta\boldsymbol{U}^{\mathrm{T}}x$。仿照傅里叶变换依次是 $\boldsymbol{U}^{\mathrm{T}}\boldsymbol{x}$ 图傅里叶正变换获得频谱，$\boldsymbol{g}_\theta\boldsymbol{U}^{\mathrm{T}}\boldsymbol{x}$ 频域滤波，$\boldsymbol{U}\boldsymbol{g}_\theta\boldsymbol{U}^{\mathrm{T}}\boldsymbol{x}$ 反变换回时间域。在此可形成多套滤波器 $\boldsymbol{g}_\theta$，以形成类似于卷积神经网络多个通道的效果。

以上的计算有两个小的问题：第一图傅里叶变换后图的局部结构被破坏了，计算需要对所有节点来进行；第二计算代价较高，图傅里叶变换中矩阵的分解需要较高的计算资源。这里使用切比雪夫展开来近似得到滤波器，称为 ChebNet，即 $\boldsymbol{g}_\theta\approx\sum_{k=0}^{K}\boldsymbol{\theta}_kT_k(\hat{\boldsymbol{\Lambda}})$，其中 $\hat{\boldsymbol{\Lambda}}=\frac{2\boldsymbol{\Lambda}}{\lambda_{\max}}-\boldsymbol{I}$，选择切比雪夫多项式值域区间为$[-1,1]$，$T_0(x)=1$，$T_1(x)=x$；$T_i(x)=2xT_{i-1}(x)-T_{i-2}(x)$ 为切比雪夫多项式。此时可以得到 $\boldsymbol{x}*_G\boldsymbol{g}_\theta=U\left(\sum_{k=0}^{K}\boldsymbol{\theta}_kT_k(\hat{\boldsymbol{\Lambda}})\right)\boldsymbol{U}^{\mathrm{T}}\boldsymbol{x}$，定义 $T_i(\hat{\boldsymbol{L}})=\boldsymbol{U}T_i(\hat{\boldsymbol{\Lambda}})\boldsymbol{U}^{\mathrm{T}}$，那么滤波过程可以写为式（9-13）：

$$\boldsymbol{x}*_G\boldsymbol{g}_\theta\approx\sum_{i=0}^{K}\boldsymbol{\theta}_kT_k(\hat{\boldsymbol{L}})\boldsymbol{x}\tag{9-13}$$

将以上公式写为一个卷积层，见代码清单 9.11。

代码清单 9.11 ChebNet 卷积层

```
class ChebNet(nn.Module):
    def __init__(self, nin, nout, L, K=25):
        super().__init__()
        """
        L 为拉普拉斯矩阵
        K 为切比雪夫不等式展开的阶
        """
        # 需要 1.7 版本以上
        Lambda = torch.linalg.eigvals(L)
        Lmax = torch.real(Lambda[0])
        N, N = L.shape
        self.register_buffer("L_hat", torch.ones([K, N, N]))
        L = 2 * L / Lmax - torch.eye(N)
        if K == 2:
            self.L_hat[1, :, :] = 1
        if K > 2:
            for i in range(2, K):
                self.L_hat[i] = 2 * L * self.L_hat[i-1] - self.L_hat[i-2]
        # 注册可训练参数,可训练参数更少
        self.weight = nn.Parameter(torch.randn([K, nin, nout]))
        self.K = K

    def forward(self, x):
        """
        x:[B,N,C1]
        """
        x = torch.matmul(self.L_hat, x.unsqueeze(1))#[B,K,N,C1]
        h = x @ self.weight #[B, K, N, C2]
        y = h.sum(dim=1)
        return y
```

可以看到以上实现中可训练参数与切比雪夫阶有关，其类似于卷积神经网络中的权值共享。

9.5 总结

本章内容相较于前面章节难度有所提升，图文转换任务均需要复杂的网络结构设计，增强学习需要理解与环境交互的过程，而图神经网络需要与卷积、频谱概念类比来理解。读者在本章所学习的内容需要读者能够举一反三，能够将深度学习方法迁移到更加广泛的数据类型中。

深度学习模型压缩与加速

在前面章节可以看到，深度学习模型得益于极高的算法复杂度，其可以解决多领域的数据分析问题。这在简化处理流程的同时也带来了实用化困境。以 VGGNet-16 为例，其可训练参数接近 1.5 亿个，在计算中需要进行海量的浮点操作（加减乘法运算），这会导致计算缓慢。在低功耗的设备上进行推断的过程中计算速度难以满足需求。为此有必要对深度学习模型进行压缩与加速。深度学习模型压缩和加速主要有三个优化方向：

1）如何在满足精度的情况下使用尽可能少的可训练参数。

2）如何减少模型计算过程中的浮点操作次数（Float Point Operations，FLOPs）。

3）如何使用 16bit、8bit 位完成计算，以适应低功耗设备。

三个优化方向目标略有不同，其中减少模型可训练参数数量和减少计算过程中的浮点操作数是相辅相成的。同一结构减少可训练参数数量会减少浮点操作次数，同时还可以使得深度学习模型更好地利用 SRAM（L1、L2 Cache 等）等高性能存储器的优势。而半精度计算甚至于 8bit 计算可以让深度学习模型在低功耗设备上完成推断，在低功耗设备上单精度浮点计算通常需要大量的计算资源。本章将对三方面问题进行说明。

10.1 对模型进行优化与压缩

深度学习模型压缩是目前深度学习模型实用化的基础，其优化的目标在于减少模型的可训练参数数量和浮点操作次数。需要明确的一点是深度学习模型压缩通常都是对于推断过程而言的，训练过程中的计算代价通常考虑的优先级较低。因为现有高功耗的计算加速设备（如 GPU）可以快速地完成任意复杂度模型的训练。而相比较来说推断过程，即模型应用才是对于速度敏感的场景。多数情况下，希望使用尽可能少的能耗完成尽可能多的数据的处理。更甚者，推断过程不仅仅需要在 CPU 上完成测试，还需要在低功耗设备端完成推断。此时一个压缩的深度学习模型几乎是必需的。

10.1.1 卷积基础结构优化

在卷积神经网络的设计中，一个非常重要的概念便是感受野。而增大感受野的基本方式就是在卷积计算中增加卷积核心大小。但是这其中有个矛盾是增加卷积核心大小会增加可训练参数数量，拖慢计算速度。此时可以使用扩张卷积（Dilated Convolution）的方式来解决问题，如图 10.1 所示。

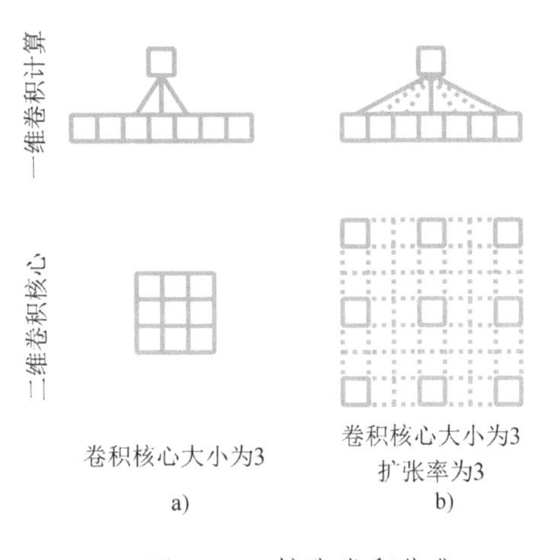

图 10.1 扩张卷积优化
a）普通卷积 b）扩张卷积

扩张卷积又称空洞卷积，相比于传统卷积，扩张卷积相当于将卷积可训练参数之间添加了多个“空洞”。记录扩张率为 D，那么添加空洞数量为 $D-1$，如图 10.1b 所示，扩张率为 3 相当于在可训练参数之间添加了两个空洞，此时等效的感受野从原始卷积的 3 变为了 7。二维空洞卷积的核心形式即是在普通卷积核心的横纵方向均添加空洞。在 PyTorch 中空洞卷积即是在传统卷积参数中设置**dilation** 参数，其默认值为 1，见代码清单 10.1。

代码清单 10.1 PyTorch 卷积中的其他参数

```
torch.nn.Conv2d(…., dilation=1, groups=1,…)
```

在代码清单 10.1 中还展示了 groups 参数，这是用于设置分组卷积（Group Convolution）的参数。分组卷积是为了减少模型可训练参数数量和增加计算速度而设计的，如图 10.2 所示。

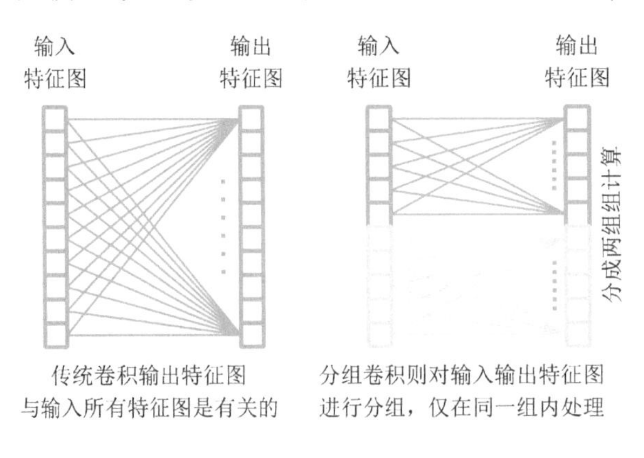

图 10.2 分组卷积

假设输入和输出图像特征图分别为 C_1，C_2 个，那么原始卷积中输出的某一个特征图需要综合 C_1 个特征的图的信息。而分组卷积中，假设数据分成了 G 组，那么相应的输入与输出图像 $\boldsymbol{x} \in \mathbb{R}^{B\times C_1\times H\times W}$,$\boldsymbol{y} \in \mathbb{R}^{B\times C_2\times H\times W}$也被分成了 G 个子图像 $\boldsymbol{x}_G \in \mathbb{R}^{B\times\frac{C_1}{G}\times H\times W}$，$\boldsymbol{y}_G \in \mathbb{R}^{B\times\frac{C_2}{G}\times H\times W}$，而后针对每组图像进行卷积，再将卷积进行连接即可。此时每组卷积核心大小为$\frac{C_2}{G}\times\frac{C_1}{G}\times K_1\times K_2$，总共有 G 个卷积核心，因此总的可训练参数数量为 $C_2\times\frac{C_1}{G}\times K_1\times K_2$。

当输入输出图像通道数相同，为 C 并且分组数量为 C 时，此时卷积核心仅处理对应的一个特征图，称为逐层卷积，可训练参数数量为 $C\times1\times K_1\times K_2$。一维卷积也有类似的分组计算的形式，API 形式上与二维卷积并无不同。

10.1.2 卷积层的优化

深度学习模型中使用较多的是卷积神经网络结构，其由于可并行性较好，因此通常比循环神经网络速度快。综合来看卷积神经网络应用场景会更加广泛一些。因此有必要对卷积神经网络结构进行优化。

在优化之前首先需要了解卷积层中浮点操作次数的计算方式，假设输出图形格式为 $B\times C_2\times H\times W$，分别代表批尺寸、输出通道数、输出图像高和宽，卷积核心大小 $C_2\times C\times K_1\times K_2$ 分别代表输出通道数、输入通道数、长和宽的卷积核心大小。由此卷积神经网络可训练参数的数量即为卷积核心中浮点数字的个数。假设卷积核心大小为 256×128×3×3，输入图形大小为 32×128×112×112。那么此时可训练参数数量为 294912 个。可以看到卷积神经网络可训练参数数量与输入图形大小是无关的，而浮点操作次数与输入图形大小相关。加法乘法均属于浮点操作（Floating-point Operations，FLOPs），对于新特征图上的一个像素点，需要进行的浮点型乘法的操作次数为 $K_1\cdot K_2\cdot C$，乘法操作后需要将所有数字进行加法运算总共需要 $K_1\cdot K_2\cdot C-1$ 次，单像素点浮点操作（包括加法乘法）次数为$(2\cdot K_1\cdot K_2\cdot C-1)$。每个像素点均需要进行相同次数的乘法和加法，以假设大小为例，总浮点操作次数为$(2\cdot K_1\cdot K_2\cdot C-1)\cdot B\cdot C_2\cdot H\cdot W=236657311744=236$（GFLOPs）。以典型的 CPU 为例，核心频率为 3.0GHz，单时钟周期进行一次浮点操作（乘法或加法）。那么在单核情况下完成以上卷积计算至少需要 78.886s（不考虑访存问题和向量指令集优化）。这种速度在实际中是没有应用价值的。

因此考虑使用深度可分离卷积进行结构优化。在卷积章节中，卷积函数有分组的形式，当分组数量与输入通道数相同的时候为逐层卷积。逐层卷积对输入的每张特征图设计一个滤波器，其可训练参数数量为 $K_1\cdot K_2\cdot C=1152$。此时每个滤波器仅需要处理所对应的特征图，完成计算所需的浮点操作次数为$(2\cdot K_1\cdot K_2-1)\cdot H\cdot W\cdot C\cdot B=27295744=0.27$（GFLOPs）。

在逐层卷积之后为改变特征图的通道数会加入逐点卷积，逐点卷积为卷积核心大小为 1 的普通卷积，此时可训练参数数量为 $C \cdot C_2 = 32768$。根据之前计算可得，运算复杂度为 26.21 (GFLOPs)。由此总的运算复杂度为 27.08 (FLOPs)。此时相比于传统卷积所需浮点操作数量减少了一个量级，完成一次推断仅需 9.027s。与此同时可训练参数数量为 33920 个，仅相当于传统卷积的 11.5%。以上将一个卷积拆分为逐层卷积和逐点卷积的方式可以有效地减少可训练参数的数量。在优化后推断可以在通用设备上完成，这对于低功耗、低性能的运算设备是有利的。而研究表明这种优化并不会使得模型精度下降过多。这是 MobileNetV1 的优化结构，见代码清单 10.2。

代码清单 10.2　卷积神经网络优化结构

```
class DWConv2d(nn.Module):
    """卷积神经网络优化结构"""
    def __init__(
        self, nin, nout, ks=3, stride=2, padding=0):
        super().__init__()
        self.layers = nn.Sequential(
            nn.Conv2d(
                nin, nin,
                ks, stride,
                padding, groups=nin), # 逐层卷积
            nn.BatchNorm2d(nin), # BN 层属于基础结构
            nn.ReLU(),
            nn.Conv2d(
                nin, nout,
                kernel_size=1, # 逐点卷积为 1
                stride=1, padding=0),
            nn.BatchNorm2d(nout),
            nn.ReLU(),
        )
    def forward(self, x):
        x = self.layers(x)
        return x
```

经过细节研究可以发现，优化的卷积运算复杂度主要集中于逐点卷积部分，如果卷积核心大小从 3 变为 5（其他参数与前文相同），此时可训练参数数量仅增加了 8.9%，而浮点操作数量仅增加了 6.1%。与之相比传统卷积方法，如果卷积核心从 3 变为 5，则可训练参数数量增加了 227.8%，与此同时浮点操作数量则增加了 178.4%。这使得传统卷积不适合设计过大核心。而使用深度可分离卷积则可以避免大卷积核心时的计算复杂度过度增加问题。

深度卷积神经网络设计过程中需要保证网络每个截面所具备的信息量。但激活函数的加入使得信息可能发生丢失。在 MobileNetV2 论文中将其称为空间流形，如图 10.3 所示，如果将其嵌

入至更高维的空间的中，可以保证流形的完整性。

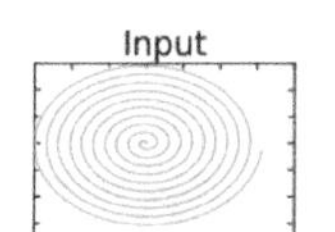

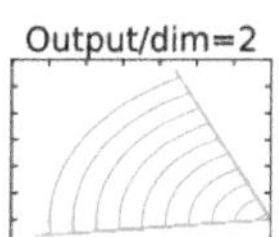

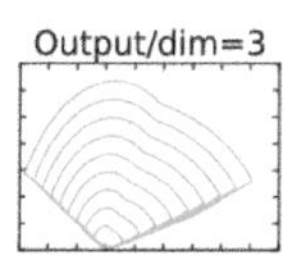

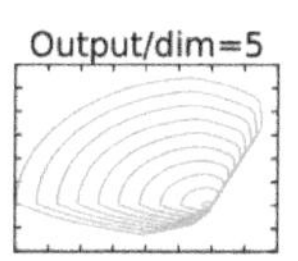

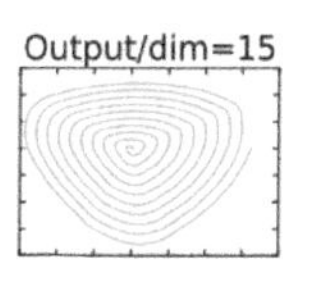

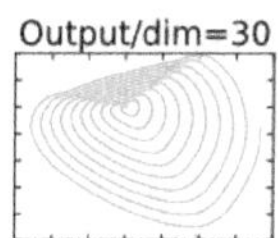

● 图 10.3　经过 ReLU 转换后的低维空间流形

可以看到，在二维空间中，如果直接使用 ReLU 激活函数将输入和输出之间进行转换，那么会导致信息不完整。如果加宽网络，那么保留的流形则更加完整。因此在卷积神经网络中的优化思路就变为了：先使用逐点卷积将图形的特征图变多，即将其嵌入高维空间中；再使用逐层卷积对高维空间的图形进行处理；最后再使用逐点卷积将特征图数量进行压缩。由前文可以知道逐层卷积计算量并不高，因此整个计算效率是可以保证的。此时卷积层结构如图 10.4 所示。

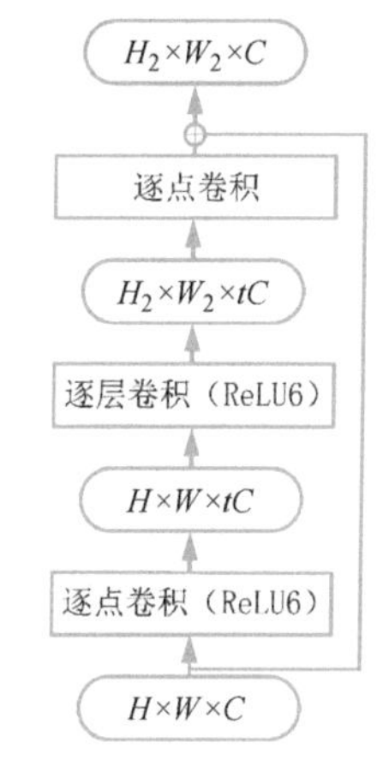

● 图 10.4　MobileNetV2 中深度可分离卷积结构图

在此卷积结构中使用逐点卷积使得图像特征图变多（高维空间），t 为扩张系数。这种结构由 MobileNetV2 提出，见代码清单 10.3。

代码清单 10.3　MobileNetV2 优化结构

```
class ConvBNReLU(nn.Sequential):
    """
    三个层在计算过程中应当进行融合
    使用 ReLU 作为激活函数可以限制
    数值范围,从而有利于量化处理
    """
    def __init__(self, n_in, n_out,
                 kernel_size=9, stride=1,
                 groups=1):
        # padding 为 same 时两边添加(K-1)/2 个 0
        padding = (kernel_size - 1) // 2
        # 本层构建三个层,即 0:卷积,1:批标准化,2:ReLU
        super(ConvBNReLU, self).__init__(
            nn.Conv2d(n_in, n_out, kernel_size,
                      stride, padding, groups=groups,
                      bias=False),
            nn.BatchNorm2d(n_out),
```

```
            nn.ReLU(inplace=True)
        )


class OptConv2d(nn.Module):
    """
    本个模块为 MobileNetV2 中的可分离卷积层
    中间带有扩张部分,如图 10.2 所示
    """
    def __init__(self, n_in, n_out,
                 stride, expand_ratio):
        super().__init__()
        self.stride = stride
        # 隐藏层需要进行特征拓张,以防止信息损失
        hidden_dim = int(round(n_in *  expand_ratio))
        # 当输入和输出维度相同时,输入和输出可以相加,因此可以使用残差结构
        self.use_res = self.stride == 1 and n_in == n_out
        # 构建多层
        layers = []
        if expand_ratio ! = 1:
            # 逐点卷积,增加通道数
            layers.append(
                ConvBNReLU(n_in, hidden_dim, kernel_size=1))
        layers.extend([
            # 逐层卷积,提取特征。当 groups=输入通道数时,为逐层卷积
            ConvBNReLU(
                hidden_dim, hidden_dim,
                stride=stride, groups=hidden_dim),
            # 逐点卷积,本层不加激活函数
            nn.Conv2d(hidden_dim, n_out, 1, 1, 0, bias=False),
            nn.BatchNorm2d(n_out),
        ])
        # 定义多个层
        self.conv = nn.Sequential(* layers)
    def forward(self, x):
        if self.use_res: # 残差网络
            return x + self.conv(x)
        else:
            return self.conv(x)
```

论文中卷积激活函数均为 ReLU6，本激活函数相比于 ReLU 激活函数是饱和的，即正区间不会无穷增长，这对于后续低比特计算优化是有利的。最后再使用逐点卷积将高维空间中的像素点投影到原始维度，并进行残差处理，为避免激活函数导致特征不完整，本层不加入激活函数。注意这里与传统的残差网络是不同的，传统的残差网络是先对特征进行“压缩”，而

MobileNetV2 中则是对特征进行“拓张”的。

10.1.3 批标准化层融合

深度学习模型在推断过程中对于速度的要求更高。而批标准化层的存在使得深度神经网络需要经历额外的计算操作，因此有必要对卷积模型进行融合。传统的全连接层/卷积层+批标准化层的计算方式为式（10-1）：

$$h=\gamma\frac{(x\cdot w+b)-\mu}{\sigma+\varepsilon}+\beta \tag{10-1}$$

式中，模型的输入为 x；可训练参数为 w，b；批标准化层可训练参数为 γ，β；统计参数为 μ，σ；ε 为防止除0问题的量；输出为 h。可以看到，神经网络在批标准化层经历了较多的计算，特别是除法计算会拖慢整个网络的计算速度。因此有必要将全连接层与批正则化层进行融合。将上式进行修改可得式（10-2）：

$$h=x\cdot\left(\frac{\gamma w}{\sigma+\varepsilon}\right)+\left(\gamma\frac{b-\mu}{\sigma+\varepsilon}+\beta\right)=x\cdot\hat{w}+\hat{\beta} \tag{10-2}$$

由于推断过程中可以认为 w 等参数均为常数，因此可以得到 $\hat{w}$，$\hat{\beta}$。此时由原始的需要全连接层+批标准化层的计算方式可以简化为一个全连接层。这可以减少模型的浮点操作次数，加快推断过程中的计算速度。卷积层中可以使用同样的方式对模型进行融合。融合的方式如图10.5所示。

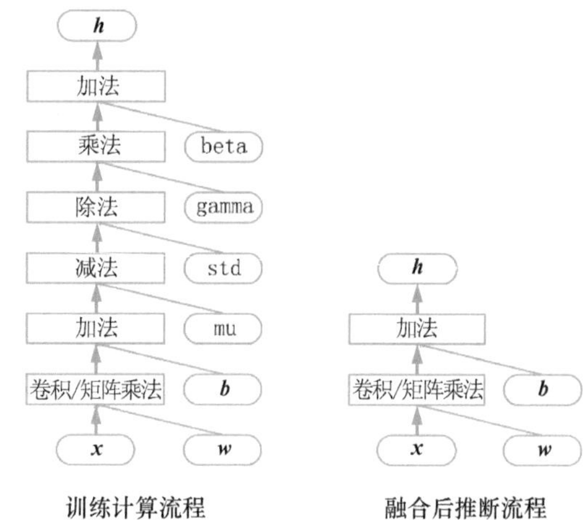

图10.5 模型训练过程（融合前）与推断过程（融合后）计算流程

可以看到模型融合后计算流程大大缩减，由于批正则化层在大多数层中都会出现，因此这种融合是必要的，见代码清单10.4。

代码清单10.4 模型融合实例

```
from torch.quantization import fuse_modules
class TestFuse(nn.Module):
    def __init__(self):
        super().__init__()
        self.layers1 = nn.Sequential(
            ConvBNReLU(16, 16, 5, 1, groups=16),
            ConvBNReLU(16, 16, 5, 1, groups=16),
            nn.Conv2d(16, 32, 3, 2, padding=1),
```

```
            nn.BatchNorm2d(32),
        )
        self.layers2 = nn.Sequential(
            nn.Conv2d(32, 32, 3, 2),
            nn.BatchNorm2d(32),
            nn.ReLU(),
        )
    def forward(self, x):
        x = self.layers1(x)
        x = self.layers2(x)
        return x
    def fuse_model(self):
        # 模型融合
        for module in self.modules():
            if type(module) == ConvBNReLU:
                fuse_modules(
                    module, ["0", "1", "2"], inplace=True)
        # layer1 第 2、3 为可以融合的
        fuse_modules(self.layers1, ["2", "3"], inplace=True)
        fuse_modules(self.layers2, ["0", "1", "2"], inplace=True)

model = TestFuse()
model.eval() # 需要调整为推断模式
model.fuse_model()
```

模型融合完成后，之前的均值和方差均被融合在卷积层中。此时模型参数减少并且可以加快推断速度。

10.1.4 知识蒸馏

在构建深度学习模型过程中两个数量是十分关键的：第一模型复杂度表现为可训练参数数量，第二数据复杂度也就是数据中所包含的“知识”数量。机器学习的过程就是让模型学习到数据中“知识”的过程。但如果两个数据量级不匹配容易出现问题：如果模型复杂度过低但是数据复杂度较高，如单层神经网络进行手写识别，那么结果往往是欠拟合的；如果模型复杂度过高但是数据复杂度偏低，那么结果往往是过拟合的，通常深度学习模型容易出现这种情况。一个复杂的深度学习模型除了过拟合以外会出现计算代价过高的问题。如果将深度学习模型中的知识比作溶液，因为模型可训练参数较多，此时知识是被稀释的，如果想提升“知识”密度，可以通过知识蒸馏（Knowledge Distilling）的方式来对模型进行压缩。知识蒸馏可以保持原始模型良好的泛化能力，同时减少可训练参数的数量。

知识蒸馏过程中有两个网络，一个为原始的、具有较多可训练参数的模型，称为教师网络；一个是精简模型。在训练过程中首先训练教师网络，并使用 softmax 将模型输出映射为概率，标

签使用独热编码进行处理，训练过程中与其他模型并无不同。而学生网络一部分使用教师网络的概率作为标签，一部分使用原始的独热向量作为标签。计算过程如图 10.6 所示。

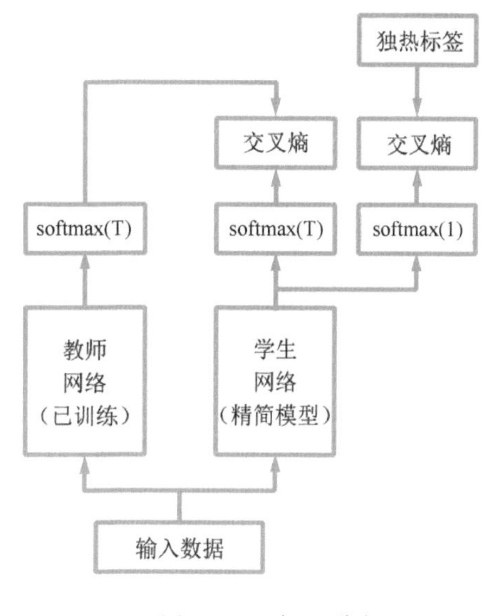

● 图 10.6 知识蒸馏

在构建损失函数的过程中使用的 softmax 函数中添加了温度，其计算方式为 $\text{softmax}(\boldsymbol{y})_i = \dfrac{\exp\left(\dfrac{y_i}{T}\right)}{\sum_k \exp\left(\dfrac{y_k}{T}\right)}$，传统的 softmax 函数中 $T=1$。在知识蒸馏过程中学生网络使用教师网络所产生的软标签（soft target）作为标签，即带有不同温度的 softmax 输出。软标签相比于直接使用独热编码（称为硬标签，hard target）熵更高，可以提供更多信息。而学生网络在训练过程中使用教师网络所提供的软标签的同时也使用硬标签，这样可以避免教师网络出现的错误分类问题。对于温度 T，当 $T<1$ 时越接近 0 概率分布更加陡峭（即接近独热向量），这可以防止网络受到噪声的干扰；而当 $T>1$ 则分布更加平缓，这可以帮助网络从负标签中学习更多信息。

知识蒸馏的整体逻辑是较为简单的，但是其可以有效地提升压缩模型的泛化能力，是模型压缩领域非常重要的基础性技术。另外教师网络和学生网络的结构并不需要是相同的，一些研究者使用知识蒸馏方法将 BERT 模型作为教师网络，使用双向循环神经网络作为学生网络同样取得了良好的效果。

10.2 深度学习模型压缩和量化

10.2.1 深度学习模型浮点计算精度

深度学习模型计算速度与浮点计算精度息息相关，特别是在向量化计算设备上，如支持 SIMD 指令集的 CPU 中。在基础的 CPU 中由于有单/双精度计算单元，所以实际程序中速度差异感知不大。但在一些支持向量化计算的设备中，可以显著地感受到计算速度的差异。举例来说，Intel 本身支持向量化的指令集，如 AVX2、AVX512 等，AVX2 支持的寄存器宽度为 256bit，在 256bit 的宽度下可以存储 4 个双精度浮点或 8 个单精度浮点。这也就是说通过向量化的指令集，

CPU 在每个时钟周期内可以进行 4 次双精度浮点计算，而相应的单精度的浮点计算可以同时进行 8 个。这个在最理想的情况下（不考虑访存问题）速度是加倍的，见代码清单 10.5。

代码清单 10.5　AVX2 向量乘法示意

```
void vect_mul_ps(float * a, float * b, float * c, int n){
    __m256 v1, v2; // 256bit 浮点数
    int k;
    k = (int)n/8; //数据长度需要是 8 的倍数
    for(int i=0;i<k;i++){
        v1 = _mm256_loadu_ps(a+i* 8);//一次加载 8 个数据
        v2 = _mm256_loadu_ps(b+i* 8);
        v2 = _mm256_mul_ps(v1, v2); //所有对应元素进行相乘
        _mm256_storeu_ps(c+i* 8, v2);//加载到内存中
    }
}
```

代码清单 10.5 使用 gcc 编译需要加入-mavx 参数。深度学习计算和推断目前为止都是使用的 32bit 进行的，这是深度学习中常用的数值精度。实际上大型的深度学习模型对于浮点精度并不敏感，因此在 16bit 精度甚至于 8bit 精度便可以完成推断工作。这对于模型的计算速度提升是巨大的。一些研究表明，使用 8bit 进行推断可以在支持的设备上得到 2~4 倍的计算速度提升。这使得模型在低功耗的设备上完成推断成为可能。目前深度学习中使用的数值精度有：

- 32bit，单精度浮点，用于传统的深度神经网络训练和推断工作，其在大部分通用设备上都能够很好地支持。浮点型数字的存储方式包括符号位、指数位和尾数位。计算方式为 $(-1)^{\text{符号位}}\cdot\text{尾数}\cdot 2^{\text{指数}}$。指数位有 8bit。
- 16bit，目前有两种数值表示，第一种 IEEE 标准的半径度浮点，其有一个符号位，指数位有 5bit，尾数精度为 11bit。第二种适用于深度神经网络的 bfloat16 数据类型，其指数有 8bit。这与单精度浮点相同。深度学习中对于浮点范围比浮点精度要求高，因此设计了更宽的指数位。bfloat16 类型需要新的 CPU 或其他硬件支持。
- 8bit，通常是整型计算。这需要对深度学习模型进行量化，即将深度学习模型中的浮点数值变为整型计算。通常需要计算硬件支持，并且仅适用于推断过程。
- <8bit，深度学习模型中有些算法可以利用低 bit 进行计算。

量化技术是加快模型训练的有效方式，在低功耗设备上通常都有整数计算单元，而浮点计算单元由于需要相对复杂的处理逻辑很多低功耗设备并没有专门的处理电路。因此浮点计算速度通常都比整形计算速度慢很多。如何更好地进行量化是深度学习发展过程中实用化的基础。

10.2.2　深度学习模型量化

在深度学习模型计算过程中如何使用低精度，如半精度浮点、8bit 整型数字进行计算，并保

持计算结果精度是值得探讨的问题。通常使用8bit计算相比于32bit可以减少4倍的内存消耗，并提升2~4倍的计算速度。这需要计算硬件的支持，目前支持的设备包括x86 CPU、ARM CPU、英伟达GPU、高通DSP、多种神经处理引擎（NPU）等。

量化即使用整型数字进行计算（通常是8bit）的。这意味着在计算过程中需要将浮点数字进行转换。而转换之后精度是可以保证的，这得益于深度神经网络对于噪声的鲁棒性，同时由于正则化等方式的约束使实数范围在一个小范围内变化。对于一个矩阵 $\boldsymbol{W}$ 来说，其量化的方式为式（10-3）：

$$w_{ij}=\frac{b-a}{2^B-1}(q_{ij}-z) \tag{10-3}$$

式中，q_{ij} 为量化后的数值；b、a 分别为矩阵中的最大、最小值。这样可以将浮点数字使用整型数字表示。更具体的如果浮点矩阵 $\boldsymbol{M}_3=\boldsymbol{M}_1\cdot\boldsymbol{M}_2$ 进行相乘。那么对于不同的矩阵有不同的零点常数 z_1，z_2，z_3 和量级常数 S_1，S_2，S_3。此时矩阵乘法等价于式（10-4）：

$$\begin{aligned} q_{i,j}^3 &= z_3+\frac{S_1S_2}{S_3}\sum_{k=1}^{N}(q_{i,k}^1-z_1)(q_{k,j}^2-z_2) \\ &= z_3+\boldsymbol{M}(Nz_1z_2-z_1\sum_k q_{kj}^2-z_2\sum_k q_{ik}^3+\sum_k q_{ik}^1 q_{kj}^2) \end{aligned} \tag{10-4}$$

推断过程中 $\boldsymbol{M}=\frac{S_1S_2}{S_3}$ 可以在推断之前完成计算。由于其几乎总是小于1，因此可以写为 $\boldsymbol{M}=2^{-n}\boldsymbol{M}_0$，其中 $\boldsymbol{M}_0\in[0.5,1)$，由此可以通过定点数计算进行。对于 $\sum_k q_{ik}^1 q_{kj}^2$ 其输入为uint8类型，而输出由于数值范围为32bit整型。在偏置计算中 $S_b=S_1S_2$，偏置零点 $z_b=0$。此时整个的计算流程如图10.7所示。

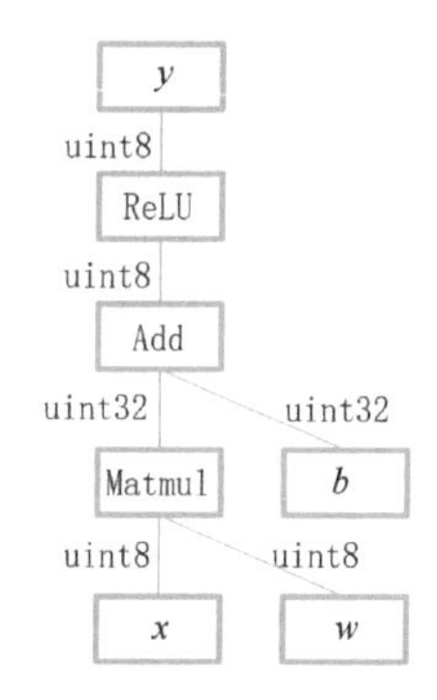

图10.7 模型量化后计算精度

量化后可以更加快速地利用整型数字计算速度优势进行计算。

10.2.3 量化模型计算实现

虽然PyTorch可以模拟实现底层量化计算，但是这种方式计算效率很低。因此通常情况下PyTorch会调用C/C++写成的量化计算库，如QNNX等。本节将会对量化API进行讲解。首先是卷积+批正则化+ReLU的组合层，这个组合层可以进行融合从而有效地减少浮点操作次数。量化计算有三种方式：第一计算时量化，即模型训练和保存均是浮点数，仅在计算时进行量化，这无法减少计算过程中的访存问题；第二训练后量化，这意味着模型在训练过程中是32bit浮点，而在推断过程中使用低比特整型，模型保存是量化后的，此时速度较快，但是精度由于量化会变低；第三量化感知训练，即训练过程中正向计算是伪量化的，而反向传播过程中是32bit浮点，保存模型同样是量化后的，这种方式由于模型针对性地调整，因此精度比训练后量化要高。这里依然以手写数字识别为例，构建一个完整的用于量化的模型，见代码清单10.6。

代码清单10.6　待量化完整模型构建

```
class OptConv2d(nn.Module):
    """
    本个模块为 MobileNetV2 中的可分离卷积层
    中间带有扩张部分,如图 10.2 所示
    """
    def __init__(self, n_in, n_out,
                stride, expand_ratio):
        ......
        # 量化运算方法
        self.qfunc = nn.quantized.FloatFunctional()
    def forward(self, x):
        if self.use_res: # 残差网络
            return self.qfunc.add(x, self.conv(x))
        else:
            return self.conv(x)
    def fuse_model(self):
        # 模型融合
        for idx in range(len(self.conv)):
            if type(self.conv[idx]) == nn.Conv2d:
                # 将本个模块最后的卷积层和 BN 层融合
                fuse_modules(
                    self.conv,
                    [str(idx), str(idx + 1)], inplace=True)
class Model(nn.Module):
    def __init__(self):
        super().__init__()
        self.layers = nn.Sequential(
            nn.Conv2d(1, 8, 3, stride=1, padding=1),
            OptConv2d(8, 16, 2, 3),
            OptConv2d(16, 32, 2, 3),
            nn.Flatten(),
            nn.Linear(7* 7* 32, 10)
        )
        self.quant = torch.quantization.QuantStub() # 量化
        self.dequant = torch.quantization.DeQuantStub()#反量化
    def forward(self, x):
        # 输入需要进行量化
        qx = self.quant(x)
        qy = self.layers(qx)
```

```
        qy = self.dequant(qy)
        return qy
    def fuse_model(self):
        for m in self.modules():
            if type(m) == OptConv2d:
                m.fuse_model()
```

在模型中构建了**fuse_model**函数，这可以融合卷积正则化层，可以减少推断过程中的计算量。另外由于模型输入为浮点数，需要转换为整型计算，此时需要**torch.quantization.QuantStub**类进行处理；输出是将量化整型转换为浮点数，此时需要**torch.quantization.DeQuantStub**类。另外为了保证兼容性，在使用加法运算符的过程中使用**nn.quantized.FloatFunctional()**中的 add 方法，这是量化的加法。构建模型之后，接下来的工作便是量化和训练了，代码清单 10.7。

代码清单 10.7　模型量化感知训练（Quantization Aware Training，QAT）

```
#定义模型
model = Model()
#模型调整为训练模式
model.train()#训练模式
#设置默认参数
model.qconfig = torch.quantization.get_default_qat_qconfig(
    'fbgemm')
model.fuse_model()
#准备量化感知训练
model = torch.quantization.prepare_qat(model)

optim = torch.optim.Adam(model.parameters(), 1e-2)
cross_entropy = nn.CrossEntropyLoss()
model.load_state_dict(torch.load("ckpt/qat.pt"))
for step in range(0):
#每次选择 32 个样本训练
    …训练代码…
```

以上在进行量化训练的过程中需要将模型调整为训练模式，并进行量化参数设置，fbgemm 是 Facebook 主导的量化库。在设置完成后对模型进行融合，并准备模型。模型训练完成后需要进行推断，见代码清单 10.8。

代码清单 10.8　模型推断

```
model.eval()
model_int8 = torch.quantization.convert(model)
```

由此模型便转换为了 8bit 来进行计算，模型大小比较如图 10.8 所示。

可以看到，8bit 整形模型大小减少到了原来的 25%，这可以极大地提升模型在低功耗设备上的性能。

● 图 10.8 模型大小比较

10.3 模型部署

在使用 PyTorch 等机器学习模型训练完成后，可以使用 PyTorch 提供了的 jit 工具对模型进行封装。但为了更好的平台兼容性，可以使用 ONNX 来进行模型的部署。ONNX 支持广泛的语言以及硬件设备，见图 10.9。

Optimize Inferencing	Optimize Training
Platform	Windows, Linux, macOS, Android, iOS, Web Browser (Preview)
API	Python, C++, C#, C, Java, JS, Obj-C, WinRT
Architecture	x64, x86, ARM64, ARM32, IBM Power
Hardware Acceleration	Default CPU, CoreML, CUDA, DirectML, oneDNN, OpenVINO, TensorRT, NNAPI, ACL (Preview), ArmNN (Preview), MIGraphX (Preview), TVM (Preview), Rockchip NPU (Preview), Vitis AI (Preview)
Installation Instructions	Please select a combination of resources

● 图 10.9 ONNX 官网对于硬件支持的说明

这里可以使用 PyTorch 导出 ONNX 模型，见代码清单 10.9。

代码清单 10.9 导出 ONNX 模型

```
model.eval()
model.fuse_model()
input_names = [ "image" ] # 定义输入名称
output_names = [ "class" ]# 定义输出名称
# 模拟输入
dummy_input = torch.randn([1, 1, 28, 28])
# 导出模型
torch.onnx.export(
    model, dummy_input,
```

```
    "mnist.onnx", # 模型名称
    verbose=True,
    input_names=input_names,
    output_names=output_names)
```

导出模型后会将整个计算流程（这里称为计算图）进行保存。因此使用 Netron 可以对计算图进行查看，见图 10.10。

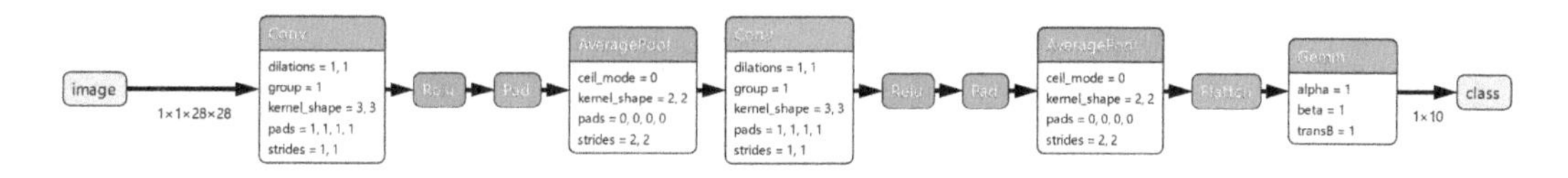

图 10.10　手写数字的 ONNX 计算图

导出 ONNX 模型后可以直接用于手写数字的识别。这里以 Python 作为示例，见代码清单 10.10。

代码清单 10.10　推断部分代码

```
import onnxruntime as ort
# 定义推断 Session,这与 TF1.x 是类似的
ort_session = ort.InferenceSession("mnist.onnx")
# 运行获取输出
out = ort_session.run(
        ["class"], # 保存模型定义的输出名称
        {"image": X2[0:1]},# 输入名称
)
```

以上代码是使用 Python 完成的，在生产环境可以使用 Java、C/C++等语言进行调用。同时 ONNXRuntime 的库较小，可以集成进轻量化的系统中。

10.4 总结

深度学习模型的压缩与量化是算法实用化的最后一步。在前面的章节中介绍了多种应用，但是就企业应用而言“效果”和“效率”是同等重要的，甚至于“效率”的优先级更高一些。效率更高意味着成本更低。在手机、观测仪器等设备上对于功耗更加敏感，一个原始的大型网络效果即使再好也是无法使用的。当然优化方式再好也只是辅助，更重要的是在模型设计之初便可以根据需求设置一个接近最优的结构，这需要长期的工作实践。